필로
테크놀로지를
말한다

21세기 첨단 공학 기술에 대한 철학적 성찰

필로 테크놀로지를 말한다

PHILOTECHNOLOGY

이중원 • 손화철 • 송성수 • 홍성욱 • 이지훈
이영준 • 이상욱 • 이장규 • 장대익 지음

해나무

일러두기

이 책은 2005년도 한국학술진흥재단의 협동연구 지원에 의해 연구, 출판된 것입니다.
(KRF-2005-042-H00002)

들어가며

나노, 바이오, 유비쿼터스 기술 등 21세기 첨단 공학 기술은 우리에게 새로운 사유를 요구하고 있다. 기존의 기술철학 논의들은 첨단 공학 기술들이 새롭게 제기하고 있는 철학적 문제들을 담아내지 못하고 있기 때문이다.

이 책은 첨단 공학 기술들이 우리의 삶과 생활 양식을 바꾸고 있는 이 시점에서, 그간의 기술철학적 논의들을 비판적으로 반성하고, 첨단 기술들이 제기하는 철학적 사유들을 이끌어내는 것과 함께 이것들을 담아낼 새로운 기술철학의 담론 가능성을 모색하고자 기획되었다.

우리는 세 가지 측면에서 21세기 첨단 공학 기술에 대한 논의를 진행했다. 첫 번째는 나노, 바이오, 유비쿼터스 기술들의 본질 및 특성들을 올바로 이해하고, 이들로부터 새롭게 제기될 수 있는 철학적 문제들을 제시하는 것이었다. 새로운 첨단 기술에 대한 총체적인 이해의 확장 없이 필요한 부분만 선택하여 기존의 담론들과 연관짓는 시도는 불완전하기 때문이다. 두 번째는 기존의 기술철학 담론들의 유용성과 한계를 좀 더 분명히 하는 것이었다. 특히 존재론적 측면과 인간학적 측면에서의 담론들을 살펴보고자 했다. 세 번째는 첨단 공학 기술에 대한 철학적 성찰을 담아낼 수 있는 기술철학의 새로운 담론을 최소한의 가능성 차원에서 그 방향을 모색해보는 것이었다. 이 책의 글들이 바로 그 모색의 결과물들이다.

이 책은 크게 1부, 2부로 나뉘며, 첫머리에는 독자들의 이해를 돕기 위해 '책을 읽기 위해 알아둘 현대 기술철학의 흐름'이라는 글을 마련해놓았다. 1부에서는 전통 기술철학에서의 주요 쟁점들을 정리하고 분석하여 그것이 현대 첨단 기술의 시대—디지털, 나노, 바이오 시대—에 어떤 함의를 가지는지를 의의와 한계의 양 측면에서 조명해볼 것이다. 그리고 전통 기술철학의 한계를 극복할 수 있는 기술에 대한 새로운 접근 방식들을 살펴봄으로써, 기술에 대한 한층 세련된 개념 체계와 방법론을 모색해보고자 한다. 한마디로 기술에 대한 새로운 이해의 틀, 또는 기술철학의 새로운 담론을 위한 개념틀을 조명해보고자 하는 것이다.

2부에서는 1부에서 논의된 성과를 바탕으로 21세기의 첨단 기술들, 특히 건축 기술, 정보감시 기술, 나노 기술, 유비쿼터스 기술, 신경과학 기술의 각 분야에서 제기되고 있는 철학적 쟁점들을 구체적으로 살펴볼 것이다. 전통적인 기술철학의 시각과는 다른 시각에서 새롭고 다양한 쟁점들이 부각되고 드러날 것이다. 이 쟁점들은 기술철학의 새로운 담론을 모색하는 데 중요한 밑거름이 될 것이다.

1부는 네 편의 글로 구성돼 있다. 첫 번째 이중원의 「기술에 어떤 철학적 문제들이 있나 : 다양한 철학적 쟁점 분석」은 우선 기술 개념의 어원인 테크네의 개념과 오늘날 기술 개념의 다의성을 반영할 수 있는 기술의 다양한 존재적 외연들에 대해 논의하고 있다. 도구로서, 지식으로서 기술을 규정하던 전통적인 시각을 넘어서서 기술을 과정으로서, 의지작용으로서도 새롭게 바라보는 시각이 강조될 것이다. 나아가 기술철학의 주요한 쟁점들을 존재론적 측면, 인식론적 측면, 인간학적 측면, 그리고 윤리적·가치론적 측면의 네 범주로 나누어 상세하게 분석·고찰하고 있다. 한마디로 고대 그리스 시대부터 하이테크 기술의 등장 이전까지 전통적인 기술철학에서 다루어온 핵심 쟁점들을 살펴볼 것이다.

두 번째 손화철의 「현대기술에 대한 비판, 왜 유효한가 : 하이데거와 엘륄의 기술철학」에서는 기술철학이 본격적으로 시작되던 시기에 논의의 중심에 있던 하이데거와 엘륄의 사상을 소개한다. 이들은 흔히 현대기술에 대한 비관론자로 분류되어 비슷한 생각을 가졌던 이들로 취급되지만, 자세히 살펴보면 여러 가지 면에서 의미 있는 차이점을 발견할 수 있다. 이 글은 이러한 차이들을 이후의 기술철학적 논의들의 맥락과 연결시켜 면밀하게 살펴보고, 비관론이라는 평가가 과연 타당한지를 비판적으로 살펴본다.

세 번째 송성수의 「기술과 사회의 암흑상자 열기 : 기술결정론과 사회구성주의의 기술철학」은 기술과 사회의 관계에 관한 주요한 시각들을 살펴봄으로써 우리에게 기술이 갖는 의미에 대해 생각할 수 있는 기회를 제공해준다. 기술이 사회변화를 결정한다는 기술결정론(technological determinism)과 기술이 양날의 칼이라는 기술중립론(technological neutralism)을 검토하면서 이러한 상식적 견해가 가진 문제점을 체계적으로 지적하고 있다. 1980년대 이후에 구미 학계에서 활발하게 논의되어 왔던 기술의 사회적 형성론(social shaping of technology)과 기술의 사회구성주의(social constructivism)가 주요 사례 및 관련 이론을 통해 소개될 것이다.

네 번째 홍성욱의 「기술은 인간처럼 행동한다 : 라투어의 새로운 기술철학」에서는 프랑스의 과학기술학(STS)자인 브루노 라투어가 기술을 이해하는 급진적 방식을 소개한다. 그것은 기술과 같은 '비인간(non-human)'을 행위자(actor)로서 인간과 '대칭적으로(symmetrical)' 보는 것이다. 라투어는 나의 행동이 다른 사람에게 영향을 미쳐서 다른 사람들의 행동을 바꾸듯이 기술도 사람에게 영향을 미쳐서 우리들의 행동을 바꿀 수 있다고 보며, 이러한 의미에서 기술은 수동적인 존재가 아니라 어느 정도의 능동성을 가지고 있는 존재라고 주장한다. 기술에 대한 그의 '이단적인' 생각은 숱한 논쟁을 불러일으켰고, 이러한 생각은 그의 과학기술사회학의 체계가 널리 전파되는 데에도 한몫을 했지만, 동시에 많은 사람들이 그의 이론에 거부감을 느끼게 했다. 이 글은 기술에 대한 라투어 논의의 철학적 의미와 한계를 살펴보는 것을 목적으로 하고 있다.

이상 네 편의 글들은 전통적인 기술철학의 쟁점들이 어떤 것이며 그 한계는 무엇인지를 분석하고, 이의 한계를 보완할 수 있는 하나의 대안으로 기술과 사회의 관계를 보는 다양한 시각들을 제시하고 있다. 그리고 그 다음으로 현대 첨단 기술 사회에서 사회적 요소들과 기술적 요소들이 어떤 방식으로 상호 영향을 주고받는지를 평가하기 위해 구체적인 분석틀을 제안하고 있다.

2부에서는 개별 첨단 기술들의 철학적 쟁점들을 분석한다. 2부는 모두 다섯 편의 글로 구성돼 있다. 우선 그 첫 번째 글인 이지훈의 「건축이여, 자연과 소통할지어다 : 건축 기술에서의 지속가능성 개념」은 지속가능성의 관점에서 근대건축 기술의 정신을 비판하고 대안적인 방향을 제시하고 있다. 이제 건축도 지구 생태계의 지속가능성을 생각해야 한다. 이 관점에서 우리는 근대건축 기술이 전제하는 존재론의 문제점을 되짚어볼 것이다. 그런 다음, 오늘날 새롭게 나타나는 건축 기술의 존재론을 살펴볼 것이다. 이때 포스트모더니즘은 기존 건축 기술의 존재론을 비판한다는 면에서 흥미로운 관점을 제공하지만 지구 자원의 유한성에 대한 인식이 부족하다는 한계를 보여준다. 지속가능한 미래의 건축에서는 자연을 공존의 터전으로 보는 인식, 즉 자연과 인공물의 공존을 생각하는 자연철학이 밑받침되어야 할 것이다.

두 번째 이영준의 글, 「한국판 전자-파놉티콘 : 감시 카메라 기술의 문화적 의미」는 감시 카메라 기술 속에 함유된 인간 존재의 문제를 다룬다. 탈근대의 도시공간을 수많은 감시 카메라들이 메우고 있고, 그 뒤에 누가 있는지조차 모르는 상황에서 시선의 문제는 인간으로서 제대로 살아갈 수 있는가 하는 문제가 되고 있다. 이제 어떤 곳을 가던지 감시 카메라를 피할 수 없기 때문에 그것은 마치 우리가 언어와 관습을 배워서 사회화되듯이 인간의 사회화 과정에 필수요소인 것은 아닌가 착각이 들 정도이다. 이것은 역사적으로 유례가 없었던, 대단히 기이한 존재론이다. 인간의 존재는 항상 다른 사람의 시선에 의존하고 있었지만, 기계의 시선에 이렇게 깊이 의존한 것은 처음인 것이다. 문제는 오늘날 감시가 주체-기계-시선-공간-환경으로 이어지는 복합적인 결합을 보여준다는 것이다. 그러나 지금은 감시의 시선을 당연시하고 내면화하는 작용의 고리를 끊고, 시각적 표상의 장치들을 다시 소통의 영역으로 되돌려 놓을 때라고 본다.

세 번째 이상욱의 글, 「아주 작은 것의 위험에 대해 생각하기 : 나노 기술의 윤리적 쟁점들」에서는 나노 기술의 개발 과정에서 나타나는 불확실성과 그로 인해 발생할 수 있는 위험의 문제를 다룬다. 우선 나노 기술에 대한 연구 과정에 어떻게 불확실성이 개입하며, 그로 인해 발생할 수 있는 현실적 또는 잠재적 위험은 무엇인지를 밝히고 있다. 나아가 오늘날 나노 기술의 등장과 함께 제기되거나 제기될 수 있는 윤리적 쟁점들로는 어떤 것들이 있는지 논하고 있다.

네 번째 이장규의 글, 「네트워크에 갇힌 인간 : 유비쿼터스 기술의 철학적 문제들」은 유비쿼터스 컴퓨팅 기술로 가능해진 거대한 네트워크 사회의 특성과 그 철학적 문제들을 다룬다. 컴퓨팅, 정보통신 및 센싱 기술이 융합되어 시간적 · 공간적 제약 없이 정보를 생산, 분배, 소비할 수 있는 유비쿼터스 기술은 사람과 사람 사이의 연결뿐 아니라 사람과 기계, 사람과 센서, 그리고 기계와 기계까지 연결하는 거대한 네트워크 사회를 만들어내고 있다. 이러한 거대한 네트워크 사회가 형성되면서 사회 구성원들의 삶에 새로운 정체성(Identity)이 형성되고 있으며, 사회적 · 개인적 삶의 변화는 우리들에게 몇 가지 철학적 문제들을 던지고 있다. 유비쿼터스 네트워크가 가져온 인간과 인간의 물리적 연결이 기존의 인간관계를 강화시키고 있는지 아니면 약화시키고 있는지, 유비쿼터스 기술이 인간이 자기의 이상을 실현시키기 위한 도구인지, 아니면 이미 거대해진 유비쿼터스 기술이 인간을 도구화시키는 것인지 고민해 보아야 한다.

마지막으로 다섯 번째의 글인 장대익의 글, 「뇌 탓이오? : 신경과학의 철학적 쟁점들」은 인지신경학적 연구와 관련된 윤리적 문제들과 신경과학으로 한층 심화된 자유의지와 결정론의 문제를 다룬다. 최근에 비약적으로 발전한 뇌 영상(brain imaging) 기술, 정신약물학(psychopharmacology), 그리고 뇌생리학에 힘입어 신경과학적 진단과 치료는 점점 더 정교해지고 일상화되어가고 있다. 이런 상황에서 인간의 마음과 행동에 대한 인지신경학적 연구는 인간의 도덕적 · 법적 책임에 대한 기존의 철학적 논의들에 새로운 도전을 던지고 있다. 외국에서는 최근 몇 년 사이에 '신경윤리학(neuroethics)'라는 이름으로 이에 대한 토론이 본격화될 조짐을 보이고 있는데, 아쉽게도 국내에서는 관련 논의가 거의 없는 상황이다. 이런 맥락에서 저자는 뇌 프라이버시 문제, 뇌 향상 프로그램의 윤리적 문제, 신경과학과 결정론의 관계 등 신경과학의 인문사회학적 함의와 쟁점들을 소개하고 그에 대한 자신의 입장을 전개하고 있다. 특히 신경 사회에서 자유의지과 결정론이 양립할 수 있다는 주장과 신경윤리를 기존의 생명윤리와 비교하는 대목은 매우 흥미롭다.

이 책이 나오기까지 오랜 시간이 흘렀다. 5년 전 기술에 대해 학제적 관심을 갖고 있던 역사학자, 철학자, 사회학자, 공학자 몇 명은, 현대 사회에서 기술의 철학적 문제들이 비단 철학만이 아니라 공학, 사회학, 역사학, 경제학 분야 등에서 중요하게 부각되고 있음에도 그에 대한 통합적 논의가 한국에서 전혀 이루어지고 있지 못함을 개탄하면서, 심도 있는 논의를 하기 위해 정기 토론 모임을 만들었다. 토론 모임의 성과는 그후 2년 뒤 한국학술진흥재단에서 지원하는 협동연구로 발전하게 됐고, 그 연구의 성과들이 다시 해나무를 통해 이렇게 한 권의 책으로 결실을 맺게 되었다.

현대기술에 관한 보다 많은 철학적 쟁점들을 충분히 다루지 못했다는 아쉬움이 있지만, 우리의 논의가 전통적인 주제들에 갇혀 있는 한국에서의 기술철학과 학제간 협동 연구에 신선한 바람을 불러일으킬 수 있으리라는 기대로 위안을 삼아본다. 지금까지 이 연구를 지원해준 한국학술진흥재단과 토론 및 글쓰기 작업 등 함께 동고동락해온 필자들에게 이 자리를 빌어 고마운 마음을 전한다. 이 책의 출간을 흔쾌히 수락해주신 해나무 출판사 사장님과 이 책이 세상에 나와 빛을 볼 수 있도록 꼼꼼하게 손질한 편집 관계자들에게도 감사의 마음을 전하고 싶다.

서울 배봉골에서 이중원

차례

책을 읽기 위해 알아둘 현대 기술철학의 흐름

기술철학의 새로운 담론을 위하여

이중원 | 서울시립대 철학과 교수

기술철학이란 말은 아직 한국 철학계에선 그렇게 친숙한 단어가 아니다. 다른 철학 분야는 고사하고 가장 유사 분야인 과학철학을 전공한 사람들에게조차도 아직은 낯설다. 우리의 경우 현재 20세기 독일 현상학을 전공한 몇몇 학자들에 의해 마르틴 하이데거M. Heidegger의 기술에 관한 존재론적 성찰이 소개되거나, 미국의 저명한 기술철학자 가운데 한 사람인 돈 아이디D. Ihde의 사상이 몇 권의 번역서를 통해 소개된 것이 고작이다. 그래서 오늘날 기술과 관련된 다양한 철학적 질문들이 무엇이고 그런 질문들이 왜 제기됐고 어떤 의미와 중요성을 지니는지 제대로 알려져 있지 않다. 오히려 과학기술사가나 과학기술사회학자들이 과학기술과 사회의 관계를 연구하면서 더 자주 언급할 정도다. 그러나 기술철학의 역사는 우리의 인지 수준과 무관하게 매우 길다. 기술철학의 역사적 흐름을 우선 개략적으로 짚어보자.

기술철학의 역사 개관과 평가

기술철학의 역사를 따라가다 보면 고대 그리스까지 거슬러 올라간다. 고대 그리스에서 사용된 '테크네(techne)'는 우리가 현재 사용하고 있는 기술(technology)의 어원으로, 기예(art), 기술(craft), 재주(skill)가 동반된 실제적 지식 또는 활동을 가리켰다. 사물의 본질에 대한 높은 수준의 이론적인 지식을 가리킬 때에는 '에피스테메(episteme)'라는 용어를 사용했다.

'테크네'와 '에피스테메'는 둘 다 인간의 지식이나 활동이긴 했지만, 근대 이전에는 이 두 가지를 동등하게 평가하지는 않았다. '테크네'는 그것이 물질적인 것들에 집중한다는 이유로 인간의 삶의 목표나 존재의 제일 원리에 관한 이해에 기여하지 못하는 것으로 간주되었다. 심지어 '테크네'는 덕 또는 최고선의 추구에 해로운 것으로 자주 불신되기까지 했다. 기술에 대한 이러한 부정적 이미지는, 중세 기독교 시대에서도 지속되고 한층 강화되었다.

그러나 이러한 고전적인 부정적 관점은 근대 초기에 마키아벨리N. Machiavelli, 베이컨F. Bacon, 데카르트R. Descartes 등에 의해 강한 비판을 받았다. 가령 베이컨은 『신기관』에서 인쇄술이나 화약과 같은 발명품들이 정치적인 정복이나 철학적인 논쟁보다 인간에게 훨씬 이롭다고 주장하였다.

그리고 데카르트에서 시작되어 근대에서 본격화된 인식론과 정치학의 발전은, 지식을 '만듦'과 연결짓게 했고 인간을 행복하게 하는 도구로서 '만듦'의 가치를 재평가하는 분위기를 조성하였다. 더욱이 칸트I. Kant에게서 절정을 이룬 의식철학의 확립은 인간의 이성을 더 이상 자연을 좇아가는 수동적인 존재가 아니라 자신의 어떤 계획에 따라 자연을 개념적으로 구성해(만들어)낼 수 있는 능력을 지닌 것으로 보게 하였다. 이러한 새로운 변화는 계몽주의 프로그램에서 꽃을 피우기 시작하여, 산업혁명에서 풍부한 실용적 열매들을 거두게 된다.

물론 이에 대한 반대도 만만치 않았다. 낭만주의 운동이 그 대표적 경우인데, 가령 루소J. J. Rousseau는 과학적이고 기술적인 진보가 부와 덕을 결합시켜 자동적으로 사회 발전에 기여하게 된다는 계몽주의의 낙관적 사고를 비판하고 있다.(Rousseau, 1750) 인간에게 가장 중요한 덕이 자유인데, 근대적인 과학기술에 따른 문명화에는 이러한 자유가 결핍되어 있음을 지적하고 있는 것이다.

기술철학이 독자적 토대를 마련하기 시작한 때는 19세기 말부터 20세기 초라고 할 수 있다. 특히 20세기에 오면 기술에 관한 논의가 기존의 암묵적인 강조를 넘어 명백하게 철학적 반성의 핵심에 위치하게 된다. 이에 가장 큰 기여를 한 것이 마르크스 철학과 실존주의다. 여기에 당시 싹트기 시작한 기술에 대한 역사적 이해와 산업사회에 대한 사회과학적 연구 등도 영향을 주었다.◆

기술의 문제는 마르크스 철학과 실존주의 철학 안에서 직접적이고 중요하게 다루어지고 있다. 마르크스 철학에 따르면 인간의 행위 혹은 실천은 역사적이고 사회적인 특성을 지니며, 근대 산업사회에서 그것은 노동의 형태로 나타난다. 그런데 이러한 노동은 자본주의적인 생산의 효율성을 위해 구체적으로 기술을 포함하게 되는데, 이는 기술이 인간의 사회적 삶의 부분적 조건이 됨을 의미한다. 이제 기술의 문제는 인간적인 삶의 문제

◆ 이를 크게 세 그룹, 곧 서유럽 학파, 영미 학파, 소련-동유럽 학파의 논의로 나누어 고찰해 볼 수 있다. 주로 독일과 프랑스가 중심이 된 서유럽 학파는 기술의 본성과 의미에 대한 존재론적, 사회학적, 공학적, 그리고 신학적인 반성 등을 중심으로 깊이 있고 다양한 논의들을 전개하였다. 영미 학파의 경우 과학사회학 분야가 새로이 형성되어 과학적 활동과 사회와의 관계들에 관한 논의들을 전개하였고, 소련-동유럽 학파는 마르크스주의에 입각하여 기술의 정치경제학적인 위상과 사회적 역할 등을 집중 거론하였다.(Mitcham, 1980)

와 직접 연결되어 실천철학의 주제가 된 것이다.

실존주의자인 사르트르J. P. Sartre는 인간을 행위의 주체로 보고, 예술 작품을 창조하거나 개별적 가능성을 표현하는 데 사용되는 도구를 표상적 기술(expressive technology)로서 매우 긍정적으로 보는 반면, 인간을 표상적 기능들로부터 소외시키거나 외부에 강제하여 비인간화시키는 조작적 기술(organizational technology)에 대해서는 매우 부정적으로 바라본다.

한편 하이데거는 현상학적인 관점에서 기술을 인간이 세계 내 존재자들과 교섭하는 방식, 더 나아가 이런 교섭을 통해 존재자들의 참 존재 의미를 파악하는 방식으로 간주한다. 현상학은 세계의 존재자들의 존재 의미를 논함에 있어서, 기존 철학에서의 형이상학적 접근과는 다른 접근 방식을 제안하였다. 흔히 '지각적 전환(perceptual turn)'이라고 불리는 이 새로운 접근 방식은 지각의 우선성과 외부세계에 대한 의식의 지향성을 강조하고, 이에 근거한 존재자들에 대한 체험으로부터 존재자들의 존재 의미를 이끌어내는 존재론의 새로운 시도라고 할 수 있다.

하이데거에게 있어 기술의 중립성이란 더 이상 가능하지 않다. 기술이 지닌 가공할 능력으로 인해 인간은 기술을 통해 만나게 된 존재자들을 기술 조작의 재료로 보게 되고, 그 결과 존재자들이 지닌 본래의 고유한 가치들이나 다양한 성질 및 기능들은 교환가치와 같은 획일화된 가치나 특정한 기능만을 지닌 것인 양 그 존재 의미가 왜곡된 채로 인간에게 다가오기 때문이다. 한마디로 하이데거는 현대 기술이 인간을 포함한 모든 존재자들의 존재 의미와 가치를 특정한 방향으로 몰아세워 모든 존재자들의 관계를 왜곡시키는 부정적인 역할을 하는 것으로 본다.

기술을 중심 화두로 논의한 것은 아니지만, 이와 관련된 20세기의 또 다른 중요한 논의의 흐름이 있다. 논리실증주의, 분석철학, 나아가 과학철학으로 대변되는 영미 철학적 전통에서의 논의가 그것이다. 분석철학은 현상학과 마찬가지로 철학 내에서의 근본적인 변화, 특히 철학하는 방법론상의 혁명적 변화를 촉구하였다. 분석철학은 '언어적 전환(linguistic turn)'을 요구하면서, 존재자들을 사유하고 존재의 의미를 논함에 있어서 언어와 그것의 논리적 구조에 대한 분석을 중요시했다. 따라서 이들의 주된 관심은 과학, 그것도 언어들의 체계로서의 과학 지식이었다. 기술은 하나의 응용과학으로서 부분적인 관심의 대상에 불과했다고 말할 수 있다. 이들에 입장에서 볼 때, 기술은 가치중립적이다. 그리고 기술에 대한 판단은 강하게 부정적이지도 강하게 긍정적이지도 않다.

지금까지 개괄해본 기술철학의 역사를 정리하면, 다음의 세 영역이 기술철학의 주된 주제들이었음을 알 수 있다. 첫째는 기술의 존재론적(혹은 존재적) 측면에 대한 고찰이다. 즉 기계의 존재론적 특성, 하나의 문화 양식으로서의 기술, 세계와의 존재론적 교섭으로서의 기술, 그리고 세계에 대한 해석학적 구성으로서의 기술 등이 주요 쟁점들이었다. 둘째는 기술의 인식론적 측면에 대한 고찰이다. 여기서는 과학 지식과 기술의 관계, 특히 기술을 응용과학으로 볼 것인지 아닌지가 최대 쟁점이다. 마지막으로 기술의 인간학적 · 가치론적 측면에 대한 고찰이다. 이는 기술을 인간의 본성 또는 인간이 갖고 있는 가치 체계와 연관지어 고찰하는 것으로, 기술이 인간의 삶에, 역으로 인간의 삶이 기술 변화에 어떤 영향을 주었는가와 같은 문제들을 다룬다.

이런 역사적 개괄에서 우리는 기술에 관한 기존의 철학적 논의들 속에 기술 개념에 관한 다음과 같은 이해가 내재돼 있음을 알 수 있다. 첫 번째는 기술을 도구와 같이 사물화된 어떤 대상물로 이해하는 것이다. 즉 기술은 도구나 기계, 전자 장치, 소비재 상품과 같은 특정한 인공물(artifacts)로 간주된다. 여기서는 다음의 문제들이 주로 철학적으로 논의됐다. 기술의 도구적 특성과 관련해서 도구로서의 기술을 어떻게 다양한 유형들로 분류(classification)할 것인가의 문제와 도구의 존재론을 어떻게 정립(articulation)할 것인가의 문제가 다루어졌다. 이 외에도 도구가 인간과 사회와 맺는 관계는 무엇이며, 도구가 인간의 삶과 사회 변화에 어떤 영향을 주는가 등도 주요한 주제들이었다. 두 번째는 기술을 지식의 한 종류로 보는 것이다. 이 경우 어떤 유형의 기술 지식들이 있으며 이들의 특성은 무엇인가가 주로 철학적으로 논의돼왔다. 나아가 이를 토대로 과학 지식과 기술 지식의 관계를 어떻게 볼 것인가도 중요한 철학적 쟁점이었다.

기술에 관한 전통적인 철학적 논의들은 주로 기술에 관한 이와 같은 두 가지 이해 방식에 기초해 있다고 말할 수 있다. 그러나 기술 개념의 존재적 외연을 인공물 또는 지식으로만 제한하는 것은 오늘날 기술이 가지는 복합적인 함축들을 고려할 때 적절하지 못하다. 가령 로봇처럼 기계들이 서로 복합적으로 연관되는 방식으로 하나의 시스템 구조를 형성하여 그 자체가 독립된 기술로 인정될 때, 그리고 이런 연관관계가 단순히 사물로서의 기계를 넘어서서 사회적 제도 혹은 장치들로 확대되어 사회-기술 연결망을 구성하는 경우, 기술 개념의 존재적 외연을 도구나 지식에 국한하여 보는 것은 적절치 못하다. 그런 의미에서 기술 개념의 외연을 좀 더 확대할 필요가 있다.

기술철학자 칼 미첨[C. Mitcham]은 오늘의 기술현상을 올바로 이해하려면, 도구 또는 지식으로서의 기술 개념 외에 적어도 과정으로서의 기술 개념, 의지 작용으로서의 기술 개념 등이 필요함을 강조하고 있다.(Mitcham, 1980) 그에 따르면, 과정으로서의 기술 개념에서는 만들어지고 사용되는 인공물보다, 만들고 사용하는 과정 자체를 기술의 본질적 측면으로 규정한다. 이러한 시도는 주로 사회과학자들과 공학자들에 의해 이루어졌다. 공학자들이 '만듦'을 강조하는 데 반해 사회과학자들은 '사용함'을 강조한다. 만듦의 과정에서 오늘날 발명과 디자인이 강조되고 있다면, 사용의 과정에서는 생산과 이용, 기술의 공익적 사용 문제가 중요하다. 이는 결과적으로 기술의 문제가 인간 행위 및 사회적 제도들과 밀접한 관련이 있음을 의미한다. 한편 의지작용으로서의 기술 개념은 과정에 대한 통제가 부분적으로는 과정에 대한 체계적인 지식에 의존하지만, 부분적으로는 목적이라든가 의도, 지향, 선택 등과 밀접한 관련이 있음을 반영한다. 가령 사이버네틱스는 과정의 통제를 위한 인지적 수단을 제공해줄 수 있지만, 그 자체가 통제의 용도나 목적을 결정하지 못한다. 이는 가치와 의지의 문제로, '사용함'을 언급할 때 배제될 수 없다. 또한 기술이 어떤 의지를 지닌 인간의 행위들에 근거한다는 점도 놓쳐서는 안 된다.

21세기 첨단 기술의 새로운 도전들

20세기 후반에 본격적으로 발달하기 시작한 새로운 첨단 기술, 곧 생명공학 기술, 나노 기술, 유비쿼터스 기술 등의 등장은 양적으로나 질적인 측면에서 인간의 삶의 양식에 급격한 변화를 초래하고 있다. 그것은 인간의 본성을 포함하여 기술을 매개로 이루어진 모든 관계들, 곧 인간과 기술의 관계, 인간과 자연의 관계, 인간들 간의 사회적 관계 등 모든 관계를 근본적으로 바꾸어놓았다고 할 수 있다. 이것들은 오늘의 기술철학이 담아내야 할 새로운 주제들로, 바로 기술철학의 새로운 담론이 요청되는 배경이기도 하다. 그렇다면 어떤 변화들이 있었고 또한 앞으로 일어날 것인가?

나노 기술이 가져온 새로운 도전들부터 살펴보자. 오늘날 나노 기술은 어느 특정의 전문 영역에 국한된 개별 기술이라기보다는 이 · 공학의 다양한 분야들에서 적용 가능하다는 면에서 유형(type) 기술의 의미를 지닌다. 나노 기술은 특성상 분자 수준의 입자들을 조작하여 그 차원에서 우리가 필요로 하는 것들을 만들어낸다. 예를 들면 나노 튜브, 분자 동력 장치, 인공 세포, 유전자 칩, 새로운 구조 화합물들로 이것들은 지금까지 우리가 접하지 못한 완전히 새로운 영역에 속하는 것들이다. 그래서 이러한 나노 기술의 개발은 새로운 물질세계에 대한 구성, 실생활의 물질적 기반에 대한 새로운 재편이라는 혁신적인 의미를 강하게 지닌다. 하지만 자연과 비친화적인 신물질들의 등장, 미시적 개체들에 의한 인체 및 생명체에 대한 위해성, 미세 칩을 이용한 효율적인 관리 및 통제, 유전자 수준의 개인 생체 정보 등장에 따른 프라이버시 문제 등 다양한 생태적 · 사회적 · 윤리적 문제들을 동시에 함축하고 있다. 특히 후자의 문제들의 경우 과거 어떤 기술의 발전 시기보다도 그 영향들이 매우 직접적이고 심각하며 또한 과거에 접해보지 못했던 새로운 차원의 것들이라는 특성을 지닌다.

따라서 나노 기술의 개발과 응용 과정에는 기술적인 전문 연구 외에, 나노 기술에 관한 한 다학문적인 학제적 분석과 평가가 필요하다. 이런 문제들은 단순히 나노 기술의 부정적인 오남용에 따른 파생적 차원의 문제가 아니라, 나노 기술이 지닌 본성으로부터 불가피하게 초래될 수밖에 없는 근본적이고 본질적인 차원의 문제들이라는 점에서, 기술에 대한 새로운 이해를 요구한다. 나노 기술의 개발과 응용, 곧 나노 기술의 탄생 자체가 전문적인 기술 문제 외에 다양한 사회적 요소와 측면들에 의존하고 있기에, 이를 하나의 복합계, 곧 사회적 · 경제적 · 문화적 · 윤리적 · 법적인 요소들이 서로 그물망처럼 얽혀 있는 복합적 구조물로 간주할 필요가 있다.

20세기 후반에서 21세기에 걸친 기술에서의 또 하나 괄목할 만한 변화가 있다면 그것은 바로 생명공학 기술의 현저한 발전이다. 20세기 후

반까지만 해도 인간의 유전자 지도를 밝히는 게놈 프로젝트와 유전자 재조합 기술과 같이 분자적 수준에서의 처리 기술이 핵심적인 기술적 과제로 부상했지만, 불과 몇 년 사이에 생명공학 기술은 다음과 같은 새로운 영역에로 빠르게 확장되고 있다. 포유류의 복제, 줄기세포(stem cell)의 제작 및 응용, 단백질의 합성, 신경세포들의 집합적 활동 메커니즘 규명 등에서 보듯이, 거시적인 생명 물질들 곧 집합적인 복잡계에 대한 기술적 연구가 활발하게 진행되고 있다. 이는 생명공학 기술이 접근하는 대상이 기존의 비생명 물질 영역에서, 생물학적으로 복잡하고 윤리적으로나 종교적으로 매우 민감한 문제를 안고 있는 생명 물질 영역으로 전환하고 있음을 뜻한다. 이런 특징으로 인해 생명공학 기술과 관련하여 다음의 문제들이 한층 강하게 부각되고 있다.

가장 심각한 것이 바로 거대 생명 물질의 조작에 대한 기술적 불확실성이 야기할 수 있는 인간 · 생명체 · 생태계에 대한 심각한 위협이다. 생명 활동의 중요 메커니즘들이 완벽하게 규명되지 않은 상황에서 진행되고 있는 기술적 응용은 유전자, 단백질, 세포 나아가 유기체에 알 수 없는 변형을 가할 수 있고 이는 곧 인체를 포함한 생명체, 더 나아가 생태계 전체에 심각한 위험을 야기할 수 있다. 즉 기술적 처리 과정에서 기이한 생명 현상들, 가령 유전자나 단백질의 변형, 기이한 유기체 및 새로운 종들의 출현 등이 충분히 발생할 수 있는 것이다. 문제의 심각성은 이것이 왜, 어떤 과정에서 발생하며, 얼마나 위험한가에 대해 우리가 전혀 설명하지 못하고, 이러한 위험에 대한 어떤 예측도 통제도 불가능하다는 데에 있다. 그럴 경우 생태적 재난에 대한 책임도 가리기 어렵게 된다.

이와 더불어 우성 생물인자에 대한 기술적 강화와 인간 우생학의 출현 가능성, 인간의 의식 활동에 대한 조작 가능성, 부유한 계층에 집중되는 혜택과 사회 격차의 문제, 생명에 대한 상이한 이해와 종교적 갈등 등등 이러한 문제들 역시 생명공학 기술의 본질과 결코 무관하지 않다. 따라서 어떤 생명공학 기술이 개발될 것인가의 문제 혹은 그 기술이 어떤 능력을 가질 것인가의 문제는, 이러한 다양한 요소들이 어떻게 생명공학 기술 속에 반영될 것인가에 의해 결정될 것이다.

21세기에 가장 중요한 기술적 변화가 있다면 바로 유비쿼터스 기술의 등장일 것이다. 거기서도 핵심 기반 기술에 해당하는 것이 바로 유비쿼터스 컴퓨팅 기술이다. 유비쿼터스 컴퓨팅 기술이란 다양한 종류의 컴퓨터가 사람, 사물, 환경 속에 내재되어 있고, 이들이 서로 연결되어, '언제, 어디서나' 필요한 곳에서 컴퓨팅을 구현할 수 있는 환경을 말한다. 이러한 환경을 구현하기 위해서는 기본적으로 첫째 우리 주변의 모든 대상들에 정보처리능력을 갖춘 소형화된 컴퓨터 또는 지능적인 센서나 태그를 부착하는 일과, 둘째 이들 상호 간에 정보교환이 가능하도록 사이버 공간을 비롯한 다양한 네트워크들의 유기적인 통합을 구축하는 일이 핵심 관건이다.

이러한 기반 기술로 인해 유비쿼터스 컴퓨팅 환경은 다음과 같은 특징을 지닌다. 첫째 현실세계와 가상세계의 경계가 허물어진다. 기존 정보화 작업이 컴퓨터 속의 가상 공간에서 전적으로 이루어졌다면, 유비쿼터스 컴퓨팅 작업은 현실세계의 물리적 공간과 가상 공간이 결합한 공간 곧 확장된 현실세계에서 이루어진다. 사이버 공간의 특성과 작동원리를 현실세계의 물리적 공간에 확대 · 적용하는 방식으로 두 공간의 융합이 이루어지는 것이다. 이는 현실세계와 가상세계가 디지털 정보의 흐름을 매개로 통합하는 새로운 공간의 창출을 의미하는 것으로, 정보화의 다음 단계로의 진입을 예고하고 있다. 둘째, 기술이 사물 속에 은닉(혹은 은폐)된다. 즉 "기술은 배경으로 사라지게" 된다. 컴퓨터 칩이나 센서들, 대부분의 통신

장치들은 소형화되어 사물들 속에 보이지 않게 내재하고, 사물은 지능화된다. 사물 속에 심어진 컴퓨터들이 스스로 주위에 존재하는 다른 사물의 정체성을 식별하고, 주변 환경 및 사물들의 변화를 지각 · 감시 · 추적한 다음, 그렇게 얻은 정보들을 네트워크를 통해 공유함으로써, 사람들은 컴퓨터나 네트워크에 의식적으로 접근하지 않고도 언제, 어디서나 자유롭게 이러한 정보에 접근할 수 있게 된다. 한편 같은 이유에서 거꾸로 사람들은 보이지 않는 수많은 정보 장치들에 의해 감시와 추적의 대상이 될 수 있다. 셋째, 정보-사람-사물-기기를 연결하는 유기적 통합 네트워크가 구축되어 사람들은 사람뿐 아니라 모든 사물과 언제 어디서나 연결돼 상호간에 자율적인 의사소통을 할 수 있게 된다. 이러한 연결은 사실상 디지털 기술이 지니는 중요한 특성 가운데 하나인 융합 가능성, 곧 디지털 컨버전스(convergence)에 의존한다. 데이터들의 통합, 네트워크들의 통합, 정보기기들의 통합이 이를 가능하게 한다.

유비쿼터스 컴퓨팅 환경이 지닌 이와 같은 특징들을 고려해볼때, 유비쿼터스 컴퓨팅 기술은 미래의 인간 삶의 양식(혹은 형식)을 크게 바꾸어놓을 것이 분명하다. 디지털 네트워크 체계를 현실세계에까지 확대 적용하는 것이므로, 가령 시공간적 제약의 극복이라든가 정보에의 무한한 접근성, 그리고 의사소통의 용이성과 같은 가상세계만의 독특한 장점들을 현실세계에서도 그대로 구현하여 누리는 새로운 삶의 양식, 곧 디지털 라이프(digital life)가 등장할 것이다. 디지털 라이프는 사용자 개인의 상황에 부합하는 맞춤형 서비스가 주종을 이루고 있어, 과거에 비해 훨씬 개인화된 사회로 나아갈 가능성이 높다. 새로운 문화 콘텐츠의 생산과 소비가 출현하고 이에 따라 문화에 대한 인식의 변화도 일어날 것이다. 한마디로 새로운 인간형과 새로운 생활양식이 등장한다.

또 주목해야 할 변화는 다음과 같은 부정적인 측면들이 발생할 수 있다는 점이다. 전자 감시사회(전자 파놉티콘)의 출현 가능성, 디지털 격차(digital divide)에 따른 사회적 불평등의 확산 및 심화 가능성, 사람과 기계 혹은 사물의 역할 전도 가능성, 개인 정보의 심각한 유출 가능성, 개인 프라이버시의 심각한 침해, 개인주의의 심화에 따른 사회적 연대의 약화, 사이버 범죄의 범람과 사이버 윤리의 추락, 불필요한 정보들의 융합에 따른 정보의 신뢰성 약화, 노동환경의 변화와 불안정성 등등이다. 한마디로 유비쿼터스 기술의 경우 지금까지 보아왔던 어떤 기술 형태보다도 한층 더 기술의 등장이 사회적 · 경제적 · 문화적 · 윤리적 제 요소의 변화와 얼마나 밀접하게 관련을 맺고 있는가를 가장 잘 보여준다고 할 수 있다.

이러한 하이테크 기술들에 공통적으로 나타나는 현상이 있다면, 그것은 해당 기술이 개발되고 발전하는 과정에서 인간 · 사회 · 자연에서의 다양한 요소들이 복합적으로 그리고 역동적으로 얽혀 작동한다는 점이다. 개발에 필요한 전문적인 과학기술 지식의 탐구, 새로운 산업의 육성과 경제 발전, 인간 생명의 존엄성에 대한 가치, 환경 보존을 포함한 다양한 윤리적 문제들, 프라이버시 보호와 같은 법적 문제들, 위험 기술에 대한 사회적 통제와 관리, 과학자 사회 내부의 복잡한 의사 결정구조, 첨단 기술에 대한 일반 시민들의 관심 고조, 새로운 삶의 양식과 문화의 등장, 새로운 인간형의 등장 등등 수많은 요소들이 서로 얽혀 문제의 기술에 함께 내재되어 있다고 할 수 있다. 문제의 기술이 개발되고 실현되는 과정에서 이러한 문제들이 동시적으로 그리고 상호 긴밀하게 연관된 형태로 발생한다는 점이 이를 잘 보여준다. 그러한 의미에서 현대의 기술은 하나의 패러다임, 인간이 살아가는 삶의 한 양식, 인간-자연-사회를 엮는 복합 네트워크, 여러 요소들이 역동적으로 상호 교류하는 교역 공간(Trading Zone) 등으로 이해될 수 있다.

한편 현대의 과학기술은 과거처럼 인간이 그것을 통해 자연 세계를 바라보는 매개적 통로와 같은 수동적 역할을 하는 것이 아니라, 인간 바깥에 존재하는 세계 그 자체를 구성하고 확장하는 능동적 역할을 주로 한다. 컴퓨터 네트워크 기술을 통한 현실공간의 확장으로서의 가상현실의 구현, 나노 기술을 통한 새로운 물질세계의 구현 등은 이들 기술들이 세계를 재현하는 역할 대신에 세계를 그 기술이 함축하는 방향으로 구성하고 있음을 보여준다. 현대 기술이 지닌 이 같은 특성들은 기술에 대한 철학적 이해와 관련하여 기술을 바라보는 관점이나 접근 방식의 변화를 요구한다. 그렇다면 어떤 새로운 관점과 접근 방식이 우리에게 필요한가?

기술에 대한 새로운 이해와 접근들

우선 과학에 대한 다양한 사회학적 분석틀들은 기술에 관한 논의에서도 매우 유용하다. 앞서 열거한 예들에서도 매우 중요하게 부각되었듯이 20세기 과학기술의 중요한 특성 가운데 하나는 과학기술과 사회와의 밀접한 연관성이다. 이는 전통적인 철학적 접근들, 곧 인식론적, 형이상학적, 윤리적 접근들로는 접근하기 어려웠던 주제이다. 사회철학 혹은 실천윤리학의 일부에서 20세기 기술의 이 같은 특성과 연관된 철학적 분석들이 없었던 것은 아니나, 사실상 그 주제 자체가 지극히 제한되어 있었고 따라서 보편적인 철학적 사유로부터 멀리 떨어져 있었다고 말할 수 있다. 그런 면에서 20세기 과학기술은 기술에 대한 철학적 사유가 기존의 틀 혹은 자기 한계를 벗어날 것을 요구하는 중요한 시대적 표징이기도 하다.

과학기술의 사회적 특성에 관한 연구가 전통 철학 내에서는 매우 소극적이었던 것과 달리, 사회학 분야 안에서는 20세기 중반부터 본격적으로 시작되었다. 머튼R. Merton의 과학사회학(sociology of science)이 그 시작이라고 할 수 있다. 머튼은 과학기술에서 최초의 지적 발견(명)자가 아무리 창조적인 작업을 했다 하더라도 그 이전 과학기술자들이 수행해왔던 많은 작업들에 빚을 지고 있는 것이라고 주장하면서, 과학기술의 객관적인 작업 속에 역사적이고 사회적인 요소들이 포함될 수밖에 없음을 강조하였다.(Merton, 1973) 그리고 그러한 요소들로 정보, 상호 비판, 공정함, 특정 집단의 사회적 이해관계가 배제된 보편성 등을 강조하고, 이것들이 공유된 체계가 바로 객관적인 과학의 사회적 체계라고 보았다. 그러나 머튼의 입장은 그 소박함 때문에 오늘날 과학기술의 사회적 특성에 관한 연구에 적용되지는 않고 있다.

1980년대 이래로 새로운 시도들이 부각되고 있는데, 그중 대표적인 것이 과학지식사회학(sociology of scientific knowledge)이라 칭해지는 부류의 시도들이다. 라투어B. Latour와 울거S. Woolgar가 펴낸『실험실 생활 : 과학적 사실들의 구성』(1979)이라는 책이 그 새로운 출발을 알리는 신호탄이다. 이들 주장의 핵심적 요체는 과학기술의 본성을 제대로 이해하기 위해서는 논의의 초점을 더 이상 성공적인 과학 활동의 권위 있는 산물이 아니라 과학 활동에서 이루어지고 있는 실제적인 일들—특히 실험실에서 벌어지는 일들—에 두어야 한다는 것이다. 이 실제적인 과학 활동에 주목하는 경우 우리는 어떤 경로(과학자들의 사유 및 결정 과정)를 통해 성공적인 과학 지식이 나타나는지 볼 수 있게 된다. 그리고 그러한 과정이 어떤 특성을 지니고 있는지도 알 수 있게 된다. 한편 기술에 대한 사회 구성론적 접근(social constructivist studies of techonology) 또한 새로운 시도 가운데 하나다.(Hughes, 1983; Pinch, 1987; Bijker, 1992) 이들이 취했던 기본 입장은 기술의 변화와 사회의 변화가 함께 이루어진다는 것이다. 따라서 기술의 변화를 제대로 이해하려면, 양자의 변화가 어떻게 함께 이루어지고 있는지를 분석해야 한다는 것이다. 이러한 입장이 가능했던 배경에는 사회-기술들(sociotechnologies)이 사회적으로 형성되고 안정화되는 과정에 대한 풍부한 경험적인 사례 분석들이 있다. 이외에도 물질적 요소와 비물질적 요소를 모두 망라하여 이것들이 거대한 네트워크 구조를 형성한다는 행위자 그물망(actor-network) 이론이 기술의 분석에 적용되는 등 많은 새로운 시도들이 사회학 영역에서 나타나고 있다.

다음으로 기술철학 내부로부터의 새로운 시도들이 추동될 필요가 있다. 기술철학 안에서도 1970년대 이후로 새로운 변화들이 있었다. 가장 큰 변화라면 이 당시 기술철학자들은 기존의 추상적이고 형이상학적인 관심들과 접근 방식에서 점차 벗어나, 실제적이고 실용적인 함의를 지닌 개별적인 문제들에 대한 경험적 분석틀을 강조해왔다는 점이다. 가령 기존의 현상학적 분석 방법이라 하더라도 이를 형이상학적인 차원이 아니라 경험적이고 실용적인 차원에서 정보 기술 등과 같은 구체적인 기술에 적용하려고 시도하였다. 돈 아이디의 기술철학이 그 좋은 예다.(Ihde, 1979; 1983; 1986) 또한 거시적인 담론보다는 개별 사안들에 대한 세부적인 분석에 기초한 미시적인 담론 연구에 관심과 노력을 쏟았다. 더불어 개별 기술이라 하더라도 그것이 지닌 다면적 측면들에 주목하고 그들 간의 상호 작용에도 관심을 기울였다. 가령 유비쿼터스 또는 정보 기술의 발달은 정보 공간의 확대에 따른 경제적인 가치의 실현은 물론 프라이버시 보호와 같은 윤리적 · 법적 문제의 야기, 정보 격차에 따른 사회적 불평등의 심화로 이어지고 이 모두가 정보 기술의 존재론적 특성과 연관되어 있음이 논의되었다.

이러한 전환은 앞서 언급했던 새로운 첨단 기술들의 발전에 영향을 입은 바 크다. 새로운 첨단 기술들은 그것이 등장할 때마다 인간의 생활과 사회 문화에 가하는 영향이 서로 달라, 그것의 존재론적 특성이나 인간과의 관계 등에서 서로 다른 철학적 쟁점들을 산출했다. 그 결과 기술 일반에 관한 하나의 보편적인 개념 또는 체계를 만들어 이를 다양한 분야 기술들에 적용한다는 것 자체가 더 이상 가능하지 않게 됐다. 또한 이러한 전환은 과학기술사, 과학사회학, 과학기술 윤리 분야에서의 과학기술에 대한 미시적인 연구 경향 및 그 성과들에 힘입은 바도 크다. 생명공학 기술, 정보 기술, 나노 기술, 유비쿼터스 기술 등의 분야에서 사회적으로 역사 · 문화적으로 그리고 윤리적으로 쟁점이 되고 있는 구체적인 사례들에 대한 분석은 첨단 기술과 관련한 철학적 쟁점들이 무엇인지를 규명하는 데 도움을 줄 것이기 때문이다.

연구의 세부 주제들도 새로운 영역들로 넓혀졌다. 환경을 보존할 수 있는 대안적인 생태 기술, 특히 지속가능한 기술의 문제가 제기되었고(Carpenter, 1980), 위험 기술에 대한 관리와 정책의 문제도 제기되었다.(Shrader-Frechette, 1980) 그리고 기술영향평가가 실시되면서 이와 관련하여 기술이 인간 · 사회 · 자연에 가하는 위험들에 대한 평가와 분석이 중요한 관심 주제로 떠올랐고, 특히 이러한 분석을 위한 과학적이고 합리적인 방법은 무엇인지에 관한 철학적 논의가 있었다. 그 외에 기술과 정치(Wigner, 1977), 기술과 종교(Mitcham, 1973; 1994), 환경과 기술윤리(Gendron, 1980), 기술과 현대적인 삶 · 문화 사이의 관계(Borgmann, 1984) 등도 거론되었다. 한마디로 기술철학의 주제 영역이 다양하게 확대되었는데, 이는 기술철학의 외연적 범주를 확대한다는 중요한 의미를 갖지만, 역으로 이러한 주제들을 기술철학에 포함시키기 위해 어떤 철학적 사유 방법이 필요한가라는 새로운 문제를 낳는다.

한편 기술 자체에 대한 다면적 이해와 더불어 기술적 인공물(technical artifacts)의 본성에 대한 분석도 등장하였다.(Kroes & Meijers, 1999) 기술 자체가 대체로 기술적 인공물의 생산으로 향한다는 점에서 기술적 인공물에 대한 분석은 기술 자체의 본성을 이해하는 데 매우 효과적이다. 기술적 인공물을 물리적인 세계와의 인과적인 기작에 의해서만 작동하는 단순한 물리적 사물(physical objects)로 간주하는 것이 아니라, 특정한 기능을 매개로 하여 인간의 행위, 문화, 사회 안에서 상호 작용하는 지향적 존재자(intentional agencies)로서 이중적 위상을 지닌 것으로 본다. 다시 말해 기술적 인공물은 지향적 기능을 수행토록 설계된 구조물이다. 지향성 자체가 사회적 관계에 기초하고 있는 만큼, 특정 기술에 지향적 기능이 부여되고 실현되는 사회적인 조건들에 대한 연구가 매우 중요해진다.

이러한 새로운 접근들과 문제의식에 비추어볼 때, 오늘의 기술철학은 더 이상 형이상학, 존재론, 인식론, 윤리학과 같은 전통적인 방식의 철학적 문제들에 그것도 추상적인 사유를 통해 분석하는 근본학으로서의 학문적 지위에 갇혀 있지 않다. 기술과 관련된 정치적인 사회적인 윤리적인 그리고 법적인 실제의 문제들이 중요해지면서, 기술철학은 이들에 대한 분석에 개념적 측면이나 분석 방법론의 측면에서 기반이 되는 사유체계로 새롭게 거듭날 필요가 있다. 그러면 무엇을 어떻게 할 것인가?

새로운 담론을 위한 전제들

우선 기술 자체에 대한 인식의 변화가 필요하다. 기술에 포함되는 범주적 영역들이 확대되고 있으므로 하나의 시스템, 혹은 복잡한 관계망으로서의 기술을 바라보는 접근 방법이 필요하다. 기술을 관련 측면별로 분리하여 바라보는 요소적 관점을 지양하고, 기술을 인간 · 사회 · 자연과 고도로 밀접하게 결합된 하나의 시스템으로 보는 전체론적 관점, 혹은 복잡한 관계들의 망으로 바라보는 관계론적 관점으로의 변화가 필요하다.

다음으로 철학하는 자세와 방식의 전환이 필요하다. 이론 우위의 철학에서 실천 중심의 철학으로, 곧 지식 명제를 중심으로 다루는 철학에서 활동을 중심으로 다루는 철학으로의 전환이 요구된다. 가령 명제와 문장에 기반을 둔 정당화 인식론에서 활동(activities)을 포괄하는 자연주의 인식론에로 확대한다거나, 산물로서의 지식만이 아니라 지식을 생산하는 과정까지를 분석의 대상으로 포함하는 것 등이 그 좋은 예이다. 개인의 사고와 행위 그리고 개인들 간의 관계에 초점을 맞추는 철학에서, 개인의 사고와 행위는 물론 관계에 영향을 가하는 총체적 구조와 체계 혹은 네트워크와 같은 상호 내재적 연결(interconnectiveness) 등을 중시하는 철학으로 전환해야 한다.

마지막으로 분석 방법과 관련하여 과학기술학(STS)에서의 분석 방법의 도입이 필요하다. 현대 기술의 사회적 특성에 관한 한 과학기술학의 분석 방법이 불가피하다. 추상적인 원리와 이론에서부터 구체적인 실험이나 활동들을 도출해나가는 방식의 하향적 연구 방법에서, 구체적인 활동들로부터 이에 적절한 일반화의 주장들을 확립시켜나가는 방식의 상향식 연구 방법으로의 전환도 필요하다. 그런 면에서 현장에 대한 경험적인 사례분석들이 중요하게 부각될 필요가 있다.

제 1 부

'기 술'에 질 문 을 던 지 다

기술철학은 더 이상 형이상학, 존재론, 인식론, 윤리학과 같은 전통적인 방식의 철학적 문제들에, 그것도 추상적인 사유를 통해 분석하는 근본학으로서의 학문적 지위에 갇혀 있지 않다. 기술철학은 새롭게 거듭날 필요가 있다. 그러면 무엇을 어떻게 할 것인가? 여기서 우리는 먼저 전통 기술철학에서의 주요 쟁점들을 정리 · 분석하여 그것이 현대 첨단 기술의 시대—디지털, 나노, 바이오 시대—에 어떤 함의를 가지는지, 그 의의와 한계의 양 측면에서 조명해볼 것이다. 그리고 전통 기술철학의 한계를 극복할 수 있는 기술에 대한 새로운 접근 방식들을 살펴봄으로써, 기술에 대한 한층 세련된 개념체계와 방법론을 모색해보고자 한다. 기술에 대한 새로운 이해의 틀, 또는 기술철학의 새로운 담론을 위한 개념틀을 조명해보고자 하는 것이다.

이중원 | 서울시립대 철학과 교수

기술에 어떤 철학적 문제들이 있나

다양한 철학적 쟁점 분석

기술(technology)이라는 용어의 어원은 고대 그리스에서 사용된 '테크네(techne)'에서 찾을 수 있다. 소크라테스Socrates는 인간의 지식이나 활동을 이론적 · 사변적(theoretical)인 것과 실제적(practical)인 것으로 구분하였고, 플라톤Platon은 이런 구분을 받아들여 이를 에피스테메(episteme)와 테크네로 재규정하였다. 플라톤에 따르면 에피스테메는 궁극적으로 사물의 본질에 대한 높은 수준의 이론적인(사변적인) 지식으로 합리성을 주요 특성으로 하며 수학과 철학이 그 대표적인 사례에 속한다. 한마디로 모든 사물의 궁극적 원리들을 합리적인 사고를 통해 밝혀낸다는 것이 중요하다. 이와는 반대로 테크네는 원래 목수가 무언가를 만들다, 구성하다, 생산하다는 말에서 유래하였는데, 생산 활동 혹은 예술 활동에서 보듯 기예(art), 기술(craft), 재주(skill)가 동반된 실제적 지식 또는 활동을 가리켰다.

플라톤은 그의 저서 『대화』에서 순수한 이론이나 인간적 사건들에 속하는 것들을 테크네에서 분리시켰지만, 물질세계에 대한 조작들을 포함하여 인간에 의해 반복적으로 특정한 양식과 절차에 따라 행해지는 행위 모두를 테크네로 보았다. 가령 의사, 점성가, 화가, 조각가, 시인, 요리사와 같은 전문가들의 활동은 물론 계산술, 측량술, 산수, 음악, 체육 등과 같은 학문의 내용들, 그리고 주사위 놀이나 장기 게임과 같은 활동 등과 같이, 테크네라는 개념을 매우 포괄적 의미로 사용하였다. (플라톤, 『프로타고라스』, 『국가』)

한편 아리스토텔레스Aristoteles는 세부적인 측면에서 차이가 있지만 플라톤과 유사하게 테크네 개념을 생산과 관련된 기교적 지식(craft-knowledge)으로 또는 특수한 상황과 개별적인 사물들에 대한 정보 및 이의 일반화를 다루는 실제적인 지식으로 보았다. 즉 불변하는 어떤 것을 다루는 에피스테메와 달리 테크네는 변화하는 어떤 것을 다룬다. 그러나 테크네는 무

'기술'의 어원을 좇다 보면 고대 그리스의 철학자 플라톤과 아리스토텔레스의 논의까지 거슬러 올라가게 된다. 플라톤은 실제적인 인간의 지식과 활동을 '테크네'로, 이론적·사변적인 것을 '에피스테메'라고 규정했다. 유사하게 아리스토텔레스도 생산과 관련된 기교적 지식, 변화하는 사물들에 대한 실제적 지식을 '테크네'라고 불렀다.

언가를 만들 때 에피스테메를 이용할 수 있다.◆ 아리스토텔레스는 플라톤과 달리 도덕(moral virtue)은 어떤 이론을 지니고 있지 않은 일종의 실제적 추론(practical reasoning)으로서 테크네에 속한다고 보았다. 도덕은 좋은 성격을 만들고 좋은 행동 습관을 형성하는 것을 목표로 하기 때문이다. 또한 정치가나 법률가의 활동 역시 정치제도와 법률을 만드는 실제적인 활동이라는 측면에서 테크네에 속한다. 나아가 테크네는 단순히 효율성만이 아니라 미학적 요소들도 포함한다. (아리스토텔레스, 『니코마코스 윤리학』)

이처럼 고대 그리스인들은 문명적 존재로서의 인간의 본질을 총체적으로 지칭하기 위해 '지혜(sophia)'와 '기술(techne)' 개념을 함께 사용하였다. 지혜로부터 인간의 관조적 삶의 본질을 찾고자 했다면, 테크네로부

◆ 이런 의미에서 플라톤과 아리스토텔레스는 모두 테크네의 논리적 특성을 강조하고 있다. 다만 플라톤의 경우 에피스테메로부터 숫자, 수학적 논리, 측정술과 같은 논리적 요소들을 이용하는 반면, 아리스토텔레스는 이보다 훨씬 포괄적인 질서를 논리적 요소로 이용한다.

터는 활동적인 삶의 본질을 찾고자 하였다. 그러나 각각의 중요성을 동등하게 평가하지는 않았다. 가령 아리스토텔레스는 '만듦(poiesis)'과 '행함(praxis)'을 구분하고, 만듦의 목적이 사물에 있는 것과 달리 행함의 목적은 행위 그 자체이기에, 삶이 그것의 한 양식이 되는 행함에 논의를 집중하면서 어떤 종류의 행위가 가장 인간적인가를 철학의 중심 화두로 삼았다.◆ 정리하면 예술(art)과 같이 '만드는 것(making)'은 그것이 물질적인 것들에 집중하는 까닭에, 인간의 삶의 목표나 존재의 제일 원리에 관한 이해에 기여하지 못하는 것으로 간주되었고, 심지어 덕 또는 최고선의 추구에 해로운 것으로 자주 불신되었다.

기술 개념의 다의성과 기술철학

기술을 무엇으로 정의 혹은 규정할 것인가? 일반적으로 기술이라는 용어의 외연은 매우 다양하다. 생산을 위한 기술적 도구들, 기술적 과정으로서의 생산 조립 라인, 산물로서의 기술 상품, 공학과 같은 기술지식, 기술 관리를 위한 생산 및 관리조직, 디자인된 인간의 의지나 의도 등등. 기술이라는 개념은 단일한 의미를 갖지 않는다. 이 같은 다양한 측면들 가운데 어느 것이 기술에 대한 규정에서 본질적 우선성을 지니는가? 이 우선성은 맥락에 따라 달라질 수 있는가 아니면 맥락에 의존하지 않고 근본적인가? 또한 하나 혹은 몇몇의 선택이 의미 있는가 아니면 이들 모든 측면들의 총화로서의 총체적 시스템이 보다 중요한가? 이런 질문들은 기술의 본성을 이해하는 데에 매우 중요하다.

◆ 아리스토텔레스는 『니코마코스 윤리학』에서, 정치, 운동, 관능적 즐거움이나 물질의 생산 활동 등이 인간에게 잘 어울리지 않는 능력이라고 서술하고 있다.

기술의 다양한 측면을 유형화해서 살펴본 칼 미첨의 『Thinking through Technology』.

기술의 본성을 규정하려는 이 같은 질문들에 답하기 앞서, 기술이 지닌 다양한 외연적 측면들 각각에 대한 이해와 분석이 필요하다. 이는 기술이란 용어가 어떻게 다의적으로 사용되는지를 잘 보여줄 것이다. 기술의 다양한 측면들을 그 기능을 중심으로 크게 다음의 네 가지로 나누어 유형화해볼 수 있다. 1) 사물(object)로서의 기술, 2) 지식(knowledge)으로서의 기술, 3) 의지작용(volition)으로서의 기술, 4) 과정(process) 또는 활동(activity)으로서의 기술이 그것이다.◆ (Mitcham, 1994)

사물로서의 기술 이는 기술을 한마디로 도구나 기계, 상품과 같이 물질적 형태로 구현된 인공물(artifacts)로 보는 것이다. 여기서는 두 가지 문제, 곧 인공물들의 존재론적 특성을 어떻게 명료화(articulation)하는가의 문제와 기술적 인공물들을 어떻게 다양한 유형들로 분류(classification)하는가

◆ 미첨은 이런 측면들이 다루는 대상의 관점에서 어떻게 구분되는지를 다음의 도식을 통해 보여주고 있다.

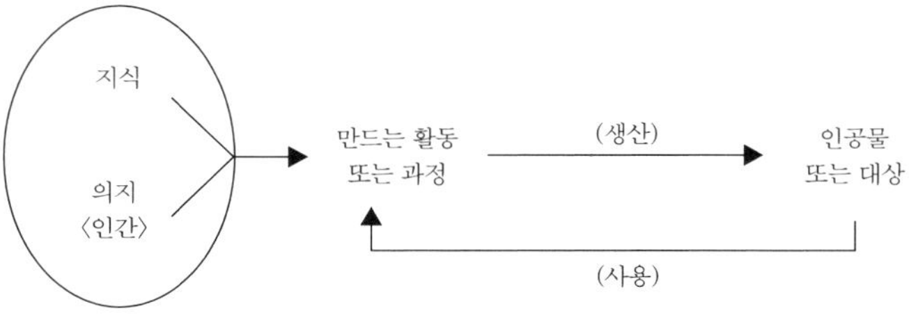

의 문제가 중요하다. 그러나 두 문제는 서로 긴밀히 연결되어 있어 분리시켜 논의하기가 어렵다. 전자의 논의가 원칙적으로 후자의 논의를 위한 기준을 제공해주어야 하지만, 전자의 논의 자체가 후자 특히 기술의 발전에 따른 새로운 기술의 등장 및 기술 유형의 세분화 경향에 관한 논의에 의존하지 않을 수 없기 때문이다.

고대로부터 자연물과 인공물을 구분하려는 시도가 있어 왔다. 아리스토텔레스는 자연의 개별 사물을 질료와 형상의 실체적 결합, 곧 자체 내에 운동의 원리를 지닌 실체로 규정하고 있다. 반면 인공물은 질료와 형상의 관계가 자연물보다 한층 더 표면적인 수준에 존재하고 자체 내에 운동 원리를 지니지 않는 것으로 규정된다. 자체 내에 운동 원리가 있으면 자연물로, 외부의 힘에 의존하는 단순한 기계의 원리를 따른다면 인공물로 규정하는 방식이다. 예를 들어 나무가 자연물이라면 이를 이용해 만든 침대는 인공물이 된다. 그러나 침대에 싹이 난다면 그것은 침대가 아니라 나무다.(아리스토텔레스, 『자연학 II』) 이와는 다른 인류학적인 관점에서 카프E. Kapp는 기술적 발명들과 인간의 해부학적 구조를 비교 분석하여, 기술적 인공물들이 인간 신체의 연장임을 강조하고 있다.(Kapp, 1877) 즉 기술적 인공물들이 자연적 존재인 인간의 육체와 물리적 구조 측면에서 혹은 기능적 측면에서 존재론적으로 어떤 연속성을 가지고 있음을 암시하고 있다. 이는 인공물의 존재론에 관한 사실상 널리 받아들여지고 있는 입장이기도 하다.

한편 인공물의 대표 격인 기계 개념과 관련하여 의미상의 다양하고 복잡한 변화가 있어 왔다. 따라서 기계 개념의 의미를 한마디로 규정짓기란 매우 어렵다. 고대 시대에는 기계는 손으로 작동하는 정교한 도구 정도로 인식되었다. 그러나 중세 시대에 오면 기계 개념은 손으로 작동하는 정교한 도구에서 손으로 만든 도구로 그 외연이 확대된다. 근대적인 기계 개념은 여기서 더 나아가 인간의 힘에서부터 독립적인 어떤 것으로서, 인간의 힘과 통제 아래 놓인 도구 개념과 대조를 이루게 된다. 뢸로F. Reuleaux는 기계를 '닫힌 동역학적 사슬', 달리 말해 '결정된 운동들을 산출하면서 자연적인 역학적 힘들을 작용하게 하는 방식으로 배열된 물체들의 집합'으로 규정한다.(Reuleaux, 1875) 한편 라피트J. Lafitte는 뢸로식의 기계 개념을 자신이 주장하는 '능동적 기계(active machine)'에 대한 정의에 해당한다고 보고, 이 외에도 '수동적 기계(passive machine)'와 '반성적 기계(reflexive machine)'가 존재한다고 주장하였다.(Lafitte, 1932) 여기서 라피트의 수동적 기계는 건축 구조물뿐 아니라, 용기들(utensils)과 장치들(apparatus) 그리고 시설물들(utilities)을 모두 포함한다. 맥루한M. McLuhan은 한발 더 나아가 역학적 기계들이 인간 신체의 연장인 것처럼, 전자 미디어 기계들이 신경계의 연장임을 주장하고 있다.(McLuhan, 1964) 멈포드L. Mumford는 이에 더하여 예술의 대상들도 기호 인공물, 달리 말해 "다른 사람들의 삶의 근본적인 경험을 공유하고 요구하며 영속시키는 특별한 도구들"로 규정한다.(Mumford, 1952) 최근에 와서는 거대한 사회 조직도 하나의 "거대 기계"로 간주하고 있다.(Mumford, 1967)

멈포드는 이런 개념적인 논의들로부터 기술적 인공물들을 다음과 같이 여섯 가지 유형들로 분류하고 있다. 용기, 장치, 시설물, 도구, 기계, 자동기계가 그것이다. 여기서 시설물이란 저수지, 도로, 기찻길, 전선 등과 같은 정보나 동력의 전달자들을 가리킨다. 가장 쟁점이 되는 것은 도구와 기계다. 멈포드는 양자를 인간의 힘에 직접 의존하는가 아닌가로 구분한다. 인간의 작동에 의한 것이라면 그것은 도구이고, 인간의 힘을 직접 필요로 하지 않고 외부의 힘에 의존하지만 인간이 설정한 (조절과 통제의) 방향을 따르는 것이라면 그것은 기계다. 도구에 대해서는 '~을 만든 도구'와 '~을 하는 도구'로 구분하는데, 예술작품은 '~을 하는 도구'가 되고 이를 만든 데 쓰인 도구들은 '~을 만든 도구'가 된다. 자동기계는 사이버네틱스의 일종으로서 인간의 힘뿐 아니라 인간이 설정한 방향에도 더 이상 의존하지 않는 기계를 가리킨다.

결국 인공물로서의 기술을 바라보는 시각은 기본적으로 기술의 형상적(formal) 특성들 특히 기능적 혹은 기계적 특성들을 주로 강조한다. 그리고 이를 근거로 다양한 인공물들의 존재론적 특성을 규정하고 유형을 나눈다. 그러나 이 관점은 동일한 기능을 갖춘 인공물이더라도 상이한 문화적 맥락 안에서 서로 다른 물질적 형태로 구현되어 사용되고 있는 현실의 상황을 설명하는 데 한계가 있다. 하나의 기능이라 하더라도 그것이 물질적으로 구현되는 방식 혹은 형태는 다양하며, 이의 선택과 사용은 더 이상 기술적 특성이 아니라 문화적 · 사회적 맥락에 의해 결정된다. 사물로서의 기술 관점은 이런 현상을 설명하기 어렵다.

지식으로서의 기술 기술은 지식의 한 종류라는 입장이다. 그렇다면 어떤 유형의 지식들이 기술 영역에서 가능한가? 일반적으로 다음과 같이 분류해 볼 수 있다.(Bunge, 1967) 먼저 숙련된 기술자가 직관적이고 무의식적으로 깨우친, 인공물을 만들고 사용하는 방법과 관련한 정보를 생각할 수 있다.(Gille, 1986) 이는 엄밀하게 말해 일종의 암묵적인 숙련된 직관에 해당되므로 지식으로 간주되기 어려울 수 있다. 그러나 이것은 실천적 경험을 통한 직관적 훈련으로부터 획득된 넓은 의미의 직관적 지식으로 볼 수 있다. 둘째, 음식 조리법에 대한 책처럼 성공적인 제조나 조작과 관련하여 일반적으로 필요한 부분들을 명료하게 정리해놓은 기술적 격언들(technical maxims), 혹은 기술적 규칙들(technological rules)이다.(Carpenter, 1974, 164쪽)◆ 이는 과학법칙들과는 다르다. 과학의 법칙이 자연의 실재에 대해 서술한다면, 기술적 규칙은 사람의 행위를 규정하기 때문이다. 이는 'B를 얻기 위해서 A를 하라'라는 문장 형식을 띤다.

셋째, 대상 사물의 특성을 서술하는 서술법칙들(descriptive laws)이다. 주로 경험적 사실들로부터 일반화된 진술들 곧 공학에서의 경험법칙들 혹은 현상법칙들이 이에 해당한다. 법칙의 일반적인 형식인 '만약 A이면, 그러면 B이다'의 문장 형식을 띤다. 넷째, 기술 이론들이다. 이들은 경험법칙들을 체계화하거나 그러한 법칙들을 설명하는 데 필요한 상위의 포괄적인 개념 체계를 제공해준다. 이를 다시 대상 이론(substantive theory)과 조작 이론(operation theory)으로 나누어 볼 수 있다.(Bunge, 1967) 대상 이론은 과학 이론을 바로 실제의 기술적 상황에 응용한 이론으로, 주로 기술을 '만드는' 활동과 깊은 관련을 갖는다. 가령 유체 역학의 응용으로서의 항공 역학을 한 예로 생각할 수 있다. 이들은 '기술과학(engineering science)' 혹은 '응용과학(applied science)'이라고 불리기도 한다. 조작 이론은 인간 행위에 관한 이론 혹은 인간과 기계 사이의 상호작용에 관한 이론을 가리킨다. 결정이론이나 행동 과학이론 등이 이에 포함되며, 주로 기술을 '사용하는' 활동과 밀접한 관련을 갖는다.

기술 지식에 관한 이 같은 분류는 기술 정보 자체가 단순히 기술적 인공물들에 관한 물질적 · 기능적 정보만이 아니라 기술적 인공물을 만들고 사용하는 과정에 필요한 모든 정보들을 포함한다는 점을 말해주고 있

◆ 붕헤는 이를 과학적 작업 이전에 필요한 경험적 지식들로(Bunge, 1967), 베르트랑 질은 하나의 처방전으로 표현하고 있다.(Gille, 1986)

다. 그러나 여기에는 몇 가지 논쟁적인 문제들이 내재해 있다. 우선 이에 따르면 기술 영역에서의 지식들은 각기 서로 다른 방식으로 정당화될 수 있게 된다. 즉 어떤 경우는 숙련에 호소함으로써, 어떤 경우는 격언이나 규칙들에 호소함으로써, 어떤 경우는 경험적 사실들에 호소함으로써 정당화될 수 있다. 그런데 이는 전통적인 인식론에서의 지식 정당화 작업, 곧 경험적인 사실 증거들에 의거하여 믿음의 진위를 결정한다는 본래적인 작업의 범위를 한편으론 넘어서고 있다.

그렇다면 기술 지식에 관한 한 기존과는 다른 새로운 인식론이 필요하다는 것인가? 이는 매우 복잡한 문제다. 또 다른 논쟁은 기술 지식을 응용과학의 하나로 보는 붕헤 식의 규정에 대한 것이다. 두 가지의 서로 상반된 반대 논변이 가능하다. 하나는 주로 사회과학 진영에서 제시된 논변들인데, 기술 지식의 요소들이 과학 지식의 그것들로부터 환원될 수 없으며 완전히 다른 것이라고 주장한다.

가령 디자인, 기술적 숙련과 암묵적 지식, 도구 조작의 규칙과 같은 개념들은 과학 지식 안에는 존재하지 않고 기술 지식만의 독특한 요소들임을 공통적으로 강조한다.◆ 다른 하나는 쿤 식의 역사주의 과학철학 관점에서 혹은 과학의 사회구성주의를 강조하는 STS의 관점에서 과학과 기술에 대한 실증주의적 방식의 구분을 비판하는 것이다. 이에 따르면 과학은 더 이상 객관적인 경험적 토대와 합리적 추론만의 산물이 아니다. 다양한 사회적 · 문화적 변수들이 함께 작용하는 하나의 거대한 활동 패러다임이거나 그것들이 만들어낸 사회적 구성물이다.

◆ 이에 관한 상세한 내용은 슈타우덴마이어와 빈센트의 논의를 참조할 것.(Staudenmaier, 1985 ; Vincenti, 1990)

의지작용으로서의 기술 기술을 만들고 사용하는 과정에는 다양한 유형의 인간 의지들—가령 의도, 동기, 지향, 열망, 가치 등—이 작용한다. 이 요소들은 우선적으로 기술을 사용하는 목적과 가치 안에 반영되어 그것을 가장 잘 구현할 수 있는 형태로 기술을 디자인하고 생산하도록 추동한다. 생산 과정에 대한 통제 역시 부분적으로는 과정의 체계적인 기능에 관한 지식들에 의존하지만, 부분적으로는 목적이라든가 의도, 지향, 선택 등에도 의존한다. 또한 사용을 언급할 때에도 일반적으로 가치나 의지의 문제가 배제될 수 없다. 가령 가장 합리적인 효율적 통제 장치로 알려진 사이버네틱스의 경우를 보더라도 이는 통제를 위한 인지적 수단을 제공해줄 수 있지만, 통제의 용도나 목적 자체를 결정하는 데 도움이 되지 못한다. 그것은 'know-how'를 제공할 뿐, 'know-what'을 제공해주지 못한다. 기술의 이론 의지적 측면은 결국 기술이 의지를 지닌 인간의 행위들에 근거한다는 데에서 비롯된다고 할 수 있다.

사실 의지적 요소들은 매우 중요함에도 엄격히 말해 공학의 영역에서 분석될 수 있는 것은 아니다. 그런 면에서 이에 관한 논의는 인공물로서의 기술이나, 지식으로서의 기술 그리고 기술의 생산 및 사용 과정들에 관한 공학적 논의들에 비해 훨씬 철학적이다. 하지만 철학 영역 안에서도 의지, 동기, 지향 등에 관한 논의 자체가 매우 다양하고 논쟁적이어서, 기술을 어떻게 의지의 관점에서 적절하게 바라볼 것인가에 대해 어떤 설득력 있는 공식화된 입장을 찾기란 현재로선 어려워 보인다. 음미해볼 만한 가치가 있는 몇몇 입장들을 소개하면 다음과 같다.

슈펭글러O. Spengler는 인간에게 있어 "기술은 생존의 전략"이자 힘이며, 인간이 생존하고 번창하려는 의지가 기술에 반영되어 있다고 주장한다.(Spengler, 1931) 이런 긍정적인 입장과 달리, 멈포드는 현대 기술이 인간의 다양한 욕구들 가운데에서 통제나 힘(혹은 권력)을 향한 의지만을 반영하고 있다고 비판적으로 본다. 그는 이런 기술을 단일한 목적만이 배타적으로 강조된 독단적인 '단일기술(monotechnics)'이라고 부른다.(Mumford, 1967) 한편 스콜리모프스키[H. Skolimowski]는 힘 대신 효율성에 주목한다. 세계를 우리의 뜻대로 조정하고 조작하고 싶은 것은 인간의 욕망이자 꿈인데, 기술은 바로 이 같은 욕망에 따라 세계를 효율적으로 통제하고 조정하는 것을 목표로 한다고 주장한다.(Skolimowski, 1966)

과정(혹은 활동)으로서의 기술 만들어지고 사용되는 인공물보다, 만들고 사용하는 과정이나 활동 자체를 기술의 본질적 측면으로 강조하는 관점이다. 또한 공학 지식과 관련해서도 어떤 지식이 어떤 기술에 유용하게 적용될 수 있는가보다는, 문제의 기술과 관련하여 필요한 공학 지식이 어떻게 구성되고 선택되는가의 과정을 중시한다. 다시 말해 기술은 도구나 기계와 같은 인공물, 그리고 공학 지식 그 이상의 것을 포함한다고 본다. 한마디로 과정으로서의 기술은 공학 지식과 제작자의 의도가 서로 결합하여 인공물을 만들어나가는 과정 또는 인공물을 사용하는 과정에 주목한다.

이런 관점을 처음으로 제시한 철학자는 아리스토텔레스다. 그는 도구를 통한 만듦의 활동을 '예술'이라는 용어로 표현했다. 그리고 예술 활동을 '경작(cultivation)'과 '구성(construction)'으로 구분하였다. 여기서 경작은 자연이 스스로 생산할 수 있는 것을 더욱 빠르고 완벽하게 혹은 충만하게 생산하도록 자연을 도와주는 행위를 가리키는 반면, 구성(건조)은 자연에 어떤 구속을 가하여 구속이 없을 때 자연이 결코 만들어낼 수 없는 것을 만들어내도록 하는 행위를 가리킨다. 치료, 교육, 농장 등이 전자의 예라면, 건축물은 후자의 예다. 이는 마치 전통기술과 현대기술의 구분처럼 보이기도 한다.

일반적으로 기술적 활동은 크게 '만듦(생산)'과 '사용함(소비)'의 두 유형으로 나누어 살펴볼 수 있다. 오늘날 기술의 개입은 연구, 개발, (공학적) 디자인을 통해 인공물을 생산하는 과정에서부터, 이를 판매, 서비스하는 소비 과정, 그리고 이 모든 과정들을 운영 · 관리하는 경영 활동에 이르는 전 과정에서 실질적으로 이루어지고 있다. '만드는 활동'의 경우 상상을 통한 새로운 인공물의 구상 및 아이디어의 구체화, 특정한 공학 지식의 구성 및 사용 그리고 새로운 인공물의 성능 시험에 필요한 적절한 실험의 구성(이상 응용 연구의 과정)과, 새로운 인공물 생산을 위한 디자인, 조립 및 결합을 통한 제품 생산(이상 제품 개발의 과정) 등에 기술이 개입한다. 이런 각 부분들이 맺는 상호 간의 복잡한 기능적 관계를 다음과 같이 도식화해 볼 수 있다.(Mitcham, 1994, 216쪽)

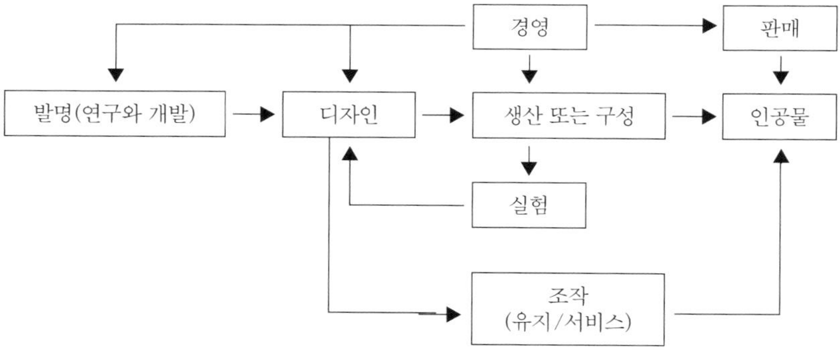

여기서 특히 디자인 활동을 눈여겨볼 만한데, 이것은 기술적인 조건만이 아니라 사회적 요구를 동시에 고려하여 양자를 충족시키는 방향으로 진행된다. 실제로 공학적 디자인 활동은 입력 대비 출력의 효율성(efficiency)에 의거하여 평가를 받는데, 입력 항과 출력 항에 순수 공학 · 기술적인

변수들 외에 다양한 사회 · 경제적 변수들이 포함된다는 사실이 이러한 공학적 디자인 활동의 모습을 잘 드러내준다. 한편 '사용하는 활동'이란 만들어진 기술적 인공물들을 사용하는 행위로서, 기본적으로 '만드는 과정'뿐 아니라 만들어진 인공물을 판매하고 소비하는 과정, 더 나아가 이를 관리하는 경영 활동 전반에서 이루어진다.◆

이처럼 활동으로서 기술을 바라보는 관점은 현대 산업사회의 주요한 현상들, 특히 기술 경영(management)이나 기술 혁신(innovation) 등에 잘 적용된다. 기술 혁신이란 기술적 인공물들을 특별한 방식으로 생산하고 사용하는 하나의 거대한 패러다임으로, 툴민[S. Toulmin]은 진화론적 관점에서 기술 혁신이 3단계의 절차를 거쳐 진행된다고 보았다. 변이 단계를 거쳐 선택의 단계로, 다시 확산과 지배의 단계로 진행된다는 것인데, 이는 기술이 등장하여 선택되고 확산되는 과정을 생산과 사용의 맥락에서 진화론적으로 고찰한 결과다. 한편 기술 경영의 경우도 기술적 인공물들이 생산되고 사용되는 과정 전반에 대해 조직적인 관리와 효율적인 통제를 가한다는 점에서, 활동으로서의 기술에 대한 이해와 잘 부합한다.

엘륄[J. Ellul]은 체계적인 지식으로서의 기술(technology)과 실제적인 응용으로서의 기술(technique)을 구분하고, 후자를 현대기술의 본질적 특성으로 간주함으로써 이러한 입장에 서 있다고 말할 수 있다. 그는 우리 시대의 대다수 인간들이 문제 해결을 위한 가장 효과적인 방법을 모두 기술에서 찾으려 하는 '기술적 현상'의 시대에 살고 있다고 본다. 이는 기술(technique)이 "이전에 임시적이고 무의식적이며 자발적인 것을, 명료하고

◆ 각각의 인공물에 대해 서로 다른 유형의 사용을 제안할 수 있다. 가령 집의 구조는 그 안에 존재함으로써 사용되고 있고, 도구들은 조작당함으로써, 기계들은 시동됨으로써, 예술작품들은 보여짐으로써, 그리고 체계는 관리됨으로써 사용된다고 말할 수 있다.

합리적이며 이성적인 개념 속으로 가져간"(Ellul, 1954) 것과 무관하지 않다. 엘륄은 이러한 기술적 현상은 근대 문명사회에만 유일한 것은 아니며, (기술 내부로부터의) 양적인 증식과 함께 '외적 관계들'에 의해 역사적으로 결정된다고 주장한다. 결국 그에게 기술과 관련하여 결정적으로 중요한 것은 현대기술의 내부 구조가 아니라, 기술적 현상과 사회와의 관계들이다.◆

과정(혹은 활동)으로서의 기술의 관점은 앞의 도식에서도 알 수 있듯이 사실상 기술의 인공물적 측면, 기술의 지식적 측면, 기술의 의지적 측면 모두가 상호간 긴밀성을 가지면서 참여하는 하나의 거대한 유기적 활동 시스템으로 기술을 볼 수 있도록 해준다. 기술이 생산되고 소비되는 과정 전반을 분석함으로써 우리는 기술의 어떤 기능적 측면이 어느 단계 또는 과정에서 중요한 역할을 하는지, 또한 이들 제 측면들 간의 상호 관계는 어떠한지, 즉 어떤 유기적인 관계를 형성하는지, 한마디로 하나의 시스템으로서 기술이 어떻게 역동적으로 작동하는지를 알 수 있게 된다. 그런 면에서 과정으로서의 기술 관점은 기술에 대한 여타 규정들에 비해, 기술의 본성을 총체적으로 이해하는 데 매우 긍정적인 기여를 할 것으로 기대된다.

기술철학의 범주적 이슈들

기술철학은 기술과 관련된 메타적인 문제들을 다룬다. 기술철학은 기술과 관련하여 직접 발생하는 경제적, 사회적, 정치적인 문제들을 다루는 것이 아니라, 이러한 문제들을 다시 탐구 대상으로 삼아 이들에 내재되어 있거

◆ 엘륄은 현대 기술에 부여된 새로운 특성으로 다음의 일곱 가지를 언급하고 있다. 1)합리성, 2)인공성, 3)자동화, 4)자기-증식, 5)일원론, 6)보편주의, 7)자발성 등이 그것들이다.(Ellul, 1975; 1977). 엘륄은 이런 기술적 특성은 무제한적이어서 인간이 이를 극복하기란 매우 어렵다는 비관적 전망을 내놓는다. 한마디로 현대 사회에서 기술적 현상이 사회적 관계를 압도하고 있음을 강조한다.

나 혹은 이들로부터 파생되는 문제들을 다룬다. 그러한 면에서 이는 이차 수준(second-order)에서의 언어적 작업이다. 이제 기술 개념에 대한 분석을 바탕으로 하여, 기술과 관련한 중요한 철학적 이슈들이 무엇이고 그것들이 어떤 범주들로 분류될 수 있는지 살펴보자.

고대 그리스의 철학자인 플라톤은 세 수준에서 기술에 관한 철학적 사유의 기초를 제시했다. 1) 자연이 만든 것과 인공적인 것 사이의 차이에 기초한 기술의 존재론에 관한 논의, 2) 인간의 필요와 의존 혹은 힘과 이탈의 개념에 기초한 기술의 인간학에 관한 논의, 3) 그리고 기술에 대한 경멸이나 반대로 작용과 잠재력에 관한 신뢰 등을 다루는 기술에 대한 가치평가가 그것이다. 이러한 사유의 틀은 오늘날 기술에 관한 철학적 논의들을 분류하고 체계화함에 있어 매우 유용하다.

가령 기술의 존재론에서는 기술이라는 대상의 존재적 본질이 존재론의 새로운 논의들을 통해 보다 심오하게 탐구될 수 있고, 기술의 인간학에서는 기술과 인간 삶 및 사회 구조의 관계가 매우 역동적으로 분석 · 서술될 수 있으며, 그리고 기술의 가치론에서는 기술이 자연 및 인간 사회에 가한 영향에 대한 윤리적 · 가치론적 평가가 매우 구체적으로 전개될 수 있을 것이다. 마지막으로 여기에 플라톤 시대에는 기술과 관련하여 중요하게 다루어지지 않았던 한 가지 문제, 곧 기술의 인식론 문제를 덧붙여볼 수 있다. 현대 기술은 고도의 복잡성을 지니고 있어 다수의 첨단 과학이론들의 개입이 불가피하다. 이러한 상황에서 과학과 기술의 관계를 특별히 인식론 혹은 지식론적 측면에서 분석해보는 것은 매우 의미 있는 일이다.

앞서 서술한 기술 개념에 대한 분석에서도 일부 드러났듯이 기술철학이 다룰 구체적인 이슈들은 매우 다양하다. 기술의 본성, 기술과 과학의 관계, 기술적 행위의 구조, 기계의 본질, 기계와 인간의 차이, 기술과 지향,

기술 디자인, 기술과 사회의 관계, 기술 발달로 파생된 문제들 곧 노동 소외, 핵무기, 환경오염 등등 무궁무진하다. 이런 구체적인 문제들은 플라톤의 제안처럼 전통적인 철학의 범주—곧 존재론 또는 형이상학, 인식론, 가치론, 인간학 등—로 유형화해 볼 수 있다. 가령 사물로서의 기술 개념은 기술의 존재론이나 형이상학적 측면과 관련하여 매우 의미 있는 구체적인 이슈들을 제공해줄 수 있다. 지식으로서의 기술 개념 역시 기술의 인식론적 측면에서 제기될 수 있는 문제들과 깊이 관련돼 있다. 한편 의지작용으로서의 기술 개념의 경우 기술의 인간학적 측면의 문제들과 연결시켜 볼 수 있다. 과정 또는 활동으로서의 기술 개념과 관련해서는 좁게는 가치론적·윤리적 문제들에 국한할 수도 있지만, 보다 넓게는 과정이나 활동을 여러 요소들이 복합적으로 개입하는 총체적 공간으로 이해한다면 개개의 요소들을 통합한 문제들로 확장해볼 수 있다.

기술의 존재론적 측면에 대한 고찰

자율적 존재로서의 기계 뢸로, 라피트, 데사우어F. Dessauer는 기술보다는 기계에 관심을 갖고 있고, 인간이 기계의 존재론적 특성에 개입하지 못한다는 인간-초월적 관점에 서 있다. 이들은 모두 기계가 자신의 고유한 구조를 지니고 있다고 본다. 가령 동역학자인 뢸로는 동역학적 구조를, 라피트는 생물학적 구조를, 그리고 X-선 전문기술자인 데사우어는 형이상학적 구조를 지닌 구성체로 기계를 이해한다. 뢸로는 기계를 우주의 역학적인 힘들이 서로 엮여 실현된 닫혀진 동역학적 사슬로 보고 있다.(Reuleux, 1875) 즉 우주의 힘들을 끌어모아 가두어둔 곳이 기계인 것이다. 여기서 기계들의 구성은 동역학에 의해 완벽하게 분석·규명된다. 한편 라피트는 기계를 창조자로부터 벗어나 자신의 고유한 법칙에 따라 진화하는 유기체적 생명체에 비유하고 있다. 특히 기계의 진화가 생명체의 그것과 유사하게 가장 단순한 구조와 속성을 지닌 기계에서 출발하여 점점 속성들이 풍부하고 복잡한 기계들로 진행됨을 강조한다.◆

데사우어는 기술이 자연의 법칙 또는 우주 존재 원리를 반영함으로써 사물 자체의 실재에 보다 더 근접할 수 있는 형이상학적 특성을 지니고 있다고 본다.(Dessauer, 1927) 가령 어떤 기계가 지금과 같은 안정적인 형태로 선택되기 전에, 그 기계는 수많은 형태들이 상호 경쟁하는 상황 속에 놓여 있었을 것이라고 주장한다. 지금의 기계 형태가 선택된 기준을 발명자의 주관적인 의지나 의도가 아니라 외부세계의 실재와의 근접성에서 찾고 있다. 다시 말해 기계 자체가 얼마나 사물 자체에 접근할 수 있는가와 관련된 형이상학적 구조가 선택의 중요한 기준이라고 보고 있다.

하나의 문화 양식으로서의 기술 시몽동G. Simondon은 기술을 마술, 종교, 과학, 윤리, 미학과 동등한 자격으로 세계 내에 존재하는 문화적 양태로 규정하고자 한다.◆◆ 달리 말해 기술공학을 기초로 하여, 기술적 실재를 인간의 보편 문화에 통합하고자 시도한다. 그렇다면 기술의 어떠한 존재적 특성이 이를 가능케 하는가가 중요한 문제로 대두된다. 시몽동에 따르면 하나의 기술적 개체는 개별성 또는 고유성을 지니는데, 이는 생명체와 유사하게 자신

◆ 단지 외부 에너지의 흐름을 그대로 받아들이는 수동적 기계에서, 외부 에너지의 흐름을 변형시키고 전달하는 능동적 기계로, 그리고 마지막으로 자신을 둘러싸고 있는 환경과의 관계 속에서 생긴 변화들을 스스로 지각하여 자신의 작용을 수정하는 반사적 기계들로 진화함을 말하고 있다. 이 경우 기계는 처음에는 어떤 실체적 존재자로 있다가, 그 다음 어떤 능동적 힘을 자체로 지니게 되고, 마지막으로 목적성까지 지닌 존재자로 상승해 간다고 말할 수 있다.(Lafitte, 1932)

◆◆ 여기서 문화란 가치와 의미를 부여하는 가능성으로 정의된다.(Simondon, 1958)

프랑스의 철학자 시몽동은 기술을 세계 내에 존재하는 문화적 양태로 규정했으며, 하나의 기술적 개체는 개별성 또는 고유성을 지닌다고 주장했다. 오른쪽은 시몽동의 저서 『Du Mode d'existence des objets techniques』.

으로부터의 발생에 의해 구현된다. 그리고 이 발생은 끊임없이 증가하는 구체화의 방향, 곧 하나의 구조적 통일성 속에서 특정한 구체적 기능으로 수렴하는 방향으로 전개된다. 그러나 구체화의 과정은 전적으로 내재적 원리에 의해 진행되는 것이 아니라 언제나 주변 환경과의 상호 관련을 맺으면서 진행된다. 이는 사실상 진화 과정에서 특정한 생명체가 발생하는 과정과 매우 유사하다. 여기서 시몽동은 주변 환경을 문화와 연루시키고 있다.

그에 따르면 하나의 기술적 대상은 인공적 환경과 자연적 환경이 만나는 접점(혹은 접합)에서 구체화가 완성(종료)된다. 즉 자연적 환경이 요청한 작동과 그 작동을 가능하게 하는 인공적 조건이 서로 접합될 때, 기술적 실재는 구체적인 특정의 개체가 된다. 그런데 실제로 이러한 접합이 이루어지는 과정을 보면 기술적 실재들은 자신의 작동이 가능하도록 거기에 결합되는 인공적 환경을 스스로 창조(혹은 조성)하는 특성을 지닌다. 이 인공적 환경이 바로 문화다. 결국 기술적 실재의 이 같은 특성은 기술적 개체를 문화 속에 통합시키도록 하는 조건이 된다. 정리하면 추상적인 기술적 실재들(구체적인 기술의 구현과 관련된 유·무형의 모든 존재자들)이 하나의 구체적 존재자로 개체화하는 과정은, 단지 기술 내재적인 원리만에 의해서가 아니라 주변의 문화 환경과의 접합을 통해 진행된다고 할 수 있다.

세계와의 존재론적 교섭으로서의 기술 플라톤이 '무엇이 아름다운가?'라는 문제를 '아름다움이란 무엇인가?'라는 문제로 바꾼 이래로, 존재의 문제를 다루는 모든 철학적 전통은 '무엇이 있는가?'라는 문제(존재론의 주된 화두)를 '존재란 무엇인가?'라는 문제(형이상학의 주된 화두)로 바꾸었다고 할 수 있다. 여기서 하이데거는 한발 더 나아가 "오늘날 존재의 문제는 망각 속에서 잊혀졌다"고 선언하고, "존재를 정의하는 것이 불가능하더라도 그 의미에 대해 자문하는 일은 면제될 수 없다"고 주장하고 있다.(Heidegger, 1927) 다시 말해 그는 '존재란 무엇인가?'라는 질문 대신, '존재의 의미는 어떠한가?'라는 질문(일종의 해석학적 질문)을 강조하고 있다. 결국 존재의 의미에 대한 이해가 매우 중요하다는 것이다. 그렇다면 존재의 의미를 어떻게 읽어낼 수 있는가? 이에 답하기 위해 하이데거가 택한 방법은 후설의 현상학적 방법으로써, 존재자들로부터 존재의 의미들을 읽어내는 것이다. 여기서 존재자들은 현존재로서 실존하는 것들을 가리키므로, 존재의 의미는 시간에 따라 즉 역사의 흐름 속에서 달라진다. 최초의 실존자는 '세계-내-존재'다. 세계-내-존재는 현존재가 세속화한 것으로서 현존재의 성격을 드러내준다. 존재의 의미에 관한 하이데거의 이 같은 주장은 그의 기술철학과 긴밀하게 연결된다.

하이데거의 기술철학은 전기와 후기로 나누어볼 수 있다. 전기의 하이데거는 직접 기술을 다루고 있지 않다. 그럼에도 『존재와 시간』에서 몇몇 중요한 논의들을 다룬다.(Heidegger, 1927) 우선 그는 기술이란 바로 우리가 존재자들과 교섭하는 한 방식이라고 규정하고 있다. 이는 기술이 그의 존재론 철학, 곧 존재자들의 존재 의미 문제와 연결될 수밖에 없음을 보여준다.

한편 하이데거는 세계 내에서 우리가 존재자들과 교섭하는 방식으로 두 가지를 제시하고 있다. 하나는 "단지 인지하기만 하는 인식 작용"에 의한 교섭이고, 다른 하나는 "종사하고 사용하는 배려"에 의한 교섭이다. 전자는 일종의 직접적인 교섭으로서 그 대상은 '사물(res)'이 되는 반면, 후자의 경우 일종의 간접적 교섭으로서 그 대상은 '도구(pragmata)'가 된다.◆ 이때 존재자를 사물로 보는 경우 곧 어떤 특정의 존재적 특성을 지닌 개체로 간주하는 경우, 존재자의 존재적 특성이 이미 암암리에 숨어있는 규정들에 의해 예단된 까닭에, "존재자와의 모든 교섭 속에 생생하게 살아 있는 존재이해"를 수행하기 위해서는 이러한 예단적 규정으로부터 자유로운 '도구'를 실마리로 삼아야 함을 강조하고 있다. 결국 도구를 통해서 존재자들의 참 존재 의미에 도달할 수 있음을 강조하고 있다. 한마디로 도구성의 현상학을 주장하는 것이다.

한편 도구성의 현상학을 전개하기 위해 하이데거는 용재성(用在性)과 전재성(前在性)을 구분하고 있다. 가령 '사물'의 실체성, 물질성, 연장성 등은 사용과 무관하게 그 이전부터 존재자가 지닌 특성들, 곧 전재성이다. 그러나 이와 대조적으로 '도구'는 "…을 하기 위한 어떤 것"이므로 사용과 관련한 특별한 존재적 특성들을 갖게 되는데 이것이 바로 도구의 용재성이다. 이처럼 사용과 관련하여 존재적 특성들을 모두 용재성이라고 할 때, 이

◆ 그리스인들이 표현한 프라그마타(pragmata)는, 사람들이 배려적 교섭(prasis)을 통해 관계하는 그것, 곧 도구나 연장을 가리킨다.

용재성 개념은 사용목표, 사용재료, 사용자라는 의미론적 요소들을 포함한다. 결국 하이데거의 도구 현상학에 대한 분석은 '도구의 유용성은 무엇을 위한 것인가?'와 '도구를 구성하는 것' 그리고 '도구를 사용하는 자'라는 세 수준에서 이루어진다고 볼 수 있다.

먼저 '무엇을 위한 유용성인가?'의 문제부터 분석해보자. 도구들은 고립 분리되어 있지 않고, 언제나 다른 도구들을 위해 존재한다고 말할 수 있다. 가령 종이는 잉크를 위해, 잉크는 지우개를 위해 존재한다. 따라서 하나의 연장은 그것과 사용으로 연관된 일련의 도구들의 복합에 의해 규정된다. 이 경우 종이를 사용하기 위해 종이라는 대상의 물리화학적 성질을 알 필요는 없다. 다음으로 도구를 구성하는 것은 곧 자연, 그러나 사물 자체로서의 자연(전재적 자연)이 아니라 무엇의 재료로서의 자연(용재적 자연)을 가리킨다. 가령 전재적 자연으로서 숲은 그 자체로 나무들의 저장고이고, 강은 수력의 원천이다. 그러나 목공에게 있어서 숲은 나무 자재의 보고이고, 해운업자에게 강은 뱃길이다. 이렇게 본다면 용재적 자연과 전재적 자연은 결코 같은 것일 수 없다. 마지막으로 도구를 사용하는 사람의 존재는 현상학에서 없어서는 안 되는 요소다. 자연은 일차적으로 도구에 의거해서 우리에게 파악된다. 그렇게 보면 도구 즉 기술을 통해 교섭할 때 사용자이자 소비자인 우리에게 일차적으로 다가오는 자연은 용재적 자연이다. 전재적 자연은 그 자체로서가 아니라 오직 이 용재적 자연으로부터 발견될 수 있을 뿐이다. 한마디로 기술을 통한 세계와의 교섭은 존재자의 존재 의미를 이해하는 데에서 매우 중요하다.

세계에 대한 해석학적 구성으로서의 기술 돈 아이디D. Ihde는 현상학적 전통과 분석철학적 전통의 성향을 동시에 지닌 기술철학자다. 그의 기술 이해는 전통적인 영미의 언어철학적 전통에서의 기술에 대한 이해와 다르다. 언어철학적 전통에서 기술은 응용과학의 하나로 이해된다. 그러한 까닭에 이 전통 아래에서 기술철학은 과학적인 인식의 문제를 주로 다루는 과학철학의 한 분야, 달리 말해 인식론의 한 분야로 간주된다. 돈 아이디는 이러한 관점을 실천에 비해 이론을 선호하는 플라톤주의적 혹은 관념론적 전통의 산물로 보고 사실상 이것의 전도를 주장하고 있다.◆

아이디는 현상학적인 전통을 좇아 과학보다는 기술이 실존적으로 선행한다고 본다. 그리고 기술은 세계 내에 존재하는 하나의 방식, 달리 말해 존재자들과 교섭하는 하나의 방식으로 이해한다. 현상학자들에게 의식이 본질적으로 (그것이 필연적으로 실존하는 것이건 그렇지 않은 것이건) 무언가를 향해 있다는 사실 곧 지향성에 의해 정의되듯이, 기술 또한 세계를 향하고 있다는 사실, 달리 말해 세계를 향하는 방식에 의해 정의될 수 있다고 본다.(Ihde, 1993) 이를 다음과 같이 몇 가지 유형으로 도식화해볼 수 있을 것이다.

(유형 1) (인간-도구) ⇒ (세계)

(유형 2) (인간) ⇒ (도구-세계)

(유형 3) (인간) ⇒ (도구 / 세계)

(유형 1)은 사람들이 도구를 통해 세계를 경험함을 의미한다. 여기

◆ 아이디는 이러한 태도가 정신과 육체에 대한 오래된 플라톤적인 구분과 연관되어 있다고 보고 있다. 과학-정신의 역할, 기술-신체의 역할에 비유하면서, 이 태도가 정신이 신체에 비해 보다 능동적인 것으로 보는 관념론적 입장에 대응된다고 본다. 이의 전도를 위해서 신체를 정신에 비해 능동적이고 근원적인 것으로 간주하는 유물론적 관점을 요청하고 있다. 이 경우 과학이 기술 발전의 산물이 된다.(Ihde, 1979)

서 도구는 나의 신체의 연장으로서, 상대적으로 투명하다. 그러나 도구 없는 자연적 지각에 비해서는 변형되어 있다. 이 경우 체현(embodiment)의 문제가 중요하게 대두된다.

기술철학자 돈 아이디의 『Philosophy of Technology : An Introduction』. 돈 아이디에게 기술은 세계 내에 존재하는 하나의 방식이다.

(유형 2)의 경우 세계를 담아내는 세계 속에 내재한 도구에 대한 경험이 중요하다. 여기서 도구는 더 이상 나의 신체의 연장이 아닌 타자다. 상대적으로 매우 불투명한데, 나의 시선이 그 위에 멈추고 있을 뿐 그것을 통과하지 못하기 때문이다. 따라서 그것은 내가 해석해야 할 무엇, 곧 텍스트로서 다가온다. 가령 미시적인 나노 세계를 전자현미경으로 볼 때, 컴퓨터의 화면 속에 구성된 세계는 전파의 정보를 해석하여 나노 세계를 재구성한 결과다. 따라서 이 경우 해석학적 문제가 중요하게 대두된다.

(유형 3)의 경우 인간은 도구들의 세계 그 자체를 경험한다. 여기서 도구는 더 이상 어떤 것의 연장 혹은 어떤 것에 도달하는 통로가 아니라, 그 자체가 하나의 고유한 대상 세계를 형성한다. 가령 인간은 주변이 모두 기술적인 환경에 처해 있는 상황에 놓일 수 있는데, 이때 이를 경험하게 된다. 구체적인 예로 유비쿼터스 컴퓨팅 환경을 생각해볼 수 있다. RFID 칩은 세계 내에 존재하는 사물들 안에 심어져 이들 간의 정보 네트워크를 구성하고 정보를 전달하는 데 없어서는 안 될 도구적 기술이다. 이 도구를 통해 우리가 경험하는 세계는 도구의 기술공학적 구조에 의해 부분적으로 재해석된, 재구성된 세계다. 한마디로 그 어떤 경우이건 기술은 세계를 해석

학적 방식으로 재구성한다.

지금까지 살펴본 기술의 존재론적 측면에 관한 논의들은 대체로 다음과 같은 공통점 혹은 문제점을 지니고 있다. 첫째, 기술의 자율성을 받아들인다. 즉 기술은 자체의 내재적 원리에 의해 구성되고 작동하며 진화하는 자율적 존재다. 이는 기술 자체가 어떤 외부적 조건들에 의해 쉽게 영향을 받지 않는 내부의 강력한 힘을 지닌 존재임을 함축한다. 둘째, 기술 결정론적 시각을 지니고 있다. 이는 기술의 자율성에 대한 승인과 무관하지 않다. 기술이 사회적 · 경제적 · 문화적 관계들로부터 얼마나 심각한 영향을 받고 있는지, 다시 말해 사회의 복잡한 모든 관계들이 어떻게 기술의 개발 및 발전 방향을 결정하는지 등, 한마디로 사회결정론적 관점으로부터의 어떤 문제의식도 찾아보기 어렵다. 오히려 기술이 외부세계 또는 인간과 외부세계 사이의 관계를 왜곡시키거나 변형시킬 수 있는 강력한 힘을 가진 결정인자라는 관점만이 부각되어 있다. 셋째, 논의들이 대체로 기술의 여러 측면들 중에서도 인공물로서의 기술의 관점에 근거를 두고 있다. 기계와 같은 도구화된 기술의 존재론적 지위와 역할이 모든 논의에서 출발이 되고 있다. 결과적으로 정리 요약해보면 기술의 존재론적 측면에 관한 논의들은 오히려 기술의 총체적 본질을 이해하는 데 긍정적인 기여를 하지 못하고 있다고 말할 수 있겠다.

기술의 인식론적 측면에 대한 고찰

여기서는 주로 과학과 기술의 관계가 주요 쟁점이 된다. 특히 기술 지식이 지니고 있는 인식론적 측면 곧 기술의 이론적 요소들이 과학(지식)과는 어떤 관계를 가지며, 기술의 이론적 측면과 실천적 측면 간에 어떤 관계가 성립하는가가 중요한 이슈가 된다. 달리 말해 순수과학과 응용과학 그리고 기술의 관계가 주요한 쟁점이 될 것이다.

페이블먼J. Feibleman은 순수과학과 응용과학, 그리고 기술을 구분하고 있다.(Feibleman, 1983) 우선 순수과학과 응용과학을 그 목적에 따라 구분하고 있는데, 순수과학은 지식을, 응용과학은 실천(practice)을 목적으로 추구한다고 본다. 다음으로 기술은 이러한 과학들과 구분하여 실천적 지식의 작동을 위해 이론적 수준에서건 실제적인 수준에서건 구체적으로 응용되는 것, 혹은 그러한 작동을 위한 숙련(skills)으로 본다. 기술은 넓은 의미에서 즉각적으로 인공물을 생산해내는 활동(activity)으로서, 지식의 형태로서의 과학—순수과학이나 응용과학 모두—과 다른 것으로 규정한다.

스콜리모프스키는 "기술도 인간 지식의 한 형태이지만 과학 지식과는 다르다"라고 주장한다. 왜냐하면 "우리의 기술적인 추구는 우리의 욕망에 따라 사물을 구성하기 위한 도구를 제공하는 데 있기" 때문에 그렇다고 말한다.(Skolimowski, 1968) 그래서 "과학이 '무엇이 존재하는가(what is)'를 다룬다면, 기술은 존재할 수 있는 것이 '무엇인가(what is to be)'를 다룬다." 과학이 세계에 대한 지식을 추구한다면, 기술은 세계에 대한 조작과 통제를 추구한다는 것이다. 정리하면 기술이 의도나 목적에 의존하고 있다는 점에서 과학과 구분된다.

이러한 생각들의 이면에는 과학에 대한 전통적 이상이 깔려 있다고 할 수 있다. 전통적 이상에 의하면, 순수과학의 본래 목적은 오직 진리를 추구하는 것이며 이를 위해 자연법칙을 발견하고 이론을 구성하는 것이다. 가령, 자연과학에서 이론들 자체는 엄격히 말해 그것을 적용하는 기술의 문제와는 무관하며, 오직 지적 탐구의 차원에서 자연세계를 지배하는 법칙들의 구조를 인식하는 것으로 여겨졌다. 그러므로 자연과학 이론들의 주된 목표는 세계를 바르게 기술하여 이해하는 것이지, 세계를 변화시키는 것이 아니다. 물론 자연과학에서도 실험의 경우처럼 인간이 능동적으로 개입해서 세계를 변화시키고 있다. 그러나 그것은 어디까지나 이론구성을 위한 것이지 세계의 개조를 직접 겨냥한 것이 아니다. 달리 말해 기술의 세계는 일반적으로 인공적 구성물(artifacts)의 세계로서, 자연적으로 있는 그대로의 사실세계가 아니라 인간의 힘에 의해 발명되고 창조된 세계임이 강조되고 있다.

정리하면 과학과 기술을 대상, 동기, 목적, 특성 등에 의해 구분하고 있다고 말할 수 있다. 대상과 특성의 측면에서 보면, 과학의 대상은 자연이고, 기술의 대상은 인공물이다. 따라서 과학의 법칙은 보편적이고 미래 예측적이지만, 기술의 규칙은 구체적이고 처방적이다. 동기와 과정의 측면에서 보면, 과학의 동기는 지적 호기심에 있고, 기술의 동기는 실질적 유용성에 있다. 그리고 과학에서는 가설 검증 과정이 중요하지만, 기술에서는 가설이 응용되고 실현되는 과정이 더 중요하다. 목적의 측면에서 보면, 시작 동기가 어떠하건 궁극적으로 과학 활동은 자연의 이해를 추구하지만, 기술은 인공물을 제조하고 개량하는 것이 목적이다. 마지막으로 활동의 측면에서 보면, 과학은 인간의 정신적 활동의 산물이고, 기술은 인간의 육체적 활동의 산물이다. 즉 과학은 지식, 이론, 곧 정신노동의 산물이고, 기술은 인공물, 실천, 곧 육체노동의 산물이라는 생각이다.

그러나 이러한 구분은 매우 소박할 뿐 아니라 몇몇 심각한 문제들을 야기한다. 가장 먼저 "기술공학은 응용과학"이라는 테제부터 검토해보자. 이에 따르면 기술공학이란 과학을 기술에 응용하거나 적용한 것을 가리킨다. 이는 과학에서 기술로의 순환뿐 아니라 기술에서 과학으로의 순환도 존재함을 함축한다. 그렇다면 기술공학은 과학과 기술 사이에 위치하여, 과학과 기술에 상호 침투하는 것으로 생각해볼 수 있을 것이다. 그러나 다음과 같은 문제들이 발생한다. 첫째, 기술의 전개가 전적으로 과학의 발달에 종속된다고 생각하는 것은 실제로 불합리한 것처럼 보인다. 과학이론에 선행하는 정교한 기술들이 실제로 존재하기 때문이다. 가령 녹음기술과 전기음향학, 비행기와 항공역학, 플라스틱 재료와 화학적 결합이론 등이 좋은 예들이다. 오히려 과학과 기술의 순환에서 기술이 먼저인 경우가 허다하다고 말할 수 있겠다.

둘째, 다음과 같은 인식론적 문제가 발생한다. 일반적으로 기술은 구체적이고 사실적인 것과 관련되어 있고, 과학이론은 추상 수준이 상대적으로 높은 지식의 형태를 취하고 있다. 그런데 만약 기술공학이 과학이론의 적용이라면, 이는 과학이론이 인식론적 특성에서 실재하는 사태를 있는 그대로 그려야 함을 함축한다. 그렇지 않는다면 기술이 어떻게 구체적인 현상을 구현해낼 수 있겠는가. 이는 과학이론이 실재론적 특성을 지닐 것을 요구하는 것으로, 매우 강한 주장이다. 그러나 대체로 추상적이고 보편적인 과학이론은 실재에 대한 정확한 복사가 되기 어렵다. 일반적으로 과학이론의 위상과 관련하여 보통 세 가지의 평가가 가능하다. 하나는 현상론자의 관점으로 현상들과 관련된 경험 명제들만이 인식적으로 유의미하며, 과학이론도 이러한 명제들 가운데 하나여야 한다는 주장이다. 다른 하나는 논리 실증주의자들의 관점으로 과학이론의 구조를 보면 이론적 진술과 관찰적 진술이 구분되어 있고, 이론적 진술의 역할은 관찰적 진술들을 질서 있게 하고 체계화하는 데 한정되어 있다는 입장이다. 마지막으로 실재론자의 관점인데, 과학이론이 객관적으로 실재하는 사태를 있는 그대로 표상할 수 있다는 입장이다. 다양한 입장이 가능하다.

현대과학과 기술은 이론과 실천 모두에서 상호 교차하고 상호 작용하는 매우 복잡한 관계를 형성하고 있기에 그 구분이 매우 어렵다. 과학사회학으로부터 다양한 사례 분석들이 이러한 주장들을 뒷받침해주고 있다. 그 주장들의 핵심만을 개략적으로 소개하면 다음과 같다. 우선 지식으로서의 기술과 실천으로서의 과학을 강조하는 온건한 입장이다. 과학에도 기술의 실천적 부분이 참여하고 있고, 기술에도 과학의 지식 부분이 참여하고 있기에 양자 간의 관계를, 어떤 하나의 기준만으로 획일적으로 구분할 수 없다는 것이다. 이 주장에 따르면 과학과 기술의 간극도 현대에 이르러 매우 좁아진 상태다. 다른 입장은 이보다 강한 사회 구성주의적 입장이다. 사회로부터 모두 구성된 산물이라는 점에서, 과학과 기술 간의 질적인 구분이 결코 허용되지 않는다. 과학 역시 기술과 마찬가지로 객관적 합리성이 아니라 사회적 합의의 산물에 불과하다고 본다.

한편 과학기술사회학의 분야들과 달리, 현대 철학의 주류에서는 과학과 기술의 관계에 관한 논의들이 심도 있게 전개되고 있지 못하다. 돈 아이디는 이것이 이론과 실천의 구분, 궁극적으로 정신과 육체의 구분이라는 뿌리 깊은 전통적인 이원론적 사고, 곧 플라톤주의적 사유의 영향이 현대 철학의 주류에 여전히 강하게 남아 있는 것과 무관하지 않다고 주장한다.◆ 즉 철학에서의 전통적인 이원론이 과학과 기술의 관계에 관한 올바른 논의

◆ 돈 아이디는 정신과 육체의 관계에 관한 철학적 논의들의 유비(類比)를 통해, 과학과 기술의 관계에 관한 가능한 유형들을 추론하고 있다. 첫째, 정신과 육체간의 비환원적 이원론—병행론과 상호작용론—의 입장이다. 이를 과학-기술에 유비해 보면, 과학과 기술은 서로 구분되고 분리되지만 서로가 병행하며 상관된 상태로 발전하거나 아니면 상호작용을 통해 발전한다. 둘째 유형은 환원적 이원론—관념론과 유물론—의 입장이다. 여기서는 하나의 요소가 근원적이고 주도적인 것이 되고, 다른 요소는 이차적이고 결과적인 것으로 간주된다. 관념론의 경우 육체가 정신으로 환원되듯이 기술은 과학의 결과 혹은 적용이라고 본다. 반면 유물론의 경우 정신이 육체로부터 나왔듯이 과학이 기술로부터 나왔거나 기술에 의존한다고 본다. 한마디로 기술이 존재론적으로 과학에 앞선다고 본다. 셋째 동일론의 입장이다. 이 경우 과학과 기술을 구분 없이 하나의 전체로 다룬다. 과학기술에 대한 역사적이거나 사회적인 분석들에서 주로 나타나는 입장이다.(Ihde, 1979)

에 장애가 되고 있음을 강조한다. 이를 극복할 수 있는 철학 안에서의 새로운 논의의 장이 필요하다.

기술의 인간학적 측면에 대한 고찰

플라톤이 필요의 차원에서 기술에 접근하였다면, 아리스토텔레스는 목적론적 관점에서 기술을 인간의 생물학적 조직과 관련지어 생각했다. 이들의 논의는 인공적인 것과 자연적인 것 사이의 존재론적 구분이 아니라, 문화적인 특성이 강한 기술적 활동(당시에는 예술 활동 등도 이에 포함됨)들을 어떻게 인간과 관련지을 것인가가 중요한 문제였다. 사실상 이들은 기술을 문화의 편에 있는 것으로 간주하였다. 따라서 이들의 관심은 기술의 인간학적 측면에 관한 고찰의 좋은 예로 볼 수 있다.

이 논의를 위해 다음 두 가지 이론의 직관이 도움이 될 것이다. 하나는 다윈C. Darwin의 진화 가설이고, 다른 하나는 카프의 유기적 투사 가설이다. 다윈은 동물들이 여러 가지 기술들—가령 원숭이들이 지렛대를 사용하며 편편한 자리를 만들고 머리에 낙엽이나 밀짚을 덮는 행위 등—을 사용한다는 것을 보여주고 있는데, "이런 종류의 습관들은 아마도 가장 단순한 기술, 특히 인간의 원시 조상들이 만들었을 조야한 기술들—건축물이나 의복 등—을 향한 첫걸음을 나타낸다."(Goffi, 1988) 이는 유기적인 것과 기술 간의 진화적 연속성을 지지해준다. 주로 연속주의(혹은 과정) 철학자들, 가령 슈펭글러나 베르그송H. Bergson의 중요한 논거로 사용됐다. 한편 카프는 기술적 발명들을 상상력의 물질적 실현으로, 기술적 활동을 우리 기관들의 투사로 간주한다. 즉 손은 모든 기구들의 원형이며, 소기구들은 손발의 최종적 부분의 투사이자 연장이다. 이는 아리스토텔레스적인 생각으로, 유기적인 것과 기술 사이의 불연속성, 곧 단절을 분명히 하고 있다.

생존전략으로서의 기술 슈펭글러는 그의 저서인 『인간과 기술』(1931)에서 문화로부터 기술을 배제하는 것 또는 기술을 단순히 유용성으로 환원하는 것은 기술에 대한 잘못된 이해이며, 계몽철학이 만들어낸 진보라는 우상의 희생을 의미한다고 주장했다. 오히려 기술을 모든 동물들의 삶의 한가운데에, 곧 생존을 위해 자연과 투쟁하는 한가운데에 위치시키는 것이 기술에 대한 올바른 접근임을 강조했다. 이러한 입장에서 보면, 기술의 궁극적 의미는 '생존전략' 혹은 '힘의 의지'가 된다. 즉 실천적인 것이 이론적인 것에 우선한다. 따라서 기술을 인공물이나 도구의 제작 정도로 축소할 수 없고, 단순히 응용과학이라고 말할 수도 없다.

슈펭글러는 이러한 관점에서 인간의 발전 단계를 세 단계로 나누고 있다. 1단계는 손-연장의 단계로 인간과 기술이 동반 성장을 하는 초기 단계를 가리키고, 2단계는 언어-시행 단계로 구상과 행동이 분리되는 단계를 말하며, 3단계는 보편성을 띤 고도의 문화가 존재하는 단계로 과학과 기계를 사용함으로써 인간이 자연으로부터 가장 멀리 와 있는 단계를 표현한다. 결국 생존전략이 보다 치열해지면서, 인간의 미래가 점점 어두워질 수

슈펭글러는 생존을 위한 투쟁 전략으로서의 기술의 측면을 부각시킨다. 오른쪽은 슈펭글러의 저서 『Man and Technics : A Contribution to a Philosophy of Life』.

있음을 경고하고 있다.

생명적 지속의 한 분기로서의 기술 베르그송 철학의 핵심은 질적 연속성(곧 지속)에 있다. 양적 불연속성이 보이는 곳에서도 질적 연속성을 근원적인 것으로 강조한다. 생명체의 진화를 염두에 두면서, 베르그송은 자연의 작용이 '연합과 요소들의 첨가'에 의한 것이 아니라 '분리와 이분화'에 의해 이루어짐을 강조한다.(Bergson, 1907) 즉 생명체의 다양한 형태들 각각을, 스스로 전개되는 동일한 경향의 연속체로 보는 것이 아니라, 점차 커지면서 다시 갈라지는 발산과 분기의 전개 과정의 산물로 보려 한다. '연속적으로 분출하고 약동하는 생명'이 그러한 연속적인 운동 속에서 물질을 만나 물질과 함께 개체를 구성한 후, 다시 나누어지고 갈라지는 운동을 지속한다. 여기서 개체 생명체는 분기점에 남겨진 생명의 한 표시일 뿐이고, 유기적인 세계 전체는 이러한 분기들이 생성되고 복합화하는 과정 자체로 간주된다.

기술은 이러한 복합 분기들을 따라 출현한 특정한 생물학적 기능이

철학에서 '지속(질적 연속성)'을 강조하는 베르그송은 '기술'을 생명적 지속의 한 분기로 파악한다. 왼쪽은 베르그송의 『Creative Evolution』.

다. 좀 더 살펴보자. 분기의 한 전형이 바로 식물적인 것과 동물적인 것의 분리다. 식물적인 것은 "연속적이고 기계적인 방식으로" 주변 환경으로부터 에너지를 받아들이면 되지만, 동물적인 것은 에너지를 받아들임과 동시에 "불연속적인 방식으로" 에너지를 소비해야 한다. 이를 효율적으로 수행 관리하기 위해 등장한 것이 바로 운동과 의식을 감당하는 신경계 기관, 혹은 뇌다. 즉 특정의 기능을 담당하는 생물학적 기구 혹은 기관이 분기점에서 생성되는 것이다. 여기서 베르그송은 본능과 지성을 대립시키면서, "본능이 유기적 도구들을 사용하고 구성하는 능력이라면, 지성은 무기적 도구들을 제작하고 사용하는 능력에 불과"하다고 주장한다.(Bergson, 1907) 지성은 물질을 분해하고 재구성해냄으로써 진정한 연속 대신 불연속성, 고체성, 부동만을 표상할 수밖에 없는 한계를 지니지만, 지성에 결여된 직접성과 무오류성을 지닌 본능은 물질 그 자체의 참된 지속을 표현할 수 있음을 강조한다. 여기서 기술(혹은 무기적 도구들)은 지성과 연관되며, 따라서 지성이 등장하는 바로 그 분기에서 발생한다. 결국 기술은 베르그송에 있어 생명의 확장 운동 과정에서 나타나는 한 분기로 이해된다.

기술의 윤리적 · 가치론적 측면에 대한 고찰

이 문제에 대해서는 기술에 대한 긍정적(혹은 낙관적)인 시각과 부정적(혹은 비관적)인 시각으로 나누어 생각하는 것이 효과적이리라 생각한다. 왜냐하면 기술의 윤리적 · 가치론적 평가들은 대체로 기술에 대한 부정적 시각과 밀접히 연관되어 있기 때문이다. 근세 초기 혹은 중반에 주로 계몽주의의 백과전서파나 실증주의자들에 의해 내려졌던 기술에 대한 긍정적 평가는, 현대에 이르러 대체로 부정적 평가로 바뀐 상황이다. 부정적 평가의 기저에는 인간에 의해 제어되지 않는 기술의 힘이 존재하며, 이것이 인간

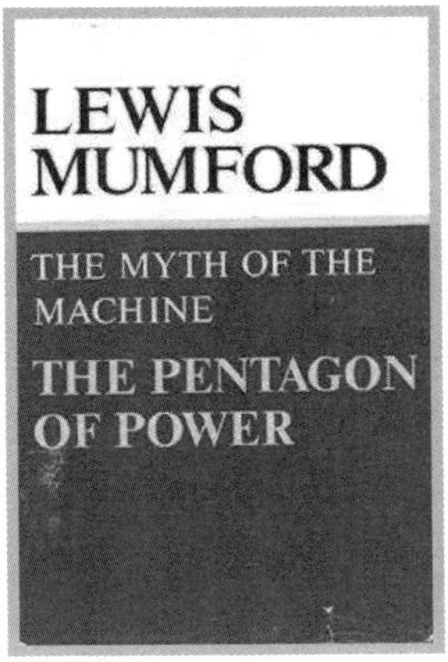

멈포드의 저서 『The Myth of the Machine』. 기술과 기계를 부정적으로 평가하는 멈포드는 인간이 종국에는 총체적 기계화의 나락으로 떨어질 것이라고 예측한다.

사회를 통제하거나 아니면 제거할지도 모른다는 생각이 깔려 있다.

멈포드의 기술에 대한 평가는 처음에는 긍정과 부정이 서로 교차하다가, 후에는 보다 극단적으로 기계적 체계를 부정하는 방향으로 나아간다. 멈포드는 기술의 역사를, 바람과 같은 자연 에너지와 재료들이 공존하는 원(原)기술시대(10~18세기)와, 석탄과 같은 고체 에너지와 화학재료를 기반으로 자본주의가 절정에 다다른 초기기술시대(1870년대 경), 그리고 석유 및 전기와 같은 유체 에너지와 금속의 출현으로 특징지어지는 신기술시대(20세기 초)로 구분하였다.(Mumford, 1964)

원기술시대에는 자연 에너지의 효율적인 개발에서 보듯이 인간의 기술적 활동과 자연 활동 간의 조화와 평형 그리고 평화가 유지되었다. 반면 초기기술시대에는 가령 광산의 경우처럼, 석탄을 얻으려는 인간의 욕망과 기계들의 무차별적 확장으로 자원이 고갈되고 사실상 황폐화되어 거대한 쓰레기장으로 탈바꿈하였다. 그래서 그는 이 시대를 '도덕적으로 파산한' '무질서의 왕국'이자 절대적인 악의 시대로 보았다. 이는 초기기술시대를 특징짓는 경제적 인간(homo economicus)이 빚어낸 산물이다. 반면 신기술시대는 기계-고체 쌍에서 탈피하여 에너지-유체 쌍으로 전화(轉化)가 일어나는 기계의 탈중심화와 유연성의 시대로 긍정적으로 평가되고 있다. 이 시대에는 "미학적 구조와 사회적 관계들도 과학에서의 물리적인 제1 성질만큼이나 실재적"임이 강조된다. 양적인 소비-생산 대신 질적인 전환-창조가 일어나면서, 기계보다는 '생명'을 강조하는 시대가 열린 것이다. 여기서 '생명'이란 단지 유비적인 표현으로 '심적인 것들' 혹은 우리의 '삶의 양식'들을 상징한다. 기술이란 바로 이런 것들의 표현이자 유기적 투사다. 중립적일 수 없는 인격성의 투사다. 따라서 기계 속에 나타나는 삶의 형태들을 분석해보면, 개개의 기술 시대가 어떠했는지를 평가할 수 있게 된다. 가령 시계를 생각해보자. 원기술시대에 시계는 시간을 알려준다기보다는 시간을 지배하려는 인간의 욕망, 어떤 힘에 대한 의지, 질서와 조화를 표현한다. 그러나 이것이 초기기술시대에 오면, 시간을 상품가치의 증대, 생산량의 증가와 연결시키는 저급한 삶의 형태들을 표현한다.

그러나 이후 멈포드는 초기기술시대에 대한 부정적 평가를 확대 적용하고 극단화한다.(Mumford, 1967) 기원전 3000년에 존재한 도시문명의 거대한 사회조직을 상징하는 '거대 기계'에 대해서까지 부정적 평가를 확대하고 있다. 거대 기계는 우월한 권위에 의지하지 않고는 질서를 유지할 수 없는 사회조직을 상징한다. 따라서 권력의 중심화, 노동의 분업, 계급 분할, 경제적 착취 등과 같은 부정적 가치들을 지니며, 군대, 관료조직, 경제의 모든 측면에서 기계적 힘의 집중을 노린다. 그는 이러한 거대 기계가 오늘의 산업사회에서 그리고 성숙한 감시체계를 갖춘 정보화 사회에서 부활하고 있으며, 결과적으로 인간이 총체적 기계화의 나락으로 떨어질 것이라는 암담한 예측을 제시하고 있다.

멈포드와 마찬가지로 엘륄은 기술을 극단적으로 비판한다. 엘륄은

기술은 과연 인간의 삶에 긍정적인 역할을 할까? 기술에 대한 평가는 극단적인 찬미에서부터 극단적인 부정에 이르기까지 스펙트럼이 다양하다. 엘륄을 비롯한 많은 기술철학자들은 인간이 자율성을 지닌 기술에 의해 종속될 것이라며 기술을 강하게 비판하고 있다.

먼저 기술을 기계, 과학, 유기 조직 등과 구분한다. 또한 산업혁명의 참 의미를 몇몇 기계장치들의 발전이 아니라 기술을 모든 생활영역에 적용한 것에서 찾고 있다. 다시 말해 전(前)기술사회에서는 기술의 사용이 시간적으로, 공간적으로, 사용 방법에서 매우 제한되어 있었는데, 기술사회로 오면서 그 제한들이 모두 사라진 것으로 본다. "기술적 현상이란 우리 시대의 대다수 인간들이 모든 것에서 가장 효과적인 방법을 찾으려는 관심사다." (Ellul, 1954)

엘륄은 이러한 기술적 현상이 본질적으로 무제한적이라고 본다. 그 논거는 다음과 같은 기술의 특성들 때문이다. 첫째, 모든 사람들이 다른 모든 해결책보다 언제나 기술적 해결방식을 선호, 선택한다는 것이다. 둘째, 기술들은 상호 의존적이므로 좋은 부분과 나쁜 부분을 구분하는 것 자체가 불가능하다. 즉 기술은 분할 불가능하며, 기술적 현상은 총체적이다. 셋째,

기술은 보편적인데, 기술이 개별 문명에 통합되어야 하는 것이 아니라, 문명이 기술에 적응해야 하기 때문이다. 마지막으로 기술은 자율적이다. 기술이 작용하는 방식을 보면, "아무것도 찬미하지 않고 존경하지 않으며, 모든 것의 특성을 합리화하여 사용하고 모든 것을 수단으로 바꾸는 한 가지 역할만 한다." 다시 말해 기술은 가치에 대해 맹목적이다. 즉 목적이 중요한 것이 아니라 결과가 중요하다.(Ellul, 1954)

이러한 특성을 지닌 기술은 그 확대의 본능으로 말미암아, 권위주의적인 중앙집권적 국가나 계획 경제 체제를 자극하고 국가를 하나의 기술자 혹은 기업으로 포섭하고, 각 개인을 경제적인 인간으로 변형시킨다. 기술화된 세계에서 개인들 사이의 능동적 관계는 사라지고, 순수하게 기술적인 관계들만 존속하게 될 것이다. 결국 인간은 순응주의적 목표만을 갖게 되며, 모든 것을 전문가의 결정에 일임하고 합리화된 산업 노동에 통합(혹은 예속)되는 것을 행복하게 받아들이게 된다.

이러한 입장은 이후 한층 심화된다. 엘륄의 기술적 체계는 기술적 현상과 기술적 진보를 포괄한다. 다시 말해 기술적 체계는 그 안에서 기술이 스스로 증가하는 특성을 지닌다. 그 다음 이러한 비정상적인 기술적 체계는 인간의 마지막 보루인 인간의 언어 형태를 공격한다.(Ellul, 1977) 즉 철학이 존재론에서의 유능함이나 사물에 대해 말할 임무를 과학에 빼앗겼듯이, 인간의 언어 또한 인간의 유능함이나 인간에 대해 말할 임무를 기술적 체계에 의해 빼앗기게 될 것이다. 달리 말해 인간의 언어는 직관적 의미를 빼앗긴, 심지어 의미 자체를 아예 상실한 단순한 조작적 기호들에 불과한 것으로 남는다. 결국 모든 것은 기술에 의해 조작된 상징으로 존재할 뿐이다.

「기술에 대한 논구」(1954)에 나타나 있는 후기 하이데거의 기술철학은, 존재론적 관점보다는 오히려 가치 평가적인 관점에 서 있다고 말할 수 있다. 후기의 입장이 기본적으로 도구 내지 기술이 세계를 일차적으로 드러나게 하는 계기가 된다는 면에서 전기의 입장과 근본적으로 다르지 않다. 하지만 『존재와 시간』(Heidegger, 1927)에서의 도구 내지 기술에 대한 존재론적 분석이, 「기술에 대한 논구」에 오면 가치의 측면에서 기술을 부정하는 태도로 변하게 된다. 이는 하이데거의 기술에 대한 존재론적 태도가 바뀐 것이 아니라 『존재와 시간』에서 염두에 두고 있는 기술과 「기술에 대한 논구」에서 주목하고 있는 기술이 다른 종류이기에 생겨난 결과다. 그는 현대의 기계적 기술과 과거의 수공적 기술을 질적으로 다른 것으로 대비시키고 있다. 전통적인 기술이 인간과 자연을 어우러지게 한 반면, 현대적인 기술은 인간과 자연을 떼어놓고 인간을 통해 자연을 닦달하고 있다고 비판한다. 드러낸다는 점에서는 이 둘은 같지만, 드러냄의 방식에서 다르다는 것이다. 가령 풍차가 바람을 드러내는 방식은 내맡김이다. 이는 순풍을 안은 돛이 바람을 드러내는 방식과 같은 것이다. 그러나 현대의 기술은 내맡기는 것이 아니라 내놓으라고 무리하게 요청(탈은폐, 도발적 요청)하는 방식으로 세계를 드러낸다고 지적한다. 한마디로 「기술에 대한 논구」에 나타난 후기 기술철학은 디스토피아적인 관점에 서 있다고 말할 수 있다.

이중원 1959년 생. 서울대학교 물리학과에서 학사 및 석사 학위를 받은 뒤 한국에너지연구소에 잠시 근무한 후, 서울대학교 대학원 과학사 및 과학철학 협동과정에서 과학철학 전공으로 박사학위를 받았다. 현재 서울시립대학교 철학과 교수로 일하고 있다. 20세기 현대과학을 대상으로 과학과 철학을 넘나드는 학제간 주제들을 주로 연구했고, 최근에는 나노 기술, 로봇 기술, 유비쿼터스 기술의 윤리적, 철학적, 사회적 문제들에 관심을 갖고 연구하는 중이다. 공저로 『영화와 문학 속의 과학』 『인문학으로 과학 읽기』 『서양근대철학의 열 가지 쟁점』 『삶, 반성, 인문학』 등이 있다.

손화철 | 한동대 글로벌리더십학부 교수

현대기술에 대한 비판, 왜 유효한가

하이데거와 엘륄의 기술철학

하이데거M. Heidegger와 엘륄J. Ellul은 기술철학에서 대표적인 기술 비관론자로 꼽힌다. 현대기술에 대한 이들의 분석은 여러 가지 면에서 표면적인 유사점을 가지고 있어서 많은 경우에 하나의 입장으로 취급된다. 현대 기술철학의 짧은 역사를 1970년대와 1980년대를 기준으로 해서 나누어 본다면, 이러한 해석은 나름대로의 타당성을 가진다. 처음에는 현대기술 전반에 대해 매우 비판적이었던 철학자들이 많았고, 최근에 와서는 보다 긍정적인 자세로 대안을 찾아보려는 철학자들이 대세를 이루게 되었기 때문이다.

그러나 '비관론자'의 낙인은 기술철학에서 중요한 위치를 차지하는 이들 두 학자의 사상을 사장시키는 오류로 이어지기도 한다. 많은 기술철학 관련 자료들은 이들 두 사람을 과거를 그리워하는 낭만적 회귀주의자로 치부해버린 채 지나가고 만다. 또 현대기술과 기술사회에 대한 하이데거와 엘륄의 접근 방식이 문제의식의 뿌리와 접근방법, 도출하는 결론의 함의 등에서 많은 차이가 있음에도 불구하고, 비관론-낙관론의 거친 분류에 파묻혀 그 차이가 충분히 부각되지 못하는 결과를 낳는다. 이 글에서는 두 철학자의 기술철학을 소개하는 것을 주요한 목적으로 하되, 지금까지는 크게 주목받지 못했던 이론상의 차이와 그 배경 등에 초점을 맞추도록 한다. 본격적인 기술철학적 논의에 들어가기 전에, 기술철학에서 이들 두 사람이 차지하는 위치와 비중, 두 사람의 개인사에 대해서도 간단하게 알아보도록 한다.

기술철학에서 차지하는 위치는?

하이데거 : 역할 적은 주연 기술철학의 시작을 언제로 보느냐에 대해서 여러 가지 의견이 있다. 멀리는 아리스토텔레스까지 기술철학자로 보기도 하지만, 그보다는 '기술철학'이라는 말을 처음으로 사용한 19세기의 독일

하이데거는 '기술'을 철학적 물음의 대상으로 삼았으며, 현대기술이 모든 존재자들을 부품으로 드러나게 한다고 주장했다.

철학자 카프E. Kapp을 최초의 기술철학자라고 보는 시각이 우세하다. 그 이후에도 기술을 철학적 탐구의 대상으로 본 사람은 그리 많지 않아서, 기술철학이 철학의 한 분야로서 인정된 것은 기술철학회가 생겨난 1970년대에 이르러서였다.

기술에 대한 물음이 철학적 탐구에 포함되어야 한다는 것을 가장 분명하게 보인 사람이 바로 하이데거이다. 기술철학에 대한 하이데거의 기여는 그가 쓴 기술에 대한 논문들뿐 아니라 철학계 안에서의 그의 명성을 고려해야 한다. 당대에 가장 영향력 있는 대철학자가 기술의 문제를 주요하게 다룸으로써, 이전까지 철학적 물음의 대상으로 여겨지지 않았던 기술이 당당하게 무대에 등장할 수 있었던 것이다. 하이데거 자신은 '기술철학'이라는 말을 사용하지 않았지만, 후대의 기술철학자들은 그를 기술철학의 역사에서 빼놓지 않고 언급한다.

사실 하이데거의 기술에 대한 저술들이 이후 기술철학의 전개 과정에서 큰 영향력을 가지거나 많은 논의의 대상이 된 것은 아니다. 물론 하이데거 기술철학에 대한 연구들이나 후속 이론들이 없었던 것은 아니지만, 기술철학의 발전 과정에서 주류를 형성했다고 할 수는 없다. 하이데거의 현대기술에 대한 분석이 그의 복잡한 사상체계와 맞물려 있기 때문에 섣불리 손을 대지 못한 이유도 있고, 최근에 들어서는 보다 구체적인 주제들에 대한 논의가 주를 이루었기 때문이기도 하다.

요컨대 하이데거는 흥행을 위해 주연으로 뽑힌 배우에 비유할 수 있겠다. 이런 배우들은 흥행에는 나름대로 기여도가 있지만, 영화에서의 실질적인 비중은 상대적으로 좀 떨어지게 된다. 끊임없이 등장하기는 하지만 이야기의 중심에 서지는 못하는 것이다.

기술을 비관적으로 바라본 엘륄은 자율성을 가진 기술에 의해 인간의 자율성이 힘을 발휘하지 못한다고 주장했다.

엘륄 : 주연급 조연 하이데거와 비교했을 때 엘륄의 지명도는 무척 낮았다. 그의 주저인 『기술사회 *The Technological Society*)』가 1964년 영어로 번역되어 미국에서 큰 호응을 얻기 전까지 그는 프랑스의 시골 보르도에서 나고 자라 보르도대학교 교수가 된 무명의 학자에 불과했다. 그러다가 1954년에 쓴 『기술 : 우리시대의 문제』가 1964년 『기술사회』라는 제목을 달고 영어로 번역되면서 기존의 질서에 대한 회의와 대안 문화에 대한 갈망으로 불탔던 미국에서 큰 인기를 얻게 되었다. 그의 책은 현대기술이 초래한 문제점을 정확하게 지적하여 학자들뿐 아니라 일반인들에게까지 많이 읽혔고, 지금까지도 문고판으로 널리 팔리고 있다.

이렇게 본다면 엘륄은 기술철학의 문제들을 보다 폭넓게 확산시킨 주인공이라고 할 수 있겠다. 오늘날 기술철학의 여러 주제들에 대해 관심을 가지고 공부한 사람들을 대상으로 묻는다면, 아마 엘륄을 거론하는 사람이 하이데거를 기억하는 사람만큼이나 많을 것이다. 두 사람이 사상사에서 가지는 비중을 생각할 때, 엘륄은 가히 '주연급 조연'이라는 말이 어울릴 법도 하다.

어떻게 살았는가? : 나치 당원 vs. 레지스탕스 하이데거와 엘륄 모두 양차 대전을 경험했다. 그러나 독일인과 프랑스인으로서, 또 이미 중년이었던 하이데거와 청년이었던 엘륄의 처지가 같을 수는 없었다. 하이데거는 나치 치하에서 짧은 기간 프라이부르크대학교의 총장을 역임하였고, 엘륄은 시골 목사로 일하면서 지하 독립운동이었던 레지스탕스 활동에 가담하였다. 하이데거는 총장 취임 당시와 재직 시에 한 연설과 이후의 석연치 않은 해명 때문에 대사상가로서의 명성에 불명예스러운 오점을 남겼지만, 엘륄은 전쟁 직후 고향 보르도의 시장으로 재직하는 등 존경을 받았다.

어떻게 보면 개인적인 성향이나 정치적 입장의 문제로 볼 수도 있지만, 두 사람의 행적을 그들의 사상과 전혀 무관하게 보기는 힘들다. 하이데거의 경우 나치에 협력한 것을 그의 사상과의 연장선 상에서 파악해야 한다는 주장이 강력하게 제기되었다. 그가 가르쳤던 마르쿠제H. Marcuse나 요나스H. Jonas 같은 유대인 제자들이 이러한 연관성을 이유로 스승을 비판했다. 하이데거 자신은 나치에 전적으로 동조했다는 사실은 부인하면서도, 죽을 때까지 자신의 나치 협력에 대해 사과하지 않아서 이러한 의혹을 증폭시켰다. 여러 연구들에 따르면 그가 히틀러에 대해 새로운 시대를 이끄는 영웅의 역할을 할 것으로 기대했다는 점은 분명해보인다. 이 글에서도 살펴보겠지만 두 사람의 정치적 행보는 기술에 대한 그들의 입장과도 일정 부분 연관시켜 볼 수 있다.

어떻게 기술에 대한 물음을 제기하는가?

기술에 대한 논의에서 하이데거와 엘륄의 차이는 탐구의 시작부터 드러난다. 하이데거나 엘륄이나 현대기술의 엄청난 파급력에 주목하여 그들의 탐구를 시작했을 것이다. 그러나 이 문제에 접근함에 있어 하이데거는 "기술에 대해서 묻는다는 것은 기술의 본질에 대해서 묻는 것이다"라고 하여 기술의 본질을 가장 중요한 탐구의 대상으로 삼은 반면, 엘륄은 "기술의 특징이 무엇인가?"를 물었다.

철학자 하이데거 : 기술의 본질 기술의 본질에 대해 물어야 현대기술을 이해할 수 있다는 식의 접근은 전형적인 철학적 방법이라 할 수 있다. 현상적으로 드러나는 문제들 뒤에 숨어 있는 존재와 인식의 구조를 알아야만 그것들을 제대로 파악할 수 있다는 것이다. 따라서 하이데거는 '도구'라는 말이나 '기술'이라는 말이 고대 그리스에서 어떤 의미로 사용되었는지에 대한 분석에서부터 기술에 대한 탐구를 시작한다. 나아가 현대기술의 문제를 자신의 존재 철학과 연결시켜 존재의 역사라는 큰 틀에서 어떻게 해석할 수 있는지를 고민한다. 현대기술사회의 여러 가지 현상들은 이러한 연구를 촉발하는 역할을 하지만, 이러한 사유의 과정을 거치면 수립된 이론을 뒷받침하는 증거도 되는 셈이다.

이러한 과정을 이해하기 위해서 플라톤의 이데아론을 예로 들어보자. 수많은 나무들이 서로 다른 모양을 하고 있는데, 그것들을 모두 나무라고 부르는 이유는 무엇일까? 개체와 본질에 대한 플라톤의 물음은 결국 이데아론으로 귀결된다. 우리 모두가 태어나기 전에 살았던 이데아의 세계가 있고 거기서 우리는 나무의 이데아, 즉 나무를 나무되게 하는 그 본성을 완벽하게 갖춘 이상형을 이미 보았다. 태어나면서 망각의 강 레테를 건너는 바람에 이데아의 세계에 살았다는 사실은 잊었지만, 나무의 이데아에 대한 기억은 어렴풋이 남아 이 세상에 있는 불완전한 나무를 보면 나무라 부르게 된다는 것이다. 그런데 이처럼 일단 이데아에 대한 이론이 성립되고 나면, 그 이론은 서로 다른 나무들을 나무라 부르는 현상을 설명하는 데 그치지 않는다. 오히려 개체와 본질의 문제가 그 거대한 체계를 입증하는 수많은 증거들 중 하나가 된다.

이와 같이 하이데거의 기술철학은 현대기술의 문제에 머무르지 않고 그의 전 사상체계 속으로 녹아들어가게 된다. 오늘날 몇몇 하이데거 연구자들이 하이데거를 기술철학자로 명명하는 것을 불쾌해하는 이유도 이와 관련이 있다. 이들은 하이데거의 사상은 기술에 국한하는 것이 아니고, 그것을 포괄하는 인간과 세계의 전 존재에 관한 것이라 주장한다. 또 하이데거의 사상을 전기와 후기로 나누었을 때 기술의 문제는 후기에만 본격적으로 제기되었다는 점도 지적된다. 그러나 그러한 견해는 너무 엄격하거나 편협한 것이라 하지 않을 수 없다. 하이데거가 다른 많은 철학자들과는 달리 자기 사상의 중요한 일부로 기술의 문제를 다루었다는 사실 자체만으로도 하이데거의 기술에 대한 생각이 무엇이었는지를 공부할 가치가 있고, 그를 기술철학자라 부를 만한 이유가 된다.

사회학자 엘륄 : 기술사회 엘륄은 자신의 방법론을 철학적이기보다는 사회학적인 것으로 보아 기술철학자로 불리우는 것을 좋아하지 않았다. 그는 자신이 철저하게 사실에 근거하여 사회학적 분석을 하는 것이라고 주장했다. 다시 말해서, 현대 사회에서 기술이 어떤 방식으로 발전하고 전파되고 영향을 미치는지를 객관적으로 분석하여 그로부터 현대기술의 특징이 무엇인가에 대한 결론을 이끌어낸다는 것이다. 앞으로 살펴보게 될 그의 '자율적 기술' 이론도 이러한 객관적이고 사회학적인 관찰의 결과라는 것이 그의 주장이다.

이러한 본인의 입장에도 불구하고 엘륄이 기술사회학자이기보다는 기술철학자로 더 알려진 이유는 그가 사실의 분석에 그치지 않고 매우 뚜렷한 규범적 입장을 취했다는 점, 소위 사회학의 질적 연구방법을 택하여 사회철학에 가까운 방식으로 논의를 전개했다는 점, 그리고 후대의 사회학자들보다는 철학자들이 그의 이론에 더 관심을 가졌다는 점 등을 들 수 있을 것이다.

사실 엘륄이 사회학자인지 철학자인지는 별로 중요한 문제가 아니다. 오늘날 사회학과 철학의 경계가 뚜렷하지 않은 경우도 많으며, 두 분야에서 동시에 거장으로 인정받는 사람들도 많기 때문이다. 우리가 관심을 기울여야 할 부분은 엘륄의 방법론이 하이데거와 달랐기 때문에 그 물음도 매우 다른 방식으로 제기되었다는 점이다. 엘륄은 기술의 본질이 무엇이냐에 별반 관심을 가지지 않았고, 현대기술이 과거의 기술과 다른 이유도 매우 현상적인 차원에서 비교, 분석했다. 나아가서 기술사회에 대한 그의 비관론도 "현실적으로 별다른 방법이 없다"는 식으로 제기되었다.

이러한 차이는 하이데거와 엘륄의 기술철학에 대한 평가에도 영향을 미쳤다. 하이데거의 추상적인 철학적 언어 사용은 그에 대한 반론을 매우 어렵게 하는 반면, 엘륄의 사실적 분석에 대해서는 원색적인 비판을 가능하게 했다. 엘륄이 주장한 내용들에 반하는 예들을 찾아낼 수도 있고, 엘륄이 분석한 현상들을 일반화시킬 수 있느냐에 대한 문제제기도 가능하기 때문이다. 하이데거가 훨씬 더 유명한 사람임에도 불구하고 엘륄이 주연급 조연으로서 역할을 톡톡히 해낼 수 있었던 데에는 논쟁을 일으킬 소지가 많은 엘륄의 접근 방식도 한몫했다고 보아야할 것이다.

기술을 어떻게 규정하는가?

이제 하이데거와 엘륄이 현대기술을 어떻게 규정하고 분석했는지를 살펴보도록 하자.

하이데거 : 닦달 하이데거는 현대기술의 본질을 '닦달(Ge-stell, 영어로는 enframing)'이라고 규정하였다. (독일어 Ge-stell의 한국말 번역으로 '닦달'이 적절한지에 대해서 이견이 있을 수 있으나, 여기서는 널리 받아들여지는 번역어를 그대로 인정하고 논의를 진행하도록 한다.) 이 말을 이해하기 위해서는 약간 돌아가는 설명이 필요하다.

우선 하이데거는 기술이 목적을 이루기 위한 도구이고, 인간에 완전히 종속된다는 일반적인 생각을 비판한다. 그러한 이해가 완전히 잘못된 것은 아니지만, 기술은 주어진 목적이나 제작자인 인간을 넘어서기도 한다는 것이다. 은장이가 만든 은잔은 신과 인간, 하늘과 땅을 만나게 하는 역할을 하는데, 이러한 역할을 은장이가 대신할 수는 없다. 예술작품은 예술가를 넘어 수많은 사람에게 영감을 주고, 예술가가 미처 생각해 내지 못했던 해석들을 불러일으킨다. 강을 가로지르는 나무다리는 비로소 강이 거기에 있었음을 깨닫게 해준다. 이는 농부가 땅에 씨를 뿌리고 키우지만, 꽃의 아름다움은 농부를 넘어서 드러나는 것과 같다. 요컨대, 기술은 인간의 의지와는 무관하게 전에 숨겨져 있었던 것을 드러낸다.

이와 마찬가지로 현대의 발전된 기술들도 인간에 완전히 종속된 도구가 아니다. 그러나 현대기술은 전통적 기술들과는 다른 방식으로 무엇인가를 드러내는데, 그 방식이 곧 닦달이다. 현대기술을 통해서 자연과 인간은 부품으로 드러난다. 부품의 특징은 언제든지 공급 가능하고, 언제나 준비된 채로 쌓여 있으며, 교체 가능하고, 부품이 아닌 다른 역할은 없는 것이다. 이전에 강은 마을과 마을을 가르는 경계가 되기도 하고, 수많은 전설과 꿈, 신비의 원천이기도 했으며, 두려움의 대상이 되기도 하였다. 그 강 위에 나무다리를 놓으면 전에는 별 신경을 쓰지 않았던 강의 아름다움이 드러나고, 나와는 무관했던 이웃마을이 드러나기도 했다. 그런데 그 강 위

하이데거의 주저 『Die Technik und Die Kehre』. 하이데거는 현대기술로 인해 인간의 존재에 대한 물음이 완전히 망각될 위치에 처했으며, 우리는 존재가 드러날 때까지 이러한 상황을 조용히 지켜보며 존재에 대한 물음을 회복하려고 노력하며 기다릴 수밖에 없다고 주장했다.

에 커다란 수력 댐이 지어졌을 때, 강은 전기를 생산하는 원료로 전락하고 만다. '전락'이라고 해야 하는 이유는 그 이외의 다른 의미가 모두 사라져 버리기 때문이다.

하이데거는 모든 것을 이렇게 부품으로 만들어버리는 것이 현대기술의 드러냄이라고 주장한다. 울창한 숲은 펄프 재료밭으로, 논밭은 식량 생산 공장으로 변해버린다. 모든 것을 부품화시키는 드러냄이 가능해진 것은 총체적인 자연 통제를 가능하게 한 근대과학 때문이다. 이전에는 "씨를 뿌리는 것은 농부이지만 자라게 하는 것은 하나님이다"(성경)라는 태도를 견지할 수밖에 없었지만, 이제는 양분과 수분의 공급, 일조량까지 이런저런 방식으로 제어할 수 있게 되었고, 심지어 유전공학적 조작까지 가능해지게 되었다. 이러한 상황에서 인간이 기다려야 하는 존재의 드러냄은 없어지고, 모든 드러냄을 인간이 조작할 수 있는 것처럼 되어버렸다. 결과적으로 모든 존재하는 것들이 부품이 되었다.

문제는 이러한 부품화가 자연에 국한되는 것이 아니라는 점이다. 현대기술의 닦달은 인간에게도 그 마수를 뻗쳐 인간마저 부품으로 만들어버린다. 현대기술사회에서 인간은 기계의 한 부속이나 다름이 없다. 리더십 책이나 경영철학 책들은 그 내용을 읽고 그대로 하면 부하 직원이 나를 존경하고 따르게 되어 있다는 느낌을 준다. 마치 사용 설명서와도 같다고나 할까. 만약 책에 나오는 대로 다 따라했는 데도 직원의 태도에 개선의 흔적이 보이지 않으면 해고하는 것이 좋다. 그 자리에 오고 싶어 하는 사람(다른 부속품)은 얼마든지 있기 때문이고, 무엇보다도 그 부하 직원은 불량품이기 때문이다.

엘륄 : 자율적 기술 앞서 말했듯 엘륄은 현대기술의 본질을 묻는 대신 특징을 묻는다. 그는 현대기술의 특징을 나열하고 이러한 특징들 때문에 과거의 기술과 현대기술은 완전히 다르다고 주장한다. 우선 현대기술에서는 기술적 선택이 자동적으로 이루어진다. 효율성을 바탕으로 하기 때문에 두 가지 가능성 중 하나를 고르는 것은 계산의 문제이지 실질적인 선택의 문제가 아니다. 또 현대기술은 필연적으로 서로 결합하면서 확장되어나간다. 한 가지 기술이 개발되면 그것을 유지하기 위해 다른 기술이 개발되거나 확장되는 방식으로 이어지는 것이다. 지역적 특성과 무관하게 확장되는 것도 현대기술의 특징이다. 이것은 매우 거대하고 강고한 기술 시스템의 구축으로 이어진다. 기술을 잘 사용하는 것과 잘못 사용하는 것이 뚜렷하게 구별되지 않는 것 역시 중요한 특징이다.

이들을 한마디로 표현하자면 '기술의 자율성'이라 부를 수 있다. 위의 특징들이 가지는 공통점은 인간들의 의지적 선택이 별다른 의미를 가지지 못한다는 것이다. 한 기술이 다른 기술을 필요로 하거나, 한 기술이 다른 기술보다 더 효율적이라면, 선택은 이미 정해져 있는 것이나 다름없다. 기술 시스템이 어느 정도 성숙하고 나면 사람들은 그 시스템의 일부가 되

엘륄은 기술사회를 사회학적으로 분석하여 인간이 더이상 현대기술의 발전을 제어하지 못함을 밝히고 이를 '기술의 자율성'이라고 표현했다. 그의 주저 『La Technique』(왼쪽)는 1964년에 영역본 『The Technological Society』(오른쪽)으로 출간되어 그 내용이 대중적으로 널리 알려졌다.

어 살아가는 수밖에 없다. 시스템의 일부가 된다는 말은 추상적인 표현이 아니다. 하이데거의 경우와 달리, 엘륄의 분석 차원은 매우 실재적이어서 휴대전화가 없이는 더 이상 사업을 하거나 인간관계를 유지하기가 힘든 상황, 인터넷을 사용하지 않으면 삶이 극단적으로 불편해지는 상황을 그렇게 표현하고 있는 것이다.

기술의 자율성은 거대 기계가 인간을 다스리는 만화적인 상황을 말하는 것이 아니다. 이 말은 인간(개인이건 집단이건)이 더 이상 거대한 기술 시스템을 좌지우지하지 못하는 현실, 인간의 자율성이 현대기술 앞에서 힘을 발휘하지 못하는 현대기술사회의 모습을 표현하는 말이라 할 수 있다. 인간의 가치나 판단능력은 효율성의 법칙이라는 거대한 흐름 앞에서 별다른 의미를 가지지 못한다는 것이다.

자율적 기술이 지배하는 현대기술사회의 가장 큰 문제는 이러한 현실이 바뀔 가능성이 별로 없어 보인다는 것이다. 많은 사람들이 인간의 자율성을 되찾기 위해 기술 발전의 방향을 바꾸려 한다면 큰 변화가 가능할지도 모른다. 그러나 시장의 극심한 경쟁과 기술에 대한 무비판적 수용, 그리고 복잡하게 얽혀 있는 기술 시스템의 확장 때문에 그러한 변화는 현실적으로 실현 불가능하다. 엘륄에 따르면 그에게 찍힌 비관론자의 낙인은 자신의 현실주의에 대한 부당한 평가일 뿐이다.

현대기술 때문에 무슨 일이 생겼는가?

현대기술이 모든 존재자들을 부품으로 드러나게 만들고, 인간의 자율성을 무의미하게 만든 것을 우려하는 이유는 무엇인가? 하이데거와 엘륄 모두 현대기술과 기술사회가 비인간화를 초래했다고 비판하지만, 엄밀한 의미에서 그들의 문제의식은 서로 다르다. 인간에 대한 이해가 서로 다르기 때문이다. 간단히 말하자면 하이데거는 물음의 상실을 지적하고, 엘륄은 인간 자유의 상실을 안타깝게 여긴다.

하이데거 : 물음의 상실 하이데거의 기술철학은 그의 존재철학과 연결되어 있다. 하이데거는 서양 형이상학이 존재에 대한 물음 대신 존재자에 대한 물음에 집중해왔다고 비판한다. 플라톤 이전의 철학자들은 '있음', 즉 존재자들이 존재하는 방식을 물었다. 그런데 플라톤 이래로 철학자들은 동사적인 '있음' 대신 명사적인 '있는 것'에 대해서 묻기 시작했다. 앞서 언급한 플라톤의 이데아론은 그 대표적인 예라고 할 수 있다. 이러한 태도에서는 신과 인간, 자연이 존재하는 방식을 있는 그대로 궁구하지 않고 그것들을 있는 것들, 인간 인식의 대상의 문제로 환원하여 보게 된다.

근대 주체의 탄생은 이러한 흐름을 심화시킨 결과이다. 근대의 사상가들은 존재자들의 존재를 가능케 하는 신비롭고 초월적인 질서나 인간의 영역을 벗어난 진리가 있음을 부인하고, 인간 주체가 이성을 통해 진리에 도달할 수 있다고 보았다. 근대과학은 이러한 태도를 극명하게 보여주는 것이라고 할 수 있다. 존재하는 모든 것들의 운동과 질서를 설명할 수 있는 자연법칙을 찾아내려는 노력은 존재에 대한 물음이 아닌 존재자들에 대한 물음이기 때문이다. 이런 와중에 존재에 대한 물음은 망각되고 말았다. 현대기술은 존재자 중심의 사유가 극단에 달한 것이라 할 수 있다. 그러나 존재자를 아는 것이 존재를 아는 것은 아니다.

이런 맥락에서 보자면 현대기술의 닦달은 단순히 인간이 닦달의 대상이 되고 부품으로 드러난다는 것에 그치지 않고, 인간의 인간됨의 문제와 연결된다. 하이데거의 사상체계에서 인간은 특별한 위치를 가진다. 인간 역시 존재자들 중 하나이지만, 동물이나 다른 자연의 존재자들과는 달리 존재에 대해서 물을 수 있는 능력을 가지고 있다.◆ 플라톤 이래로 존재에 대한 물음이 잊혀지기 시작하기는 했지만, 그 물음이 완전히 망각된 것은 아니었고, 존재물음을 물을 수 있는 능력이 완전히 없어진 것도 아니었다. 그런데 현대기술의 단계에 와서 인간이 다른 존재자들과 함께 부품으로 전락함으로써 존재에 대한 물음은 완전히 망각될 위기에 처한 것이다. 그 물음의 망각은 곧 인간의 인간됨이 그치는 것, 현존재의 종말을 의미한다.

엘륄 : 자유의 상실 엘륄의 문제의식은 보다 간명하다. 엘륄이 기술의 자율성을 문제 삼은 것은 결국 인간의 자율성 훼손을 지적한 것임을 이미 밝혔다. 이러한 사실은 그가 자유를 가장 중요한 문제로 인식하고 있음을 보여준다. 하이데거에게 인간의 인간됨에서 가장 중요한 요소가 존재에 대한 물음을 물을 수 있는 능력이었다면, 엘륄에게는 자유가 가장 중요한 요소이다. 자유롭지 않은 인간은 더 이상 인간이라 할 수 없다.

◆ 이런 의미를 담아 하이데거는 인간을 현존재(Dasein)라고 부른다.

나치의 폭압에 맞서 레지스탕스 운동을 했던 그의 행적 속에는 이러한 신념이 깊이 뿌리박혀 있다. 공산당원이 아닌 마르크스주의자로서 보이지 않는 손에 의해 지배당하는 자본주의 시장의 체계에 저항했던 것 역시 이런 맥락에서 이해할 수 있다. 기술사회에 대한 엘륄의 사회학적 분석을 철학적이라 해도 무방한 이유 역시 이러한 그의 확신과 관련이 있다. 그의 다른 주장, 인간은 성스러운 것에 대한 의식이 있어야만 살 수 있기 때문에 신을 부정하는 기술사회에서는 기술이 신의 자리에 올라간다는 입장 역시 엘륄 이론의 철학적인 면모라고 하겠다.

자유란 무엇인가? 자유는 선택의 자유를 말한다. 자유는 선택을 하되, 굳이 이유를 대지 않아도 되는 상태를 말한다. 효율성의 법칙에 따라서 선택이 자동적으로 이루어지고, 기술 시스템에 편입하지 않으면 살아갈 수 없는 기술사회의 현 상황은 인간의 자유에 정면으로 역행한다. 엘륄은 기술사회의 시스템이 공고해져 삶의 모든 영역에 기술의 영향력이 침투해 들어가면서 인간의 자유는 완전히 상실될 위기에 처했다고 단언한다. 이 위기는 총체적이어서 벗어날 수 있는 방법이 없다는 것이다.

어떻게 할 것인가?

그러면 어떻게 할 것인가? 현대기술로부터 우리는 구원받을 수 있는가? 구원받을 수 있다면 그 구원은 어디에서 비롯되는가?

하이데거 : 밖으로부터의 구원 하이데거에게 구원의 길은 기다림이다. 역설적이게도, 존재에 대한 물음이 망각되고 존재자에 대한 물음만이 제기되는 동안에도 존재는 그 자신을 끊임없이 드러낸다. 서양 중세에는 신과의 연관성으로 존재가 드러나고, 근대에는 주체를 중심으로 존재가 드러났

다. 기술사회에서조차 존재는 닦달이라는 모습으로, 모든 존재자를 부품으로 드러내는 방식으로 자신을 드러내는 것이다.

그렇다면 지금 상황에서 현존재가 담당해야 할 부분은 그 존재가 닦달로 드러내는 것을 인정하고, 그냥 바라보는 것이다. 이것은 마치 농부가 곡식이 자라나는 모습을 바라보고, 도와주는 것과 흡사하다. 농부의 도움은 자라나는 곡식을 잡아 늘이는 것이 아니다. 물을 주고, 잡초를 뽑고, 기다리는 것이다. 억지로 개혁을 추구하는 것은 곡식에게 성장을 강요하는 현대기술의 태도와 다를 것이 없다. 필요한 것은 겸손한 마음으로 묻는 자의 자리에 돌아가는 자세다.

이러한 처방은 예술에 대한 하이데거의 깊은 애착과 관련이 있다. 그는 예술을 통해 예술가를 초월하는 진리의 장이 열린다고 생각했다. 현대기술사회의 현실과 관련하여, 하이데거는 자신이 좋아했던 시인 횔덜린의 시를 인용한다.

> 위험이 있는 곳에는 그러나
> 구원의 힘도 함께 자라네.

구원의 힘은 어떤 방식으로 구현될 것인가? 하이데거는 대답하지 않는다. 아니, 대답하지 못한다. 현존재는 존재에 대한 물음을 물을 수 있을 뿐, 그 답을 예측하거나 미리 규정지을 수는 없기 때문이다. 우리는 현대기술이 모든 것을 부품으로 드러내는 상황을 조용히 지켜보며 존재에 대한 물음을 회복하려고 노력해야 할 뿐이다. 진리는 어차피 우리 안에 있는 것이 아니라 우리를 통해 드러나는 것일 뿐이기 때문이다.

엘륄 : 내면으로부터의 구원 엘륄의 대안은 '우리가 자유롭지 않음을 인정하는 자유'이다. 그는 기술사회에서 우리는 완전히 속박당한 채로 있으며, 거기서 벗어날 가능성이 없다고 인정하는 것이 우리가 발휘할 수 있는 유일한 자유라고 주장한다. 그는 이 역설적인 자유를 '비자유의 자유(freedom of non-freedom)'라고 이름 붙인다. 모든 자유를 박탈당한 자가 스스로 자유롭다고 생각한다면, 그에게는 더 이상 희망이 없다. 엘륄에 따르면 현대기술사회의 구성원들 중 다수는 이미 이런 상황에 빠져 있다. 그나마 이 상황을 객관적으로 바라보고 자신의 자유가 박탈당했음을 인정하는 용기를 가진 자들은 일말의 자유, 인간다움의 조건을 갖춘 사람들이라 할 수 있을 것이다.

이러한 생각은 보기에 따라서는 하이데거의 대안과 유사하다. 그러나 하이데거의 기다림 그 자체가 구원이라고 보기는 어려운 반면에, 엘륄에게는 비자유를 인정하는 것이 자유를 되찾는 중요한 계기이자 구원의 시작이다. 하이데거의 체계에서도 인간이 바른 자세를 가지는 것은 중요하지만, 존재가 어떤 방식으로 드러날지는 우리에게 맡겨진 것이 아니기 때문에, 구원에 대한 희망이 어떻게 현실화될지는 알 수 없다. 반면 엘륄에게 문제가 된 것은 인간의 자유 상실이므로, 가능한 자유, 곧 비자유를 인정하는 것은 곧 자유의 회복이다.

물론 독실한 기독교 신자였던 엘륄의 신학적 입장에 비추어 엘륄의 자유 역시 궁극적으로는 밖으로부터의 구원을 통한 것이 아니냐는 반론도 있을 수 있다. 그러나 엘륄은 자신의 사회학적 논의와 신학적 논의를 엄격하게 구분했으며, 기술사회에 대한 대안으로 자유를 언급할 때에는 종교적 배경과는 무관하게 설득력이 있는 논변을 구성하려 하였다.

자유의 회복을 제안했는 데도 불구하고 엘륄이 여전히 비관주의자로 비판받는 이유는, 이후에 마르쿠제가 그러했던 것처럼 혁명을 통한 극복과 같은 전반적인 변화의 가능성을 부인했기 때문이다. 그는 실제적인 측면에서 지금의 기술사회가 인간의 자유를 고양시키는 방식으로 전환되는 것을 생각하기 힘들다고 보았다. 그 대신 그는 개인적 차원에서 기술사회의 현실을 극복할 수 있다고 보았다. 체제의 변화는 불가능하지만 개인의 변화는 가능하다는 것이다. 이러한 부류의 입장을 개인주의적 접근(personalist approach)이라고 부르는데, 엘륄의 기술철학에서뿐만 아니라 정치학, 사회학, 철학, 신학 등 다른 분야에서도 나름대로 의미 있는 흐름을 이루고 있다.

하이데거와 엘륄에 대한 비판들

비관주의 하이데거와 엘륄에게 쏟아진 비판과 비난 중 가장 대표적인 것은 역시 기술사회의 현실을 부정적, 비관적으로 바라보면서 구체적인 대안을 제시하지 못했다는 것이다. 위에서도 살펴본 것처럼 이러한 지적은 일리가 있다. 두 사람이 나름대로 대안을 제시했다고 볼 수도 있지만 그 구체적인 내용은 빈약하기 때문이다. 그러나 이론적인 측면에서 구체적 대안의 부재가 엄청난 약점인가는 다시 한 번 생각해보아야 할 것이다. 모든 문제에 대안이 있어야 한다는 가정을 받아들여야 할 이유는 없기 때문이다. 사실 "모든 문제에는 답이 있으며, 그 답은 결국 찾아질 것이며, 답이 없다면 애당초 그 문제는 문제가 아니다"라는 식의 접근은 기술사회에 편만하게 퍼져 있는 기술의 패러다임이라고 할 수 있을 것이다. 물론 바람직하지 못한 상황을 지적하고 대안을 제시하지 않는 것은 무책임해 보이는 것이 사실이다. 그러나 단지 비관적이라는 이유만으로 이론적 타당성을 의심하는 것은 과학적인 태도가 아니다.

또한 이들이 양차대전과 냉전, 그리고 핵폭탄 투하와 핵무장 등으로 점철된 불행한 시대를 살았다는 점을 감안할 필요가 있다. 철학이 한 시대의 상황으로부터 자유로울 수 없다는 것을 생각할 때, 이들이 비관론적 시각을 가졌다는 점에 대해서는 어느 정도 관용적인 평가를 내릴 필요가 있다.

그런 면에서 현대기술에 대한 두 사람의 입장이 나름의 방식으로 그들의 삶에서 구체적으로 어떻게 나타났는지를 살펴보는 것도 흥미롭다. 앞서 언급한 것처럼 하이데거의 나치 부역은 히틀러가 새로운 시대를 열 영웅이라는 판단 하에서 이루어진 것으로 볼 수 있다. 엘륄은 2차 대전 후에도 청소년운동, 환경운동, 기독교운동 등을 통해 개인적인 개혁을 노력들을 지속했다. 이처럼 두 사람은 현대기술과 기술사회에 대해 비관적이었으나, 염세주의로 이어지는 비관주의에 사로잡히지는 않았다. 그들의 사상이 서로 다른 방식으로 외면되기는 했으나, 기술사회를 바꿀 생각이 전혀 없는 패배주의에 사로잡혔다는 비난은 두 사람 모두에게 억울한 평가일 것이다.

기술 개념의 모호성 하이데거와 엘륄의 접근 방식에 대한 보다 이론적인 비판은 그들이 말한 '기술'이 과연 무엇인가에 대한 것이다. 기술 활동도 기술이라 부르지만 기술 활동의 결과도 기술이라 부른다. 나아가 엘륄은 '인간기술' 혹은 '정치기술'이라 하여 광고나 선동, 경영학 기법 같은 것까지 기술로 포괄하여 부른다. 후대의 학자들은 이런 식의 모호한 기술 개념으로는 기술철학적 담론을 진행할 수 없다고 본다. 또 현대기술은 그 수를 셀 수 없을 정도로 많고 서로 전혀 다른 성격을 가진 것들도 많이 있는데, 이들을 '기술'이라는 하나의 단어로 통칭하는 것은 적절하지 못하다고 지적한다. 기술에 대해 이런저런 주장을 하기 전에 구체적으로 어떤 기술을 염두에 두고 있는지를 밝히라는 것이다. 기술에 대해서는 아무런 구체적인 정보도 지식도 가지고 있지 않은 철학자들이 기술에 대해서 논한다는 것 자체가 문제라는 시각도 있다.

이러한 비판은 일부 타당한 면이 없지 않다. 막연하거나 너무 포괄적인 기술 개념은 일정한 정도 이상의 논의를 가로막는 효과를 가지게 된다. 현대사회에서 기술이 아닌 것이 없다고 주장하는 셈이 되거나, 일부 긍정적인 방향으로 발전하는 기술이 생겨날 수 있는 실제적인 가능성을 이론적으로 부인하게 될 위험이 있기 때문이다. 이러한 한계를 극복하기 위해 최근 기술철학계에서는 보다 미시적인 탐구들이 주를 이루고 있다. 이러한 흐름을 '경험으로의 전환(empirical turn)'이라고 부르기도 하는데, 그 핵심은 개별 기술에 대한 구체적이고 세밀한 경험적 지식들에 근거해서 기술철학적 논의들을 전개시켜가는 것이다. 또 막연한 기술 개념에 근거한 비관론을 펼치기보다는 좋은 기술, 바람직한 기술이 어떤 것인가에 대한 고민을 통해 기술사회의 문제들에 대한 대안을 마련하려는 노력을 전개한다.

그러나 이러한 입장의 차이를 숲을 보는 것과 나무를 보는 것에 비유한다면, 하이데거와 엘륄의 접근이 전혀 무용하다고 할 수는 없을 것이다. 경험으로의 전환이 나무를 보는 것을 강조한다면, 하이데거와 엘륄은 숲을 보는 것에 집중한 셈이다.

본질주의적 성격 경험으로의 전환을 추구하는 기술철학자들 중 하나인 핀버그A. Feenberg는 하이데거와 엘륄의 기술에 대한 사상을 본질주의(essentialism)의 전형적인 예로 본다. 그에 따르면 현대기술은 매우 역동적이고 과격하게 탈바꿈하고 있는데 본질주의적인 기술 이해는 몰역사적인 고정적인 본질에 너무 집착한 나머지 현실을 제대로 분석할 수 없다는 것이다. 그는 기술을 하나의 실체로 파악하고 그것을 분석하는 것은 실재 존재하는 기술들과는 무관한 추상적인 논의가 된다고 주장한다.

그러나 이러한 비판은 하이데거나 엘륄 두 사람 모두에게 설득력이 떨어지는 주장이다. 하이데거가 기술의 본질에 대해 물음을 던진 것은 사실이지만, 그의 사상 전반에서 본질이라는 말은 시간적으로 해석되기 때문에, 그가 말하는 본질은 역사와 밀접하게 관련이 있다. 하이데거의 주저인 『존재와 시간 *Sein und Zeit*』이라는 책 이름에도 알 수 있듯이 그가 말하는 본질은 고정불변의 무엇이 아니라 각 시대에 다른 방식으로 드러나는 것이다. 엘륄의 경우에도 현대기술사회의 모습을 사회학적으로 관찰하고 그로부터 기술의 특징들을 귀납적으로 끌어내는 방법을 사용한다. 더구나 그는 사회학자로서 기술의 본질이라는 말 자체를 사용하는 것을 거부하고 있기 때문에 본질주의적이라는 비판은 타당하지 않다.

하이데거와 엘륄이 현대 기술철학에 끼친 영향

위에서 우리는 하이데거와 엘륄의 기술에 대한 사유가 미묘한 차이를 드러낸다는 것을 살펴보았다. 그러나 방금 살펴본 후대 학자들의 비판에 답하기 위해서 하이데거와 엘륄의 이론이 어떻게 다른지를 파악할 필요는 없는 듯하다. 하이데거와 엘륄이 상대적으로 비관적인 측면이 있는 것이 사실이며, 개별 기술보다는 기술 일반에 초점을 맞추는 것이 사실이기 때문이다. 그렇다면 굳이 두 사람의 이론을 비교분석할 이유는 무엇인가? 우리의 탐구를 통해 새롭게 알게 되는 사실은 무엇인가?

그 대답은 역시 하이데거와 엘륄의 이론의 어떤 영향력을 가졌는지 살펴보는 것으로 얻을 수 있을 것이다. 이 장에서는 두 사람의 영향을 받은 현대 기술철학자 보르크만A. Borgmann과 위너L. Winner가 각각 어떤 대안들을 내놓았으며, 그들의 제안이 하이데거와 엘륄의 비관론을 어떻게 극복했는지 알아본다.

기술의 민주화 이론 보다 이론적인 차원에서는 두 사람이 기술철학의 발전 과정에 미친 영향에서 그들 이론의 차이점을 확인할 수 있다. 좋은 예로 '기술의 민주화' 이론이 있다. 엘륄의 영향을 많이 받은 철학자 위너는 현대기술이 자율적으로 발전하고 있는 것이 사실이지만, 그것은 돌이킬 수 없는 것이 아니라고 주장한다. 그는 '기술의 자율성'은 '기술의 표류(technological drift)'라고 표현되는 것이 더 정확하다고 주장한다. 왜냐하면 사람들이 기술의 발전을 통제하려는 노력을 기울이지 않은 결과, 오늘날 기술사회가 통제불능이 되었기 때문이다. 위너에 따르면 기술의 개발은 법의 제정과 같아서 일단 만들고 나면 인간의 삶을 규제하는 성격을 가진다. 기술사회의 문제는 법이 아무렇게나 제정되고 있는 상황에 비교할 수 있다. 따라서 실재 정치에서처럼 기술 발전의 경우에도 적정한 절차를 따라 그 궤도를 통제하면 기술을 따라잡을 수 있다는 것이다. 기술의 민주화 이론은 이러한 견해에 바탕하여 기술 개발의 과정에서 일반 시민이 참여할 수 있는 방법을 강구해야 한다는 제안이다.

위너의 이론은 엘륄의 개인주의적 접근이 보편화되는 것을 통해 기술사회의 문제를 극복할 수 있다고 보는 것으로 해석할 수 있다. 이를 통해 엘륄의 분석을 받아들이면서도 그의 비관론을 어느 정도 극복했다는 평가를 받을 수 있다.

그러나 기술의 민주화 이론을 하이데거의 기술철학과 연관시키기는 힘들다. 하이데거는 민주주의에 대한 근본적인 회의를 가지고 있었고, 그

랭던 위너는 '기술의 민주화 이론'을 통해 시민사회가 기술을 개발하는 과정을 적절히 통제하면 기술사회의 문제를 극복할 수 있다고 주장했다.

것은 그의 사상에도 그대로 투영되었기 때문이다. 현대기술의 문제를 존재가 자신을 드러내는 방식에서 찾는다면, 그 방식은 사람들의 합의에 의해 바뀔 수 있는 종류의 것이 아니다. 인간은 존재의 드러냄을 지키는 자이지 그것을 강제하거나 이끄는 자가 아니기 때문이다.

이원적 기술 · 경제 시스템 반면, 하이데거의 이론에서는 그 과정과는 무관한 전면적이고 혁명적인 변화의 가능성을 생각해볼 수 있는 여지가 있다. 하이데거의 기다림은, 그의 나치 전력에서도 볼 수 있듯이 점진적인 개선의 추구가 아니다.

독일 출신으로 미국에 건너간 철학자 보르크만은 하이데거가 말한 현대기술의 드러냄과 감춤, 닦달의 문제를 보다 구체적인 차원에서 재구성한다. 그는 벽난로와 현대의 난방 시스템을 비교하면서 현대기술의 문제점을 지적한다. 벽난로는 단순한 난방장치가 아니라, 불을 피우기 위한 가족 구성원의 노동력을 모으고, 추운 날 벽난로 주위로 가족을 모이게 하는 등 삶의 맥락에 녹아 있는 하나의 중심점이 된다. 반면 현대의 난방 시스템은 방을 데우는 기능만을 수행하며, 그 존재 자체가 벽 뒤로 숨어 그 효용과 시스템의 연관성 자체를 파악할 수 없게 된다. 보르크만에 따르면, 이렇게 삶의 맥락과 유리된 채 효용만을 제공하는 현대기술은 삶의 맥락을 파괴하는 결과를 낳게 되어 이상적인 공동체나 인간다운 삶의 영위를 불가능하게 만든다.

보르크만은 우리의 삶을 통제하고 있는 현대기술을 비판하면서, 인간의 창조성과 의미를 해치지 않는 범위 내에서 기술이 사용돼야 한다고 주장했다. 오른쪽은 보르크만의 저서 『Technology and the Character of Contemporary Life: A Philosophical Inquiry』.

따라서 그의 대안은 기술이 인간의 창조성과 의미를 해치지 않도록 하는 것이다. 즉석요리 제품과 같은 것들은 지양되어야 하고, 숙련 노동자들이 손으로 만들 수 있는 것들은 대량 생산을 하지 않아야 한다. 반면 어차피 인간의 창조성과 의미를 요구하지 않는 분야들에서는 기계를 사용하여도 무방하다. 기술 시스템과 경제 시스템이 이원화되어야 한다는 것이 그의 주장이다.

보르크만은 하이데거의 이론에 기대어 기술사회의 문제점을 분석한 뒤, 그 반대 상황을 대안적 세상의 모습으로 제시한 셈이다. 물론 엄격하게 말하자면, 이러한 시도는 존재의 드러냄을 겸손하게 바라봐야 한다고 한 하이데거를 한 단계 넘어선 것이다.

위너의 대안이 하이데거에게는 별다른 의미가 없었던 것처럼, 보르크만의 제안은 엘륄의 입장에서는 지극히 공허하다. 세상이 어떻게 되어야 한다는 제안을 했을 뿐 그렇게 총체적이고 구조적인 변화를 어떻게 이끌어 낼 것인지에 대해서는 침묵하고 있기 때문이다. 보르크만은 하이데거의 이론을 발전시켰지만 그의 관심은 여전히 기술사회의 문제가 극복된 이상적인 상황에 집중되어 있을 뿐이다. 엘륄에게 문제가 되는 것은 인간의 자유가 상실된 것이고, 해결책은 그 자유의 회복에 있다. 엘륄에 따르면, 회복된 상태가 어떠할 것인가에 대한 논의, 이상적인 결과에 대한 바람은 현재의 상태를 잊게 만드는 마약에 불과하다.

비관주의자를 위한 변명 : 하이데거와 엘륄의 기술철학은 아직도 유효한가?

기술철학은 아직도 정체성의 혼란을 겪고 있는 신생 분야다. 그렇기 때문에 다양한 흐름과 입장들이 혼재하면서 여러 가지 유행에 휩쓸리는 경우가 많이 있다. 최근 나노 기술에 대한 연구가 기술철학의 큰 부분을 차지하고 있는 것이 대표적인 예라고 할 수 있다. 이런 와중에 기술철학이 본격적으로 시작되던 시기의 철학자들인 하이데거와 엘륄은 별다른 주목을 끌고 있지 못하다. 그런데도 우리가 굳이 하이데거와 엘륄을 들먹여야 하는 이유는 무엇인가? 그들의 철학은 아직도 유효한가?

하이데거와 엘륄의 이론들이 항상 기술철학 연구의 중심에 있어야 하는 것은 물론 아니다. 그러나 앞서도 언급했듯이 그들이 비관적이기 때문에, 혹은 개별 기술에 대해 너무 무관심했기 때문에 더 이상 공부할 가치가 없다고 생각하는 것은 또 다른 지나침이 아닐 수 없다. 앞서 언급한 관용적 해석을 하지 않더라도, 그들의 사상을 추상적이고 대안이 없는 이론들로만 치부할 수는 없다. 보다 자세히 살펴보면 두 사람 모두 뚜렷한 이론적 일관성을 가지고 명징한 분석을 수행했으며, 거시적인 차원에서 현대사회의 현실을 매우 예리하게 지적하고 있기 때문이다.

또한, 수많은 비판에도 불구하고 하이데거와 엘륄의 문제의식은 기술철학 전체의 그것과 떼어서 생각할 수 없고, 오늘날 진행되는 세부적인 논의들의 뿌리에 결국 이들 두 사람의 사상이 있다는 사실을 기억할 필요가 있다. 따라서 이들의 이론을 정확하게 파악하는 것은 이후에 이어져 내려오는 여러 기술철학 이론들을 이해하고 평가하는 데 큰 도움이 된다.

기술철학은 아직 시작된 지 오래되지 않아서 그 본격적인 시작 이후에 제기된 모든 논의들과 이론들을 개괄하는 것이 가능하다. 그럼에도 불구하고 기술철학 논문들에서 하이데거와 엘륄의 이름이 너무 일찍 구석자리로 비켜나게 된 것은 안타까운 일이다. 하이데거와 엘륄의 사상에 대해 자세히 알아보는 것은, 처음 관심을 가지게 된 사람들의 기술철학에 대한 이해를 도울 뿐 아니라 이 분야가 더욱 굳건하게 발전하는 데 있어서도 매우 중요한 역할을 할 것이다. 철학은 이전의 이론을 버리면서 발전하는 것이 아니라 끊임없는 재해석과 대화를 통해 만들어지기 때문이다.

손화철 1971년 생. 서울대학교 철학과 졸업 후 벨기에 루벤대학교 철학부 학사, 석사를 거쳐 기술철학으로 박사학위를 받았다. 현재 한동대학교 글로벌리더십학부 교수로 일하고 있다. 기술철학 외에 공학윤리, 연구윤리 등에 대한 논문을 발표했으며 현재 공학설계의 철학적 의미에 대한 연구를 수행 중이다. 저서로는 『현대기술의 빛과 그림자 : 토플러&엘륄』이 있다.

기술결정론과 사회구성주의의 기술철학

기술과 사회의 암흑상자 열기

송성수 | 부산대학교 물리교육과 교수

오늘날 기술은 급속한 변화를 겪고 있으며 기술이 사회에 미치는 영향도 날로 증가하고 있다. 그러나 우리는 기술과 밀접히 연관된 생활을 영위하면서도 여전히 기술의 실체와 본질을 잘 이해하지 못하고 있으며 이로 인해 첨단 기술과 관련된 각종 이데올로기에 쉽게 빠져들기도 한다. 기술의 발전은 삶의 질 향상과 사회의 진보를 보장할 것인가, 아니면 기술이 사회의 통제를 벗어나 오히려 인간이 기술의 노예로 전락하게 될 것인가? 이제 우리는 이러한 문제를 심각하게 재고(再考)하지 않으면 안 된다. 지금의 시점에서는 기술과 사회의 관계에 관한 깊은 인식과 시각 정립이 과거 어느 때보다도 중요한 과제로 부상하고 있는 것이다.

이러한 맥락에서 이 글에서는 '기술론(技術論)'이라고 칭할 수 있는 기술과 사회의 관계에 관한 주요한 시각들을 살펴봄으로써 우리에게 기술이 갖는 의미에 대해 생각해보고자 한다. 이를 위하여 필자는 상식적 차원에서 널리 통용되고 있는 기술결정론(technological determinism)과 기술중립론(technological neutralism)을 검토하면서 몇 가지 문제점을 지적하고, 1980년대 이후에 구미 학계에서 활발하게 논의되고 있는 기술의 사회적 형성론(social shaping of technology)과 기술의 사회구성주의(social constructivism)를 소개한 후 그러한 논의들이 제기하는 실천적 · 정책적 함의를 도출해보겠다.

기술결정론

기술과 사회의 관계에 접근하는 가장 강력한 관점은 기술결정론이다. 기술결정론은 기술이 그 자체의 고유한 발전 논리, 즉 공학적 논리를 가지고

◆ 이 글은 송성수(1995, 13~47쪽)를 축약하면서 부분적으로 보완한 것이다.

있기 때문에, 기술의 발전은 구체적인 시간과 공간에 관계없이 동일한 경로를 밟는다고 가정한다. 이러한 관점에 의하면, 사회구조는 기술의 논리 자체에 영향을 미치지 않으며 단지 기술발전의 속도를 조절할 수 있을 뿐이다. 반면 사회와 무관하게 자율적으로 발전한 기술은 사회의 변화에 막대한 영향을 미치며, 심지어 사회의 변화가 모두 기술의 속성과 영향력으로만 설명되기도 한다. 더 나아가서 낙관적 형태의 기술결정론은 기술의 발전이 모든 사회집단에게 보편적인 이익이 된다고 간주하고 있다.◆

이처럼 기술결정론은 기술의 중립성과 기술중심적인 사고를 주요한 특징으로 삼고 있다. 기술은 두 가지 의미에서 중립적이다. 기술은 사회와 무관하게 중립적으로 발전하며, 특정한 집단에게 이익을 주는 것이 아니라 모든 사회집단에게 공동의 선(善)이 된다는 것이다. 또한 기술결정론에 의하면 기술이 모든 변화를 일으키는 판도라의 상자이며, 다른 변수들은 모두 기술 발전의 부산물에 지나지 않는다. 기술은 독립변수이며 사회는 종속변수인 것이다. 기술결정론의 대표적인 예로는 등자(stirrup)가 봉건제를 낳았다는 주장, 인쇄술이 르네상스를 만들었다는 주장, 기계가 자본주의를 낳았다는 주장 등이 있다. 더 나아가서 기술결정론은 과거 사회를 해석하는 데에는 물론 현재 사회의 변화를 규명하고 미래 사회를 전망하는 데에도 적용되고 있다. 흔히 미래학자로 분류되는 다니엘 벨D. Bell과 앨빈 토플러A. Toffler의 정보사회론과 제3물결론은 그 대표적인 예이다.(Bell, 1979; Toffler, 1980)

그들은 먼저 첨단 기술이 현대사회의 성격을 규정함을 전제한 후에,

◆ 기술결정론에는 낙관적 기술결정론과 비관적 기술결정론이 있는데, 이 글에서는 전자에 국한하여 논의를 전개할 것이다. 멈포드와 엘륄로 대표되는 비관적 기술결정론은 이 책의 다른 글에서 다루어질 것이다.

앨빈 토플러(왼쪽)와 그의 저서 『The Third Wave』. 토플러의 이 책은 기술결정론을 보여주는 대표적인 저서로, 정보혁명이 위기에 처한 산업사회의 문제를 효율적이고, 합리적으로 해결할 것이라는 미래지향적인 비전을 제시한다.

인류의 역사가 제1물결(농업사회), 제2물결(산업사회), 제3물결(정보사회)로 변천했다고 주장하였다. 정보사회에서는 기존의 기계적 기술(mechanical technology)이 지적 기술(intellectual technology)로 대체됨에 따라 경제활동, 사회구성, 정치형태, 생활양식, 가치판단의 기준이 급격한 변동을 겪는다. 경제 부문의 중심은 제2차 산업에서 제3차 산업으로 이동하고, 기술직 · 서비스직 · 관료직에 종사하는 사람들이 급격히 증가한다. 또한 현대 사회는 지식을 바탕으로 하는 개방 사회이기 때문에 지식 엘리트가 정책 결정 과정에 큰 영향을 미치며, 첨단 기술의 보급으로 국가 간의 관계가 더욱 밀접해지고 국제 사회의 규모도 거대해진다. 그리고 정보통신의 발전으로 인간 사이에는 새로운 네트워크가 형성되어 조화로운 공동체 사회가 건설되며, 인간의 가치도 합리적이고 미래지향적인 것으로 바뀐다. 효율적인 경제활동, 합리적인 사회제도, 생활의 편리함, 인류의 행복을 약속해 주는 유토피아가 바로 정보사회인 것이다.

이상의 논의에서 우리는 중립적인 기술의 발전이 모든 사람에게 이

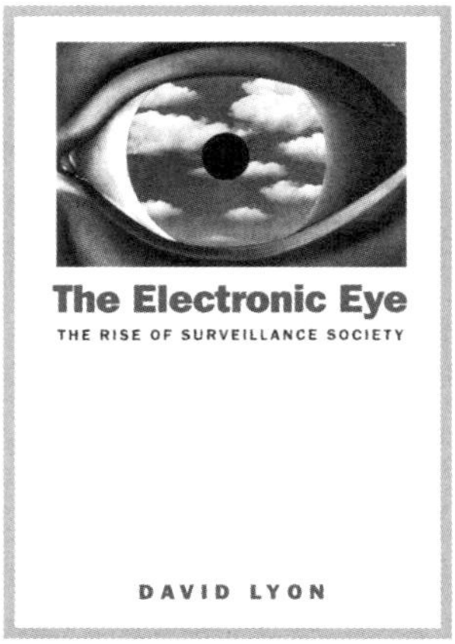

데이비드 라이언의 『The Electronic Eye』. 이 책에서 라이언은 '전자 감시사회'로 변모한 현대사회의 특징을 지적한다.

상적인 미래를 보장해준다는 전형적인 기술결정론의 논리를 읽을 수 있다. 그러나 과연 기술이 '모든' 사람에게 편리함과 행복을 가져다주는가? 그리고 기술이 발전하면 기존 사회의 모순이 저절로 해결될 수 있는가? 정보사회가 모든 사람에게 이익을 제공하는 것은 결코 아니며 오히려 정보화가 진전될수록 '정보 부자(information rich)'와 '정보 빈자(information poor)'라는 새로운 권력 관계가 형성되고 있다. 그렇다면 정보를 독점한 소수 권력층이 정보에서 소외된 대다수의 사람들을 통제하거나 조정할 수 있을 가능성이 많아진다. 데이비드 라이언[D. Lyon]에 의하면, 20세기 후반에 광범위하게 확산된 극소전자(Micro-Electronics) 기술은 훨씬 넓은 기반을 가진 감시 활동을 심화시켜 현대 사회는 이른바 '전자 감시사회'로 변모하였다.(Lyon, 1994)◆ 또한 기술이 발전한다고 해서 사회의 모순이 저절로 해결되는 것도 아니다. 우리는 기술발전의 이면(裏面)에 실업, 노동강화, 산업재해, 환경오염, 유해약품과 같은 부작용이 발생하는 것을 어렵지 않게 목격할 수 있다. 기술 유토피아라는 환상은 현대 기술을 둘러싼 부정적인 측면을 가리는 효과를 가지고 있는 것이다.

◆ 여기서 라이언은 프랑스 철학자 미셸 푸코가 『감시와 처벌』에서 분석한 '파놉티콘(panopticon)'의 논리를 사용하고 있다. 파놉티콘이란 죄수는 간수를 볼 수 없지만, 간수는 죄수의 모든 행동을 한 자리에서 감시할 수 있는 원형 감옥이다. 파놉티콘의 역사와 이슈에 관한 자세한 내용은 홍성욱의 『파놉티콘-정보 사회 정보감옥』(2002) 참조.

더구나 정보사회론은 지배 집단의 이데올로기로 사용될 소지를 안고 있다.(김환석, 1991) 정보사회라는 유토피아를 눈앞에 두고 이에 도달하기 위해서 기술혁신에 매진하는 것이 올바른 일이기 때문에, 정치적인 실천으로 사회의 혼란을 야기하는 것은 무지와 오해에서 비롯된 불필요한 행위로 간주된다. 이러한 관점에 입각하여 지배 집단은 기존 사회의 모순에 대한 근본적인 원인의 인식과 올바른 대안의 수립을 방해함으로써 결국 현존 질서(status quo)의 효과적인 유지를 확고하게 하는 것이다. 그리고 미리 예정된 정보사회라는 미래는 인간을 무력하고 수동적인 존재로 전락시킨다. 기술의 발전은 역사의 진보와 동일하기 때문에 기술의 발전에 저항하는 것은 역사의 진보를 거역하는 것으로 간주된다. 이러한 주장은 기술의 객관성이나 권위가 물신화될 때 더욱 쉽게 정당화될 수 있다. 하지만 기술이 역사의 진행에 영향을 미치는 것은 인간사회를 매개로 할 때에만 가능한 것이지, 결코 기술이 인간을 대신해서 사회의 모순을 해소해주거나 이상적인 미래를 가져다주는 것은 아니다.

더 나아가 우리가 기술과 사회의 관계에 대해 좀 더 분석적으로 접근한다면 기술결정론의 약점은 어렵지 않게 찾아낼 수 있다. 사실상 기술결정론은 '기술의 일생'이나 '기술의 사이클'을 고려하지 않고 '기술'과 '사회'라는 분화되지 않은 거시적 개념에만 입각하고 있다. 그러나 기술이 생성되어 그것이 사회에 영향을 미치는 과정에는 기술의 개발, 기술의 선택, 기술의 사용, 기술의 사회적 효과와 같은 여러 단위들이 존재한다. 이처럼 기술이 사회에 영향을 미치기 위해서는 다양한 매개 고리가 필요하기 때문에, 기술의 변화는 사회 활동의 양식과 범위에 한계를 부과하는 것이지 기술변화가 곧바로 사회변동을 유발하지는 않는다. 더구나 위의 각 부문들은 서로 영향을 주고받기 때문에 문제는 더욱 복잡해진다.

기술결정론에 대한 보다 근본적인 비판은 기술이 독립변수가 아니며 기술변화 역시 사회의 영향을 받는다는 점에 있다. 여기서 우리는 기술의 사회적 형성론에 주목할 필요가 있다.(MacKenzie & Wajcman, 1999) 기술의 사회적 형성론자들은 "무엇이 사회적 영향을 가지는 기술을 형성하는가?", "기술이 효과를 가지기 전에 기술을 형성하는 것은 무엇인가?", "기술을 형성하는 데 있어서 사회가 담당하는 역할은 무엇인가?" 등과 같은 질문을 제기한다. 다시 말해서 특정한 시간과 공간에서 특정한 기술이 개발된 이유는 무엇이고 어떠한 조건에서 기술이 발전했는가를 이해하기 위해서는 기술을 형성하도록 한 사회적 관계를 고려해야 한다는 것이다. 많은 사례 연구들은 기술의 개발, 선택, 사용 과정에 다양한 사회적 요소들이 개입함을 보여주고 있다. 어떤 기술이 생산성을 높일 수 있는가, 어떤 기술이 노동통제를 보다 원활히 하는가를 비롯하여 어떤 기술이 기존 사회의 권력 구조에 적합한가 등이 기술변화의 과정에 영향을 미치는 것이다.

기술중립론

기술중립론은 기술 자체는 가치중립적인데 그것을 어떻게 사용하느냐에 따라 기술의 효과가 달라질 수 있다는 주장에 해당한다. "기술은 양날의 칼이다" 혹은 "기술은 야누스의 얼굴을 가지고 있다" 등과 같은 비유가 여기에 해당한다. 즉, 기술을 이용/선용(use)하느냐 혹은 오용/악용(abuse)하느냐에 따라 인류에게 도움을 주기도 하고 해악을 끼치기도 한다는 것이다. 기술결정론이 기술의 긍정적 측면에만 주목하는 경향을 보이는 데 반해 기술중립론은 기술의 긍정적 측면과 함께 부정적 측면을 고려한다는 점에서 한 걸음 더 나아간 입장이라고 할 수 있다.

분명히 기술에는 양날의 칼과 같은 성격이 존재한다. 외과 의사의 칼은 사람의 생명을 구하지만, 그 칼을 강도가 사용하면 사람의 생명을 위협하게 된다. 그러나 이러한 논의를 모든 경우에 적용하는 것은 곤란하다. 왜냐하면, 몇몇 기술의 경우에는 그 가치가 특정한 방향으로 경도되어 있기 때문이다. 예를 들어, 미국에서는 "총이 사람을 죽이는 것이 아니라 사람이 사람을 죽이는 것이다"는 식으로 총의 사용을 옹호하는 경우가 있는데, 사실상 총은 사람을 죽이는 것 이외에는 사용될 확률이 많지 않다. 이와 관련하여 고대의 철학자 플라톤은 "배 위에서는 평등한 민주주의가 구현되기 힘들다"고 지적했는데, 그것은 몇 명이 타는 카누와 달리 큰 배를 운항하기 위해서는 선장, 부선장, 항해사, 선원, 노 젓는 사람들로 이루어진 위계가 필수적이기 때문이다.(이장규 · 홍성욱, 2006, 79~80쪽)

이와 같은 논의는 기술중립론이 가진 중요한 문제점을 지적하고 있지만, 기술중립론을 기술과 사회의 역사적 관계라는 맥락에서 체계적으로 검토하지는 않고 있다. 기술의 사용 과정에 사회구조가 커다란 영향을 미친다는 점에 본격적으로 주목한 선구자는 카를 마르크스K. Marx였다고 할 수 있다.◆ 그는 기술이 모든 사회집단에게 혜택을 주는 것이 아니라 특정한 집단에게 이익이 되는 방향으로 사용된다는 점을 강조하였다. 그것은 그의 '기계의 자본주의적 사용'에 관한 테제에서 잘 드러난다. "기계 그 자체는 노동시간을 단축시키지만 자본주의적으로 사용되면 노동시간을 연장시키며, 기계 그 자체는 노동을 경감시키지만 자본주의적으로 사용되면 노동강도를 높이며, 기계 그 자체는 자연력에 대한 인간의 승리이지만 자본

◆ 마르크스의 기술론에는 여러 가지 관점의 근거로 활용될 수 있는 부분들이 혼재되어 있기 때문에, 마르크스는 경우에 따라 기술결정론자나 기술중립론자가 되기도 하고 기술의 사회적 형성론자가 되기도 한다.(MacKenzie, 1984; 이장규 · 홍성욱, 2006, 91~99쪽 참조.)

카를 마르크스는 기술 자체를 중립적으로 보았지만, 기술이 모든 이가 아니라 특정 집단에게 이익이 되는 방향으로 사용된다는 점에 주목했다. 이 같은 그의 분석은 그의 역작 『Das Kapital』에 잘 나타나 있다.

주의적으로 사용되면 인간을 자연력의 노예로 만들며, 기계 그 자체는 생산자의 부를 증대시키지만 자본주의적으로 사용되면 생산자를 빈민으로 만든다." (Marx, 1989, 560쪽)

이와 같은 "기술 자체의 중립성과 그 사용의 계급성"에 입각한 관점을 오늘날의 상황에 적용한 논의로는 1970년대와 1980년대에 소련과 동구권에서 유행했던 과학기술혁명(Scientific Technological Revolution, STR)론을 들 수 있다.(Academies of Science, 1973; 이호창, 1991)

STR론은 1971년 소련의 제24차 당 대회에서 "발달된 사회주의" (developed socialism)의 이론적 기초로 채택된 것으로 다음의 두 가지 테제를 골간으로 삼고 있다. 첫째는 과학의 직접적 생산력화 테제이다. 그것은 STR 시기에 과학이 기술혁신과 상품생산에 필수적인 요소가 되었으며 과학은 '과학-기술-생산'의 구조에서 가장 선도적인 역할을 한다는 것을 의미한다. 둘째는 사회주의 적합성 테제이다. STR이라는 생산력의 발전은 자본주의의 기본모순(생산의 사회적 성격과 생산 수단의 사적 소유 간의 모순)을 더욱 심화시키며, STR은 생산 수단이 사회화된 사회주의 사회에서만 제대로 진행될 수 있고 이에 따라 공산주의로의 이행이 실현된다는 것이다.

'과학의 직접적 생산력화'라는 언급은 마르크스에서 시작되었지만 이를 테제의 수준으로 격상시킨 사람은 STR론자들이었다. 그런데 이 테제는 과학-기술-생산 사이의 복잡하고도 모순적인 관계를 충분히 포착하지 못하고 있을 뿐만 아니라 마르크스의 진의(眞意)를 왜곡하고 있다. 과학은 그것이 물질적 생산으로 통합되는 한에서만 생산력이 될 수 있으며, 이러한 과정에서는 한 사회의 기본적인 경제법칙, 예를 들어 자본주의 사회에서는 잉여가치의 창출을 통한 자본-임노동 관계의 (재)생산이 주요한 잣대로 작용한다. 자본주의 사회에서 과학은 상품생산 과정에 사용되지 않는 한 직접적 생산력이 아니라 잠재적 생산력일 뿐이다. 그리고 마르크스가 과학의 직접적 생산력화에 대해 언급한 것의 진의는 "자본주의적 생산 과정에서는 구상과 실행이 분리되고 이렇게 분리된 구상 부문이 이전에는 사회구성체의 다른 영역에 존재했던 과학과 결합되는 경향을 가진다"는 것을 설명하고자 한 데에 있다. 마르크스의 '경향'이라는 것이 STR론자들에게는 '선도'로 둔갑한 것이다. 생산력 구조에 있어서 과학의 선도적 역할이라는 논리는 '과학→기술→생산→사회'라는 단선적인 설명으로 환원될 소지를 안고 있으며, 이에 따라 과학의 출현에 영향을 미치는 기술적·사회적 요소는 논의의 대상에서 제외된다.

사회주의 적합성 테제는 "기술 자체는 노동을 해방시킬 수 있는 잠재력을 지닌 것인데 자본주의 사회에서는 악용되고 사회주의 사회에서는 선용된다"는 관점에 입각해 있다. 그것의 철학적 기반은 사회주의 생산양식(Socialist Mode of Production, SMP)론으로 대표되는 생산력주의에 있다. 스탈린은 국유화 혹은 계획화를 사회주의적 생산관계의 개조로 파악했기 때문에 "이제 생산관계의 문제는 해결되었으며, 남은 문제는 오직 생산력의 문제일 뿐이다"고 판단하였다. 이러한 견해는 "자본주의에서 발전한 생산력이 사회주의적 생산관계라는 거름종이를 통과하기만 하면 인민을 위한 생산력으로 둔갑한다"는 다분히 기계적이고 낭만적인 발상에 기초한 것으로, 이때 생산력은 생산관계와 분리되어 생산요소나 생산성으로 협소하게 이해되고 있다. 즉, 생산력과 생산관계 중에서 생산력을 우위에 두고 생산력의 핵심을 기술로 파악하면서 생산력=기술의 발전이 사회주의의 발전을 주도한다는 것이다.

이처럼 STR론은 특정한 기술이 개발 · 선택 · 사용되는 사회적 양식을 분석했다기보다는 기술 자체와 기술의 사용을 기계적으로 구분한 후 후자(後者)와 관련해서만 기술의 사회적 성격을 밝히려고 시도한 것이다. 그것은 기술결정론과 마찬가지로 기술의 내용과 사회를 분리하고 기술 자체는 내적인 논리에 따라 발전한다고 간주하고 있다. 이러한 접근 방법은 "특정한 사회가 필요로 하는 기술이 어떤 내용을 가져야 하고 동시에 어떤 기술이 지양되어야 할 것인가"에 대한 구체적인 판단을 어렵게 한다. 또한 STR론은 기술 사용의 사회적 성격을 밝히는 데 있어서도 매우 추상적인 원칙만을 다루고 있기 때문에 관련된 문제의식이 사상되면 곧바로 기술결정론으로 퇴화될 소지를 안고 있다. 이러한 문제점을 극복하기 위해서는 단지 기술의 사회적 효과나 기술의 사용 과정뿐만 아니라 흔히 '암흑상자(black box)'로 치부되어 왔던 기술의 선택이나 개발 과정에 대해서도 진지하게 탐색해야 한다.

기술의 사회적 형성론

데이비드 노블D. F. Noble은 공작기계에 관한 사례연구를 통하여 기술의 선택에 관여하는 사회적 요소를 검토하였다.(Noble, 1979) 20세기 중엽에 금속 절삭을 위한 공작기계는 두 가지 형태로 개발되었다. 하나는 녹음재생(record playback) 공작기계였고, 다른 하나는 수치제어(numerical control, N/C) 공작기계였다. 전자(前者)는 노동자의 작업 내용이 자기테이프에 기록되어 기계가 노동자의 작업을 그대로 반복할 수 있게 만들어진 것이었고, 후자는 프로그래밍 언어에 의해 작업 내용이 기계에 전달되기 때문에 프로그램만 있으면 숙련 노동자 없이도 작업의 초기화가 가능할 수 있게 제작된 것이었는데, 두 가지 기술적 가능성 중에서 당시의 기계 산업이나 항공 산업 분야에서 선택된 것은 후자였다.

여기서 노블은 N/C의 선택을 기술적 차원이나 경제적 차원에서 설명할 수 없다고 지적하였다. N/C는 여러 개의 축을 가진 항공기 형판과 같은 복잡한 기계가공에 적합했고, 녹음재생은 시스템 자체를 변경하지 않고도 작업 내용을 다양화할 수 있었다. 특히 정밀한 기계가공의 경우에는 오차가 자주 발생하는데, 녹음재생은 생산이 시작되기 전의 프로그래밍 과정에서 오류를 제거할 수 있는 장점을 가지고 있었다. 한편 경제적 측면에서 N/C는 부착물의 감소와 노무비 절감의 효과를 가지고 있었지만 그것을 완전한 시스템으로 통합하고 작업 중에 발생하는 오차를 제거하는 데에는 엄청난 비용이 소요되었다. 그러나 당시의 공군은 N/C에 대하여 막대한 지원을 제공하였기 때문에 비용의 최소화가 절실히 요구되지 않았다.

두 가지 기술의 개발에 핵심적인 역할을 수행했던 한 엔지니어가 적절히 지적했듯이 N/C의 선택은 작업장에 대한 경영진의 통제를 강화하기 위한 것이었다. "보라. 녹음재생 시스템에서는 급송, 속도, 작업량, 산출고에 대한 통제권이 기계공에게 주어져 있다. N/C 시스템에서는 통제권이 경영진으로 이동한다. 경영진은 더 이상 작동자에 의존하지 않고, 따라서 기계의 사용을 최적화할 수 있다. N/C를 사용하면 노동 과정에 대한 통제권이 경영진의 손에 확고하게 주어진다. 그런데 왜 우리가 그것을 선택하지 않겠는가?"(Noble, 1979, 34쪽) 그것은 노동자들의 파업이 절정에 달했던 1946년에 제너럴 일렉트릭(General Electric)의 공작기계 자동화 프로젝트가 강력히 추진되었다는 사실에서 잘 나타난다.

랭던 위너L. Winner의 논문에서 엿볼 수 있는 다른 사례도 기술의 도입이 즉각적인 수지타산과 무관함을 보여준다.(Winner, 1980, 125쪽) 1880년대에 시카고에 있는 사이러스 맥코믹(Cyrus McCormick)의 수확기 제조공장은 공기 주형 기계라는 거의 테스트되지 않은 새로운 혁신을, 50만 달러의 비용을 지출하여 공장에 도입하였다. 당시에 맥코믹 2세는 철강 주형공 전국 노동조합(National Union of Iron Molders)과 투쟁하고 있었다. 그는 새로운 기술의 도입을 '노동자 중에서 나쁜 인자', 즉 시카고의 노동조합 지부를 조직했던 노동자를 제거하는 방법으로 삼았다. 여기서 특기할 만한 사실은 미숙련 노동자에 의해 작동되는 그 기계는 기존의 기계보다 많은 비용을 들이고서도 품질이 떨어지는 주물을 생산했다는 점이다. 그 기계가 노조의 파괴라는 목적을 달성하자 맥코믹 2세는 그것의 사용을 중단하였다. 맥코믹은 단기적인 수입보다는 장기적인 이익을 추구했으며, 기술의 직접적인 사회적 효과를 예상하고 기술변화를 추진했던 것이다.

더 나아가 노블의 사례 연구는 기술이 실제로 사용되는 방식이나 결과가 최초의 선택에 내포된 기대와 종종 일치하지 않음을 보여준다. N/C를 선택했던 경영진은 작업 속도의 강화, 기계 작동자의 탈숙련화, 은밀한 태업의 제거를 염두에 두었지만 그것은 이내 희망사항으로 끝나고 말았다.

N/C의 속도는 터무니없이 빨라서 노동자의 저항은 물론 기계의 부작용을 유발하였다. 또한 N/C가 도입된 공장에서는 프로그래밍의 오류와 기계의 부작용이 빈번히 발생하였고, 이를 교정하기 위하여 기계 작동자는 작업의 진행 과정이나 심지어는 계획 과정에도 수시로 개입해야만 했다. 이처럼 생산에 관한 지식이 여전히 숙련 노동자들에게 남아 있었기 때문에 그들은 미숙련 노동자로 대체되지도 않았고 작업 속도를 3/4 정도로 조절할 수 있었다.(Noble, 1979, 38~44쪽) 노블이 적절하게 지적했듯이, "기술변화에 있어서 원인과 결과의 관계는 자동적으로 정해진 것이 아니라 기술의 변화에는 관련된 사회집단들의 상대적인 세력에 의존하여 결과가 산출되는 복잡한 과정이 매개"되는 것이다. 노블에 의하면, 생산기술은 생산의 사회적 관계에 의해 이중적으로 규정된다. 첫째, 기술은 결정을 내리는 사람들의 이데올로기와 사회적 힘에 따라 설계되고 배치된다. 둘째, 생산 과정에서 기술이 실제적으로 사용되는 방식은 작업장에서 벌어지는 계급투쟁의 실체에 의해 규정된다.(Noble, 1979, 19쪽)

이것은 기술의 영향이 일직선적인 것이 아니라 사회적 요인들에 의해 굴절된다는 것을 의미한다. 즉 기술의 선택과 도입으로 나타나는 작업조직의 형태와 내용은 노동자의 숙련이나 통제권을 강화시킬 수도 있고 약화시킬 수도 있는 것이다. 예를 들어 영국과 서독에서 컴퓨터 수치제어(computer numerical control, CNC) 공작기계가 작업조직에 미치는 영향을 분석했던 소르게[A. Sorge] 등은 노동시장의 구조, 국가나 기업의 교육훈련제도, 노사관계의 특징과 같은 사회적 요인들에 주목하면서 동일한 기술이 다른 결과를 낳을 수 있다고 주장하였다. 영국에서는 CNC 도입이 노동자의 탈숙련화와 통제권의 약화로 이어졌던 반면, 서독에서는 CNC의 도입으로 오히려 노동자의 숙련도가 향상되고 통제권이 강화되었다는 것이

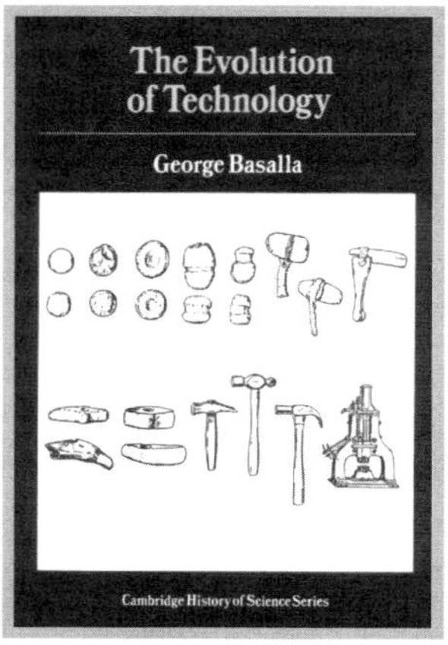

바살라의 『The Evolution of Technology』는 새로운 기술의 출현과 기술의 선택에 영향을 미치는 다양한 요소를 검토하고 있다.

다.(Sorge, et al., 1983)

한편 기술의 개발은 특정한 환경에서 주어진 자원을 활용하여 새로운 아이디어를 탐색하는 과정에 해당한다. 이러한 과정에는 활용 가능한 지식기반, 지배적인 기술변화의 방향, 사회적 관계의 성격 등 매우 다양한 요소가 개입한다.◆ 지식 기반의 대표적인 예는 과학으로, 기술 개발의 과정에서는 과학이 특정한 방향으로 활용되면서 변형된다. 기존의 기술은 각종 장치와 기법, 그리고 인적 자원을 통해 새로운 기술의 개발에 영향을 미친다. 사회적 관계는 특정한 시간과 공간에서 작용하는 정치적 · 경제적 · 조직적 · 문화적 차원을 포함한다. 기술의 사회적 형성론자들은 기술 개발의 메커니즘을 완벽하게 설명하는 것이 어렵다는 점을 인정하면서도 기술 개발에 관련된 다양한 요소들이 통합되는 과정에서는 사회적 관계가 가장 중요한 역할을 담당한다는 시각을 견지하고 있다.

루스 코완R. S. Cowan은 냉장고에 대한 사례 연구를 통해 기술의 개발 과정에 관여하는 경제적 요소와 조직적 관계를 포괄적으로 다루고 있다.(Cowan, 1983, 127~145쪽) 19세기 중엽 이후 미국 사회에서는 도시가 팽창하고 사람들의 이동이 빈번해짐에 따라 식품의 보존량과 보존기간의

◆ 이와 관련하여 바살라는 기술사의 연구성과들을 활용하면서 새로운 기술의 출현과 기술의 선택에 관여하는 다양한 요소를 검토하였는데, 전자의 경우에는 심리적 · 지적 요소와 사회문화적 · 경제적 요소를, 후자의 경우에는 경제적 · 군사적 요소와 사회적 · 문화적 요소에 주목하고 있다.(Basalla, 1988 참조.)

증가가 요구되어 기계적 냉장에 관한 수요가 지속적으로 성장하였다. 이러한 배경에서 각 기업들은 경쟁적으로 냉장고 사업에 뛰어들었고 1920년대에는 가정용 냉장고가 판매되기에 이르렀다.

루스 코완의 『More Work for Mother』. 코완은 기술의 개발 과정에서의 경제적, 조직적 관계에 주목하는 등 기술의 사회적 형성론자의 면모를 보인다.

그런데 여기서 특기할 만한 사실은 가정용 냉장고 시장을 석권했던 것은 가스 흡수식이 아니라 전기 압축식이었다는 점이다. 1925년까지도 전기 서비스보다 가스 서비스가 널리 퍼져 있었음을 상기해 볼 때 이것은 일반적인 예상에서 벗어나는 것이었다. 전기 냉장고가 가스 냉장고보다 기술적으로 뛰어난 것도 아니었고 소비자들이 전기 냉장고를 선호했던 것도 아니었다. 사실은 그 반대에 가까웠다. 전기 압축식에서는 압축기라는 별도의 전기 펌프가 냉매의 기화와 응고를 조절하였던 반면, 가스 흡수식은 냉매가 가스 불꽃에 의해 가열되고 물에 흡수되면서 농축되는 매우 간단한 구조를 가지고 있었다. 압축기로 인하여 전기 냉장고는 윙윙하는 소리가 심하게 났던 반면 가스 냉장고는 매우 조용하였고, 가스 흡수식에는 작동 부품이 거의 없어서 작동 비용도 저렴하였으며 유지 및 정비도 용이하였다.

여기서 코완은 경제적 · 조직적 이유 때문에 가스 냉장고가 적절한 개발의 시기를 놓쳤다고 주장하였다. 제너럴 일렉트릭(General Electric), 제너럴 모터스(General Motors), 웨스팅하우스(Westinghouse)와 같은 대기업들은 충분한 자본을 바탕으로 전기 냉장고의 개발에 막대한 물적 · 인적 자원을 투자하였으며 적극적이고 기발한 광고 및 판촉 활동을 벌였다.

또한 대기업들 사이의 생산적인 경쟁과 전기 설비 회사들의 적극적인 지원은 전기 냉장고에 관한 기술혁신과 시장 확보를 용이하게 하였다.

반면 세르벨(Servel)이나 소르코(SORCO)와 같은 가스 냉장고 제조업체들은 대부분 중소기업이어서 막대한 개발비를 적시에 공급하지 못했고, 도중에 사업을 포기하는 업체가 많아서 건전한 경쟁이 유발되지 않았으며, 보수적인 가스 설비 회사들은 전기 서비스의 도전에 자신을 방어하기에 급급했다. 생산업체를 둘러싼 사회적 환경은 특정한 기술의 개발을 촉진하는 반면 다른 기술의 개발은 불가능하게 하는 것이다.

기술 개발의 과정에서 중심적인 위치를 차지하는 설계(design)의 경우에도 사회구조는 막대한 영향을 미치고 있다. 위너는 「인공물은 정치를 가지는가(Do Artifacts Have Politics?)」라는 논문에서 1970년대 뉴욕 롱 아일랜드의 공원길을 가로지르는 고가도로를 검토하면서 고가도로의 설계에 계급적 · 인종적 편견이 반영되어 있음을 주장했다.(Winner, 1980, 123~124쪽) 그 고가도로는 높이가 9피트로 설계되어 있어서 12피트나 되는 높은 버스는 고가도로 밑을 통과할 수 없다. 미국 사회에서 자동차를 사용하는 사람들은 주로 중상위 계층의 백인으로 그들은 고가도로를 통해 출퇴근도 하고 드라이브도 한다. 반면 버스와 같은 대중교통 수단을 이용하는 빈민이나 흑인들은 고가도로가 낮게 설계되어 있기 때문에 고가도로를 우회하여 목적지에 도달해야만 한다. 빈민이나 흑인들에게는 뉴욕의 고가도로가 무용지물일 뿐만 아니라 오히려 생활을 불편하게 하는 기술로 현상하고 있는 것이다. 여기서 우리는 어떤 기술이 선택되고 사용되기에 앞서서 특정한 사회질서를 체현하는 형태로 설계됨을 알 수 있다.

이상의 논의에서 알 수 있듯이 기술의 사회적 형성론은 기술결정론과 기술중립론에서는 볼 수 없었던 문제를 제기함으로써 기술과 사회의 관계에 접근하는 새로운 시각을 제시하고 있다. 기술의 사회적 형성론에 의하면, 기술은 자체의 논리에 의하여 단선적으로 발전하지 않으며 기술이 중립적이거나 인류의 행복을 보장하는 것도 아니다. 오히려 기술변화의 과정은 정치적 · 경제적 · 조직적 · 문화적 요소와 같은 사회적 요인들이 개입되는 복합적인 과정이며 이에 따라 기술변화의 속도와 방향, 기술의 형태, 기술의 결과는 사회구조의 성격에 따라 달라질 수 있는 것이다.

기술의 사회구성주의◆

이처럼 기술변화의 사회적 성격을 강조하면서 기술의 효과뿐만 아니라 기술의 내용까지 논의의 대상으로 삼는 관점은 기술의 사회구성주의에서도 공유되고 있다.◆◆ 기술의 사회구성주의는 다양한 분파로 이루어져 있으며, 일반적으로는 트레버 핀치[T. J. Pinch]와 위비 바이커[W. E. Bijker]의 기술의 사회적 구성론(social construction of technology)과 브루노 라투어[B. Latour], 미셸 칼롱[M. Callon], 존 로[J. Law]의 행위자-연결망 이론(actor-network theory)을 포함하는 것으로 간주되고 있다.

핀치와 바이커는 과학지식사회학에서 비롯된 상대주의의 경험적 프로그램(empirical programme of relativism, EPOR)을 기술의 영역으로 확장하여, 과학적 사실이 사회적으로 구성되는 것처럼 기술적 인공물도 사회

◆ 이 단락의 논의는 송성수(1999, 8~13쪽)에 입각하고 있다.

◆◆ 기술의 사회적 형성론은 거시사회의 구조적 관계를 중시하는 데 반해 기술의 사회구성주의는 미시사회의 행위자나 집단의 활동에 주목하고 있다는 차이점을 가지고 있다. 이러한 점은 사회학에서 오랜 논쟁거리가 되어온 행위/구조, 미시/거시의 대립을 둘러싼 문제와 일맥상통한다. 그러나 조직의 형태와 내용이 만들어지는 과정은 행위자들에 의한 교섭의 과정일 뿐만 아니라 외부의 환경에 대한 적응의 과정이기도 하므로, 조직에 대한 보다 완전한 설명을 위해서는 행위와 구조, 미시와 거시가 통일적으로 파악될 필요가 있다.

핀치와 바이커가 공저한 『The Social Construction of Technological Systems』. 핀치와 바이커는 기술이 사회적으로 구성된다는 점에 주목한다.

적으로 구성된다고 주장한다. 그들은 자전거의 변천에 관한 사례 연구를 통해 기술의 구성 과정을 다음과 같이 분석하고 있다. 특정한 기술과 관련된 사회집단(social relevant groups)은 해석적 유연성(interpretative flexibility)을 가지고 있어서 자신의 이해관계에 따라 기술이 지니고 있는 문제점을 서로 다르게 파악한다. 이에 따라 각 사회집단은 문제점에 관한 해결책으로써 상이한 기술적 인공물을 제시하며 그것을 둘러싼 논의가 확산되는 과정에서 사회집단들 사이에는 문제점과 해결책에 관한 갈등이 발생한다. 이러한 갈등은 집단적이고 사법적 · 도덕적 · 정치적 성격을 가지는 협상이 진행되는 매우 복잡한 과정을 거쳐 결국 어느 정도 합의에 도달한 기술적 인공물의 형태가 선택된다. 이처럼 논쟁이 종결되는 단계, 즉 안정화 단계에 이르게 되면 관련된 사회집단들은 자신들이 설정한 문제점이 해결되었다고 인식하게 되며 이전과는 다른 차원의 새로운 문제를 제기하기 시작한다.(Pinch & Bijker, 1987)

더 나아가 바이커는 베이클라이트(Bakelite)와 형광등에 대한 사례 연구를 통해 '기술 프레임(technological frame)'이란 개념을 도입함으로써 자신의 논지를 더욱 발전시키고 있다. 기술 프레임은 특정한 기술에 대하여 관련 사회집단이 채택하는 이론, 암묵적 지식, 공학적 관행, 검사 절차, 목표 등으로 이루어져 있다. 여기서 기술 프레임은 기술자들의 틀이 아니라 기술에 관한 틀이기 때문에 기술자뿐만 아니라 소비자와 같은 다른 집단도 가질 수 있으며, 기술 프레임은 완전한 것이 아니기 때문에 각 행위자들은 특정한 기술 프레임에 대하여 다른 정도로 포섭된다.

이러한 기술 프레임의 존재 유무와 방식에 입각하여 바이커는 발명의 과정을 세 가지 유형으로 분류한다. 첫 번째 유형은 어떤 사회집단도 기술 프레임을 가지지 못하는 경우이다. 이 경우에는 특정한 집단이 점차 성장하면서 다른 집단들을 포섭하여 기술 프레임을 창출하게 되는데, 이때의 기술혁신은 주로 급진적 성격을 띤다. 두 번째 유형은 하나의 기술 프레임이 우위를 점하는 경우이다. 이 경우에는 기술 프레임에 묶여 있는 사람들이 주로 점진적 혁신을 수행하게 되며, 때때로 포섭의 정도가 적은 사람들은 그 프레임의 변칙 사례를 추정함으로써 급진적 혁신을 성취하기도 한다. 세 번째 유형은 두 개 이상의 기술 프레임이 경쟁하고 있는 경우이다. 복수의 기술 프레임이 경쟁하고 있는 경우에는 기술변화의 과정에 외부 환경의 상황이 큰 영향을 미치게 되며, 이러한 외부 환경의 영향에 따라 정치적 성격을 띠는 협상이 진행되면서 관련 사회집단들의 이해관계가 조정된다.(Bijker, 1987)

라투어, 칼롱, 로는 민속지적 접근을 활용하여 전기자동차나 TSR 2와 같은 특정한 기술 프로젝트의 일생을 탐구함으로써 기술과 사회가 고정된 실체가 아니라 항상 변화를 경험하고 있다고 주장한다. (Latour, 1987; Callon, 1987; Law & Callon, 1992) 그들에 의하면, 기술과 사회의 특성을 알기 위해서는 이미 만들어져 암흑상자 속에 갇힌 기술과 사회 대신에, 만들어지고 있는 기술과 사회가 탐구되어야 한다. 기술과 사회가 만들어지는 과정에서는 사회가 기술변화를 규정하는 측면과 기술이 사회변화를 유발하는 측면이 동시에 나타나며, 이러한 과정에서 기술과 사회는 동시에 구성되고 진화하게 된다. 그들은 행위자-연결망이란 개념을 통해 기술과 사회의 동시 진화를 설명하려고 시도한다. 행위자-연결망에는 엔지니어, 기업가, 정부관료, 사회운동가 등과 같은 인간적 요소뿐 아니라 제도적 장치, 자연자원, 기술, 기업 등과 같은 비인간적 요소도 포함된다. 이처럼 매우 다양한 자원을 활용함으로써 행위자-연결망은 특정한 프로젝트를 도출하고 수행하게 된다. 여기서 프로젝트의 존폐 여부를 결정하는 연결망은 포괄적 연결망(global network)이고, 실무 차원에서 프로젝트를 집행하는 연결망은 국소적 연결망(local network)이며, 두 연결망 간의 거래가 통제되는 지점은 강제적 통과 지점(obligatory point of passage)에 해당한다.

행위자-연결망 접근을 취하는 연구자들은 연결망을 형성하고 발전시키는 주요 행위자를 이질적 엔지니어(heterogeneous engineers) 혹은 엔지니어-사회학자(engineer-sociologists)로 개념화하고 있다. 그들은 과학기술적인 요소에서 사회정치적인 요소에 이르는 매우 이질적인 자원을 결합하며, 특정한 기술뿐만 아니라 특정한 사회 모델을 구현하려고 노력한다. 이러한 주요 행위자들이 다른 행위자들을 포섭하는 과정에서 사용하는 방법은 번역(translation)과 가입(enrollment)이다. 번역은 주요 행위자들이 다른 행위자들을 식별하고 자신의 관점으로 해석하는 것이고, 가입은 주요 행위자들이 다른 행위자들로 하여금 자신의 시각을 받아들이게 하는 것이다. 또한 주요 행위자들은 단순화(simplification) 및 병렬배치(juxtaposition)라는 기법을 통해 연결망 내의 각 결절점들을 규정하고 연결시킨다. 단순화란 매우 복잡한 세계를 속성이 잘 정의된 실체로 제한하는 것이며, 병렬배치란 각 요소들이 서로 잘 연결될 수 있도록 상호관계를 형성하는 일이다. 이렇게 형성된 행위자-연결망은 특정 프로젝트를 통하여 자신이 추구하는 기술과 사회의 모델을 실현하려고 한다. 프로젝트가 성공적으로 진척됨에 따라 행위자-연결망은 점점 안정성을 획득하게 되며, 동시에 행위자-연결망의 결합력이 클수록 프로젝트의 실현가능성은 높아진다. 그러나 행위자-연결망이 핵심적인 문제를 해결하지 못하거나 통제할 수 없는 의외의 사태가 발생하면, 프로젝트는 취소되고 행위자-연결망은 해체되는 과정을 밟게 된다.

이상과 같은 기술의 사회구성주의는 1980년대 중반에 출현하여 점점 그 세력을 확장함으로써 현재는 과학기술학의 주요한 패러다임으로 정착하고 있다. 그 과정에서 기술의 사회구성주의가 취하는 방법론이나 그것이 가지는 함의에 대한 비판도 지속적으로 전개되어왔다. 기술이 개인의 경험과 사회적 관계에 커다란 영향을 미치고 있는 데도 불구하고 기술의 사회구성주의는 기술의 형성 연구에만 주의를 기울이고 기술의 영향에 대한 연구는 너무 소홀히 하고 있지 않은가, 관련 사회집단이나 주요 행위자들이 기술변화에 대해 자유로운 선택을 할 수 있는 것이 아니라 역사적으로 구조화된 거시적인 사회관계에 의해 강하게 제약당하고 있지 않은가, 기술의 구성주의가 기존의 기술론을 해체하기 위하여 채택하고 있는 상대주의적 관점이 정치적 · 도덕적 불가지론으로 귀결되는 것은 아닌가 등은 이 분야의 가장 대표적인 논점이다. 이러한 비판 속에서 구성주의적 관점을 취하는 연구자들은 기술의 형성 연구와 기술의 영향 연구를 통합할 수 있는 방안을 모색하고, 기술의 사회구성주의가 가지는 정책적 · 실천적 함의를 도출하는 데 보다 많은 관심을 기울이고 있다.◆

◆ 기술사와 기술철학의 입장에서 기술의 사회구성주의를 비판적으로 검토한 국내의 연구로는 송성수(2002)와 손화철(2003)이 있다.

실천적 · 정책적 함의

이상의 논의에서 보듯이, 기술의 사회적 형성론과 기술의 사회구성주의는 기술을 보편적 합리성의 산물로 절대화하지 않고 사회적 관계의 산물임을 보여주기 위하여 기술이 만들어지는 과정을 해체해서 드러내고 있다. 그러나 사회적 관계를 중심으로 기술을 파악한다는 것이 모든 경우에 기술이 지배계급의 도구로 기능한다는 것을 의미하지는 않는다. 기술변화의 과정에는 이해관계가 다른 다양한 집단들이 개입하게 되며, 각 집단의 목표가 다르기 때문에 세력이 우세한 쪽의 논리와 요구가 관철될 개연성이 높다. 따라서 만약 기술이 형성되는 과정에 민주주의의 논리가 관철될 수 있다면, 그 속에서 인간의 소외를 도모하는 기술과 인간의 자유를 지향하는 기술을 가려내는 능력도 배양될 것이고, 후자를 재구성할 수 있는 사회적 실천이 조직될 수 있다는 사실에 주목해야 한다.(Martin, 1998)

이러한 가능성은 루카스 항공(Lucas Aerospace)의 협동 계획에서 제출된 각종 대안적 기술(alternative technology)에서 엿볼 수 있다.(Cooley, 1987) 1970년대에 영국 루카스 항공의 노동자들은 진보적 과학기술자 및 사회단체와 연합하여 군사 부문에 집중되어 있는 기존의 생산방식을 타개하고 자신의 창조력을 충분히 발휘하면서도 사회적으로 유용한 제품을 생산하려는 협동 계획을 제안하고 실천하였다. 그들은 우선 기존의 기술변화가 가지고 있었던 문제점, 즉 긴요한 상품의 절대적인 부족, 설계 과정에 있어서 생산자의 소외, 생산 과정에 있어서 기계에 의한 노동의 무조건적 대체, 선택 및 사용 과정에 있어서 소비자와 제3세계의 주권 상실 등에 주목하였다. 그들은 작업장 대표의 모임을 결성한 후 설문지 작업을 통하여 자신의 목적에 부합하면서 회사가 보유한 물적 · 인적 자원으로 제작 가능한 제품을 기획하였다. 그것에는 어린이를 위한 차량, 간이용

생명구조 체계, 자가건축용 저에너지 주택, 환경친화적인 복합동력 체계, 다목적용 동력계, 도로 · 철도 겸용 차량, 가정용 투석기, 심해작업에 적합한 로봇 손 등이 포함되어 있었다. 이러한 상품들을 설계하고 생산하면서 루카스의 노동자들은 인간과 사회의 진보를 위한 기술을 스스로 생산하는 경험을 체득할 수 있었고 생산 과정에 있어서 효율성의 제고와 민주주의의 확산이 양립 가능하다는 점을 깨닫게 되었다.

기술의 사회적 형성론이나 기술의 사회구성주의가 갖는 실천적 함의는 세계 각국에서 문제가 되고 있는 자동화 기술의 변화에도 적용할 수 있다. 자동화 기술의 변화는 고용과 실업, 임금, 작업배치, 노동시간, 노동강도, 건강 등과 같은 다양한 노동문제와 밀접하게 관련되어 있기 때문에 노동자들에게 중요한 관심사가 아닐 수 없다. 이미 몇몇 선진 자본주의 국가들에서는 이러한 문제에 적절히 대응하기 위하여 노동조합이 관련 전문가 집단과 연합하여 신기술과 관련된 정보를 파악하고 경영진과 단체교섭을 하는 관행, 즉 '신기술협정(new technology agreement)'이 제도화되어 있다.(이정택, 1991) 기술의 변화에 대하여 협정을 하겠다는 발상은 노동조합이 기술에 무관심했던 기존의 태도를 버리고 기술은 인간이 만드는 것이기 때문에 기술변화의 방향도 인간의 개입에 의해 달라질 수 있다는 생각에서 비롯되었다.

선진 자본주의 국가의 경험은 다음의 세 가지 유형으로 구분할 수 있다. 첫째는 일본의 경우로, 노동조합이 기술변화의 과정에는 거의 관여하지 않고 신기술 도입으로 인한 생산성 증가분을 임금상승으로 보상받는 방법이고, 둘째는 독일의 경우로, 노동조합이 기술의 선택이나 사용 과정에 개입하여 신기술의 도입으로 문제가 되는 노동조건을 경영진과 협상하는 방법이며, 셋째는 스웨덴의 경우로, 노동조합이 기술의 설계 과정에도 부분적으로 참여하고 신기술의 도입 및 사용방식을 경영진과 공동으로 결정하는 방법이다. 이러한 경험에서 도출할 수 있는 중요한 교훈은, 신기술 협정에는 신기술의 도입으로 생긴 폐해에 대한 사후적인 규제만이 아니라, 신기술의 개발 및 도입 과정에 노동조합이 적극적으로 참여함으로써 사전에 신기술의 부정적인 효과를 제거하는 활동도 포함되어야 한다는 점이다. 왜냐하면 신기술이 도입된 이후에 노동자들이 신기술에 대하여 문제를 제기하는 것은 그 영향력의 범위가 크게 제한되기 때문이다.

기술의 사회적 형성론이나 기술의 사회구성주의는 참여지향적 과학기술정책의 근거로도 활용될 수 있다(Rip, et al., 1995; 이영희, 2000, 163~194쪽). 선진 자본주의 국가들은 기술변화와 관련된 부정적 측면을 제거하기 위하여 오래전부터 기술영향평가(technology assessment, TA) 활동을 시도해왔다. 기술평가 활동의 흐름은 크게 '전통적 TA'와 '구성적 TA'의 두 유형으로 나뉠 수 있다. 전통적 TA는 사후적 성격을 띠고 있어서 기술 그 자체는 주어진 것으로 받아들이고 다만 그것이 야기할 수 있는 문제점들을 최소화하는 데 초점을 둔다. 또한 전통적 TA는 전문지식으로 무장된 과학기술자들이 기술의 발전과 기술의 사회적 영향을 가장 잘 분석할 수 있다는 엘리트주의적 관점에 입각하고 있다.

이러한 전통적 TA는 다음과 같은 두 가지 문제점을 가지고 있다. 첫 번째 문제점은 '통제의 딜레마(control dilemma)'이다. TA의 목적이 기술의 긍정적인 발전을 위해 기술변화를 통제한다는 것에 있지만, 기술 개발에는 많은 불확실성이 따르기 때문에 미리 그 영향을 예측하기 어렵고 이미 엄청난 자원을 투자한 프로그램에 대해서는 문제를 제기할 수 없기 때문에 결국 통제에 실패한다는 것이다. 두 번째 문제점은 국민이 접할 수 있는 정보가 많아지고 사회가 점점 민주화됨에 따라 국민의 참여 욕구는 증가하고 있는데 전문가 집단에게만 정책 결정을 일임한다면, 정책 내용의 성격이나 수준과는 별도로 국민의 불신이 유발되어 정책 시행에 있어서 난관에 봉착한다는 점이다.

구성적 TA는 기술변화의 속도와 방향이 근본적으로 사회적 행위자들의 목적의식적인 개입에 의해 변화될 수 있다는 인식에서 출발한다. 즉 기술변화를 주어진 것으로 받아들이지 않고 그 과정에 적극적으로 개입하여 부정적인 효과를 미리 예방함으로써 기술변화의 방향 자체를 조절하고자 하는 것이다. 이를 위하여 구성적 TA는 전문적인 과학기술자에게 기술개발을 전적으로 위임하지 않고 이해 당사자들을 기술 개발의 초기 단계에서부터 포괄적으로 참여시킴으로써 사회적으로 유용한 대안적 기술을 개발하려고 한다. 동시에 구성적 TA는 기술변화의 선택 환경을 조절함으로써 사회적으로 바람직한 기술이 생존할 수 있도록 정책적으로 개입하고 기술의 사회적 영향들에 대한 정보들을 끊임없이 기술 개발 과정에 피드백하여 기술의 부정적 영향을 사전에 최대한 방지하려고 한다. 이처럼 전통적 TA는 기술결정론적 관점에서 사후적 조치를 중시하는 반면 구성적 TA는 기술의 사회적 형성론 혹은 기술의 사회구성주의에 입각하여 참여지향적인 과학기술 정책을 추구하고 있는 것이다.

송성수 1967년 생. 서울대학교 무기재료공학과를 졸업한 뒤 서울대 대학원 과학사 및 과학철학 협동과정에서 석사학위와 박사학위를 받았다. 한국산업기술평가원(ITEP) 연구원, 과학기술정책연구원(STEPI) 부연구위원, 부산대학교 기초교육원 교수를 거쳤다. 현재 부산대학교 물리교육과 교수로 재직 중이며, 부산대 대학원의 과학기술학 협동과정과 기술사업정책 전공에도 관여하고 있다. 한국과학사학회 총무이사를 지냈으며, 현재 한국과학기술학회 부회장과 기술경영경제학회 이사를 맡고 있다. 저서로는 『나는 과학자의 길을 갈 테야』 『소리 없이 세상을 움직인다, 철강』 『과학기술과 문화가 만날 때』 『과학기술의 개척자들』 『위대한 여성 과학자들』 『사람의 역사, 기술의 역사』 『과학기술과 사회의 접점을 찾아서』 등이 있다.

홍성욱 | 서울대학교 생명과학부 교수

기술은 인간처럼 행동한다

라투어의 새로운 기술철학

기술은 인간에 의해서 만들어진다. 인간은 의지를 가진 살아 있는 존재이고 기술은 생명력이 없는 기계 덩어리이기에, 인간은 자신의 뜻에 따라서 기술을 만들고 자신의 목적을 위해 기술을 사용한다. 인간이 자신이 만든 것을 완전히 이해하고 통제할 수 있다고 생각한 것은 근대 이후 서구의 사상가들에게 널리 공유되었으며, 이는 기술에 대해서도 그대로 적용되었다. 이러한 관점에 의하면 도구와 같이 간단한 기술은 인간이 의지를 통해 자유자재로 움직이는 인간 육체의 연장(extension)과 비슷한 것에 다름 아니었고, 복잡한 기계도 결국은 인간의 목적을 위한 도구의 복합체에 지나지 않았다.

반면에 기술 문명이 인간이 의도하지 않은 결과를 낳기 시작했던 20세기를 지나면서 철학자들은 기술에 대해서 정반대의 관념을 제시했다. 예를 들어, 독일의 철학자 하이데거M. Heidegger와 프랑스의 문명비평가 엘륄J. Ellul은 기술이 인간을 옥죄고 지배한다고 주장했다. 기술은 그것을 만든 인간의 의지와는 독립적으로 행동하는, 마치 생명이 있는 그 무엇이 되었으며, 엘륄은 이렇게 자체 생명력을 가진 기술을 '자율적 기술(autonomous technology)'이라고 명명했다. 기술이 그 자체의 생명력을 가지고 인간의 의지와는 무관하게 발전한다는 생각은 강한 의미의 기술결정론(technological determinism)의 토대가 되었다.(Hong, 2004)

1980년대에 등장한 기술의 사회적 구성론(social construction of technology, SCOT)은 기술결정론에 대한 비판에서 출발했다. 기술의 사회적 구성론은 과학적 사실의 사회적 구성에서 사용되던 과학사회학의 방법론을 기술의 영역에 적용한 것인데, 여기에서는 무엇보다도 기술의 발전이 사회와 무관하게 이루어질 수 없음을 강조한다. 즉, 기술의 발전은 그 발전 방향이 이미 기술 속에 내재되어 있기 때문이 아니라, 기술을 둘러싼 다양한 사회 그룹이 자신들의 상충되는 요구를 기술에 투영시킨 결과로 나타난다는 것이다. 사회적 구성론에 의하면 기술은 한 가지 방향이 아니라 여러 가지 다른 방향으로 발전할 수 있는 '해석적 유연성(interpretative flexibility)'을 가지고 있으며, 이 해석적 유연성을 종결하고 특정한 방향으로 기술 발전을 유도하는 것이 사회 그룹들 간의 일종의 정치적 타협이다. 기술이 예측하기 힘든 방향으로 발전하는 이유는 기술에 생명이 있어서가 아니라 사회 그룹들 간의 타협을 예측하기 힘들기 때문이다.(Pinch & Bijker, 1987)

프랑스의 과학기술학(STS)자인 브루노 라투어B. Latour는 기술의 궤적이 사회적으로 결정된다는 사회적 구성론의 시각과 기술이 자율성을 가지고 인간을 지배한다는 기술결정론의 시각을 모두 비판한다. 그런데 이 둘을 비판하면서 라투어가 취하는 입장은 이 두 입장의 적당한 절충이 아니다. 그는 기술을 이해하는 훨씬 더 급진적 시각을 제공하는데, 그것은 기술과 같은 '비인간(nonhuman)'을 행위자(actor)로서 인간과 '대칭적으로(symmetrical)' 보는 것이다. 물론 기술을 행위자로 본다는 것이 라투어가 기술을 살아 있거나 생명이 있는 것으로 간주한다는 것을 의미하지는 않는다. 그렇지만 라투어는 나의 행동이 다른 사람에게 영향을 미쳐서 다른 사람들의 행동을 바꾸듯이 기술도 사람에게 영향을 미쳐서 우리들의 행동을 바꿀 수 있다고 보며, 이러한 의미에서 기술을 수동적인 존재가 아니라 어느 정도의 능동성을 가지고 있는 존재로 간주해야 한다고 주장한다.

비인간과 인간을 대칭적으로 다루어야 한다는 라투어의 주장은 1980년대 초반부터 최근의 작업에 이르기까지 그의 연구의 20여 년을 관통하는 핵심적인 화두이다. 기술에 대한 그의 '이단적인' 생각은 숱한 논쟁을 불러일으켰고, 이러한 생각은 그의 과학기술사회학의 체계가 널리 전파되는 데에도 한몫을 했지만, 동시에 많은 사람들로 하여금 그의 이론에 거부감을 가지게 하는 이유가 되기도 했다. 이 글은 기술에 대한 라투어의 논의를 살펴보면서, 그 철학적 의미와 한계를 논하는 목적을 가지고 쓰였다. 우선 이 글은 라투어의 과학기술사회학 연구에서 '기술'이 지닌 의미, 라투어의 '기술철학'을 분석하는 것의 타당성, 라투어의 초기 분석을 살펴보면서, 그가 1980년대 중반 이후에 발전시킨 '행위자 연결망 이론(actor-network theory)'의 틀 속에서 기술이 가진 의미를 탐색하고자 한다. 뒤이어 프랑스 파리 시(市)의 실패한 기술프로젝트였던 아라미스(Aramis)에 대한 라투어의 분석, 라투어의 기술관이 함축하는 철학적 의미, 그리고 라투어의 기술관에 대한 비판과 이에 대한 그의 대응을 다룰 것이다.

브루노 라투어는 '비인간'인 기술을 '행위자'로 파악하면서, 기술의 영향으로 인간의 행동이 바뀔 수 있으며 따라서 기술은 수동적인 존재가 아니라 능동적인 존재라고 주장한다.

라투어에게 있어 기술의 위치

라투어는 '기술철학자'가 아니다. 이는 그를 칼 미첨C. Mitcham이나 랭던 위너L. Winner처럼 기술철학을 전공하는 학자로 분류할 수 없다는 얘기다. 그는 기술만이 아니라 과학기술과 사회의 연관을 탐구하는 과학기술학의 거의 모든 영역에서 중요한 업적을 남겼다. 그가 울거S. Woolgar와 함께 쓴 『실험실 생활』(1979)은 1980년 이후에 과학기술학자들로 하여금 '실험실'에 주목하게 함으로써 실험실 연구라는 새로운 지평을 열었다. 이후 라투어는

'행위자 연결망 이론'을 제시한 브루노 라투어의 『Science in Action: How to Follow Scientists and Engineers through Society』.

파스퇴르의 사례에 대한 분석을 통해 사회 속에서의 실험실의 역할을 정교하게 정식화했고, 이 작업의 결과를 「내게 실험실을 달라, 그러면 나는 세상을 들어올릴 것이다」(Latour, 1983)라는 논문과 『프랑스의 파스퇴르화』(Latour, 1988)라는 책에서 소개했다. 이 무렵 라투어는 '사회구성주의'와 공식적으로 결별했으며, 사회구성주의와 여러 가지 측면에서 상이한 자신의 '구성주의' 혹은 '행위자 연결망 이론'의 강령을 『실제 과학』(Latour, 1987)에서 정식화했다. 이후 그는 과학과 근대성의 관계를 모색한 『우리는 근대인 적이 없었다』(Latour, 1993)를 출판했고, 1990년대 중반 '과학전쟁' 이후에는 『판도라의 희망』(Latour, 2000)을, 최근에는 생태학과 관련된 『자연의 정치학』(Latour, 2004)을 출판했다. 여기서 보듯이 그의 관심은 과학기술과 사회와의 접점에 대한 거의 모든 주제에 걸쳐 있다.

그럼에도 불구하고 기술은 그의 연구에서 핵심적인 위치를 차지한다. 우선 과학에 대한 라투어의 분석 대부분은 기술을 포함한다. 그는 현대 사회에서 과학과 기술이 분리될 수 없다는 점에 주목해서 '기술과학(technoscience)'이라는 개념을 창안한 뒤에 지금까지 줄곧 사용하고 있다. 특히 그의 구성주의는 실험실 공간에서 일어나는 과학적 사실(fact)의 구성과 실험 과정에서 사용되는 기기(instruments)라는 인공물(artifact)의 안정화 과정이 동시에 일어난다고 해석하고 있으며, 이러한 의미에서 사실과 인공물을 하나로 얽혀 있는 것으로 간주한다.(Latour & Woolgar, 1979)◆

과학기기에 대한 논의는 라투어의 초기 연구에서부터 가장 최근의 연구에 이르기까지 계속적으로 등장하는 주제인데, 과학기기는 다름 아닌 기술의 한 범주임을 주목해볼 필요가 있다.

두 번째로는 라투어가 자신의 이론 체계 중에서 가장 중심적인 개념이라고 생각하는 비인간 행위자에 기술이 포함된다는 것이다. 물론 비인간 행위자에는 기술 이외에 박테리아, 비비(狒狒, baboon), 가리비조개(scallop)와 같은 다른 종류의 비인간들도 포함된다. 그렇지만 가장 두드러진 비인간 행위자는 바로 기술이다. 또 라투어가 그동안 비인간 행위자의 행위능력(agency)을 설명하기 위해서 채용한 사례도 문, 문폐색기(door closer), 열쇠, 자동차 과속방지턱, 총, 지하철 등과 같은 기술들이다. 라투어가 사회라고 부르는 것은 인간 행위자와 비인간 행위자의 집합체로 구성되는데, 여기서 비인간 행위자들은 권력이 특정한 인간 행위자로 집중되고 사회질서가 유지되는 데 중요한 역할을 한다.

라투어가 관심을 갖는 기술은 단일하지 않다. 실험실에서 기술은 기록기기와 과학이 만들어낸 인공물의 형태로 존재한다. 물론 실험실이라는 인공적인 공간도 기술의 일부라고 할 수 있다. 그는 실험실을 아르키메데스의 지렛대로 비유했는데, 이러한 비유로서의 기술도 그의 저술에 자주 등장한다. 또 그의 행위자 연결망 이론에서는 비인간들의 행위능력을 보이기 위한 다양한 기술이 등장한다. 이종적 엔지니어(heterogeneous engineer)라는 개념은 존 로[J. Law]와 같은 행위자 연결망 이론가들이 기술혁신을 분석하는 과정에서 엔지니어의 역할을 서술하기 위해서 만든 개념인데,

---

◆ 행위자 연결망 이론에서 과학과 기술은 더욱 근본적인 의미에서 그 경계를 명확하게 그을 수 없다. 이는 뒤의 '행위자 연결망 이론과 라투어의 인간-비인간 집합체' 부분에서 다시 다루어질 것이다.

라투어 역시 이러한 개념을 사용해서 엔지니어들의 다양한 활동을 분석하기도 한다. 마지막으로 아라미스와 같이 복잡한 현대 기술프로젝트도 그가 관심을 갖는 기술의 일부이다. 이렇게 그가 다양한 형태의 기술에 대해서 관심을 가지고 분석을 했지만, 그의 이론 체계의 핵심은 기술을 인간과 유사한 행위자로 간주할 수 있다는 것이다.

라투어의 초기 기술철학 : 『실험실 생활』에서 '행위자 연결망 이론'까지

1970년대 중반, 소크 연구소에서 행해지는 생물학 연구의 구체적인 내용에 대해서 전혀 몰랐던 라투어가 이 연구소에 대한 연구를 시작했을 때 사용했던 방법은 타자를 관찰하는 인류학자의 방법이었다. 그는 우선 자신이 분석 대상으로 삼는 연구소에 무엇이 입력(input)되고 무엇이 출력(output)되는가를 관찰했다. 그 결과 생쥐나 돼지로부터 추출한 샘플이 연구소로 입력되고, 논문들이 연구소로부터 출력된다는 사실을 알아냈다. 그런데 연구소에서 나오는 논문에는 다른 인쇄물과 달리 다양한 형태의 그래프가 실려 있었다. 라투어는 실험실에 존재하는 여러 실험기구들의 역할이 샘플을 그래프로 변형하는 것이라고 보았으며, 프랑스 철학자 데리다J. Derrida의 용어를 차용해서 이 실험기구들을 '기록기기(inscription device)'라고 불렀다.(Latour & Woolgar, 1979, 51쪽의 주 4와 5) 기록기기는 본질적으로 물질을 숫자나 그림과 같은 기록으로 변형하는 기기들이었는데, 기록기기가 만든 숫자나 그림은 실험실의 연구자들로 옮겨다니면서 이들의

◆ 물론 실험실에는 무게를 잰다던가, 숫자를 세는 데 사용되는 것과 같은 기계들도 있다. 이러한 기계들은 기록기기는 아니지만, 다른 기록기기와 연결되어 결국은 '기록'을 만들어내는 역할을 하는 것이 대부분이다.

소통을 용이하게 해주었다.◆ 당시 라투어에게 기록기기는 기록된 문서, 과학장(field)과 함께 과학을 구성하는 세 가지 요소 중 하나였다.(Latour, 1981, 211쪽)

라투어에게 있어서 기록기기들은 실험실을 다른 공간과 구별하게 하는 요소일 뿐만 아니라, 과학자의 연구 대상을 만들어 내는 기기였다. 조금 다른 말로 하면, 기록기기와 같은 실험실의 물질적인 구성요소들은 과학자가 논의하는 대상을 존재하게 하는 조건이었다. "바이오에세이 없이는 특정한 실체가 존재할 수 없는 것"이었다. 실험실에서 발견된 현상들은 단지 기기에 의존한다는 의미에서가 아니라, 기기와 같은 실험실의 물질적 조건에 의해서 총체적으로 형성되었다는(thoroughly constituted) 의미에서 '인공적 실재(artificial reality)' 혹은 '기술을 통해 구현된 현상(phenomenotechnique)'이라고 부를 수 있는 것이었다. 더 나아가서 라투어와 울거는 과학자들이 논쟁이 종결된 이후에 대상의 실재성을 받아들이기 시작했다는 점을 증거로 제시하면서, 과학적 대상의 실재성을 논쟁의 종결과 사실의 안정화의 이유로 들어서는 안 된다고 강조했다.(Latour & Woolgar, 1979, 64~65쪽, 182~183쪽) 여기서 보듯이 과학적 사실의 구성은 실험실에서의 인공물을 통해서 일어나는 것이었고, 그 자체가 일종의 인공물이었다. 이는 라투어에게 과학과 기술을 구별하기 힘들다는 인식을 심어주었고, 그는 이후 이러한 인식을 '기술과학(technoscience)'라는 개념으로 정식화했다.

브루노 라투어와 스티브 울거의 『Laboratory Life: the Social Construction of Scientific Facts』. 이 책에서 저자들은 과학적 사실의 구성은 실험실에서의 인공물들을 통해 일어나는 것이며, 과학과 기술은 현대사회에서는 구별하기 어려울 정도로 융합되어 있다고 주장했다.

브루노 라투어의 『The Pasteurization of France』. 라투어는 파스퇴르의 사례에 대한 분석을 통해 사회 속에서의 실험실의 역할을 정교하게 정식화했다. 라투어는 특정 과학 지식이 전체 사회에서 널리 받아지려면 잘 조직된 행위자-연결망이 필수적이라고 주장했다.

『실험실 생활』 이후 라투어의 과학관은 큰 변화를 겪는다. 라투어는 1970년대 후반과 1980년대 초반에 약 3년 간에 걸쳐서 파스퇴르의 생애와 업적을 역사학 · 사회학적으로 분석하는 작업을 수행했는데, 이 연구를 하는 도중에 그는 실험실과 사회와의 관련에 주목하기 시작했다. 왜 과학자들의 실험실이 그 좁은 공간을 넘어 우리 사회에 큰 영향을 미치는 것일까? 『실험실 생활』을 집필할 때에는 그다지 주목하지 않았던 이 문제에 주목하면서, 라투어는 기록(inscription)을 포함해서 과학자들이 실험실 밖으로 배출하는 인공물들이 하는 역할과 기능을 새롭게 해석하게 되었다. 그 핵심만 말하자면, 과학자들은 논문을 통해서, TRF라는 호르몬을 통해서, (파스퇴르의 경우에는) 백신을 통해서 세상 사람들을 자기 쪽으로 끌어들인다는 것이었다. 이러한 인공물들은 과학자들이 실험실에서 비인간 행위자(nonhuman actor)들과 '힘겨루기'를 한 뒤에 만든 것들이다. 다시 말하자면, 실험실은 과학자들이 비인간 행위자들을 동맹으로 만드는 장소이며, 과학자들은 이렇게 바뀐 비인간 행위자들을 세상으로 쏟아냄으로써 자신의 동맹을 형성하고 세상을 '실험실화'한다는 것이다.(Latour, 1983)

실험실과 비인간 행위자에 주목하기 시작한 1980년대 초반부터 라투어는 프랑스 과학사회학자인 미셸 칼롱M. Callon과 함께 행위자 연결망 이론(actor-network theory, ANT)을 발전시켰다.(Callon, 1980; Callon & Latour, 1981) 과학기술과 관련해서 볼 때 행위자 연결망 이론은 과학과 사회의 동시형성(co-construction)을 주장했지만, 더 근본적으로는 '사회'를 혁신적으로 새롭게 이해하는 것을 꾀했던 이론이었다. 이 이론은 자연과 사회, 문화와 자연, 과학과 사회, 인간과 비인간, 목적과 수단, 사실과 가치, 주체와 객체라는 이분법을 거부하고, 사회를 인간 행위자와 비인간 행위자가 연결되어 형성한 네트워크(혹은 집합체)에 다름 아니라고 파악했다. 행위자 연결망 이론은 한 사람이 다른 사람에게, 한 그룹이 다른 그룹에게 행사하는 권력이 사회조직이나 지위에서 나온다고 보는 대신에, 조직이나 지위를 권력의 결과로 본다는 점에서 기존의 사회학 이론과 차별을 가졌다. 즉 이 이론은 모든 인간 행위자들이 본질적으로 거의 차이가 없는 존재라고 간주하면서, 비슷한 상태에 있는 사람들 중에 왜 어떤 사람이 더 큰 권력, 지위, 위계, 자원을 가지는가를 설명하려고 했던 것이다.

행위자 연결망 이론은 권력의 문제와 관련해서 비인간 행위자에 주목했다. 비인간 행위자는 바이러스, 박테리아, 영장류, 전자(電子), 가리비 조개와 같이 자연에 존재하는, 인간이 아닌 자연물을 포함한다. 그렇지만 비인간 행위자 중에 가장 중요한 존재는 인간이 만든 기술 혹은 인공물(artifact)이다. 기술과 같은 인공물은 네트워크 상에서 오래 지속되며, 다른 행위자를 자신의 네트워크로 끌어들이는 과정에서 중요한 역할을 한다.(Latour, 1986) 행위자 연결망 이론에서는 한 행위자가 다른 행위자와 결합해서 네트워크를 건설하는 과정을 '번역(translation)'이라고 칭했다. 번역은 어떤 행위자가 다른 행위자들의 문제를 떠맡고 기존의 네트워크를 교란시키는 '문제제기(problematization)', 다른 행위자의 관심을 끌고 새로운 협상을 진행하는 '관심 끌기(interessement)', 다른 행위자들로 하여금 새롭게 주어진 역할을 맡게 하는 '등록하기(enrollment)', 그리고 이들을 자신의 네트워크로 포함시키는 '동원하기(mobilization)' 등의 과정으로

이루어진다.(Callon, 1986a; 1986b)

어떤 행위자가 기존의 네트워크를 교란시키고 많은 행위자들을 자신의 네트워크로 끌어들이기 위해서는 다른 행위자들을 자신이 만든 어떤 것에 의존하게끔 하는 것이 중요하다. 이렇게 다른 행위자들이 네트워크 상에서 반드시 거쳐가게 함으로써 행위자들을 자신의 편으로 끌어들이는 존재를 '의무통과점(obligatory passage point, OPP)'이라고 하며, 이 의무통과점을 만드는 것이 번역의 핵심 과정이다. 또 번역의 과정에서는 기록을 하고, 이런 기록의 결과나 다른 행위자를 여기저기로 이동시키는 과정이 필요한데, 이를 '치환(displacement)'이라고 한다. 마지막으로, 어떤 하위 네트워크(sub-network)가 충분히 안정화되면 이는 다른 행위자들에게 하나의 개체로 보이는데, 이를 블랙박스화(black-boxing)라고 하며, 이렇게 하나의 개체로 작동하는 네트워크를 블랙박스라고 한다. 의무통과점, 치환, 블랙박스는 기술의 형태를 띠는 경우가 대부분이다. 이렇게 행위자 연결망 이론에서 기술은 사회(네트워크)를 구성하고, 이를 유지시켜주는 핵심적인 요소로 간주되는 것이다.

행위자 연결망 이론과 라투어의 '인간-비인간 집합체'

행위자 연결망 이론에서 기술적인 인공물들은 인간과 함께 네트워크의 마디(node)를 구성하는 행위자(actor)들이다. 라투어는 행위자를 행위능력(agency)을 가진 존재로 정의한다. 자신의 주변 공간을 변형시켜서 다른 요소들로 하여금 자신에게 의존하게 하고, 자신의 뜻을 스스로의 언어로 번역할 수 있는 존재이다. 이렇게 볼 때 인간이 다른 사람의 행동을 바꾸듯 비인간들도 인간의 행위를 바꿀 수 있기 때문에 비인간들은 훌륭한 행위자가 된다. 라투어는 1988년에 발표된 문폐색기(door closer)에 대한 논문에서, 문을 닫아주는 역할을 하던 도어맨을 자동 문폐색기가 대체함으로써 나타나는 여러 변화를 흥미롭게 서술했다. 이 논문의 핵심은 문폐색기를 설치함으로써 문을 통과하는 인간의 행동에 변화가 생길 수 있다는 부분이다. 예를 들어, 운동이 매끄럽지 못한 문폐색기를 설치한 문을 통과하는 사람들은 문을 재빨리 통과하는 법을 배운다는 식이다. 즉 기술은 단지 인간을 대체할 뿐만 아니라, 인간에게 특정한 행동을 요구하는 식으로 인간에게 영향을 미친다는 것이다. 그가 '처방(prescription)' 혹은 '직권위임(delegation)'이라고 명명한 역할의 이전 때문에 기계는 훌륭한 행위자가 된다.(Latour, 1988b)

행위자 연결망 이론의 관점에서 보면 모든 인간 행위자들은 본질적으로 그 역량에 있어서 큰 차이가 없다. 나폴레옹이나 거리의 부랑아나 엇비슷한 인간이라는 것이다. 이들 사이의 권력의 차이는 누가 더 강력한 네트워크를 구축했는가에서 나온다. 여기에 비인간 행위자들의 중요성이 존재한다. 모든 스케일, 위계, 권력, 역할과 같은 사회적 질서는 인간 행위자들이 비인간 행위자들을 어떻게 네트워크 끼워넣는가에 따라서 결정되기 때문이다. 큰 힘을 가진 "거대 행위자들은 수많은 블랙박스 위에 앉아 있는 미소 행위자"에 불과하다.(Callon & Latour 1981, 286쪽) 여기서 블랙박스는 기술의 형태를 띤 비인간 행위자들이며, 이들이 결정적인 역할을 할 수 있는 이유는 이들이 네트워크 상에서 더 오래 지속되며, 더 광범위하게 퍼져 있고, (특정한 경우에는) 더 예측하기 쉽기 때문이다. 즉 특정한 인간 행위자는 이러한 강력한 비인간 동맹군을 자신의 네트워크에 편입시킴으로써 더욱 강력한 네트워크를 구축하는데, 비인간 행위자들을 설득시키고, 움직이고, 이들을 예측 가능한 것으로 만드는 것이 다름 아닌 과학기술이다. 현대사회에서 과학기술은 이런 의미에서 권력을 가지고 있다.(Latour,

1983 ; 1988a)

라투어는 기술의 성공과 실패를 설명하기 위해서 사회문화적(socio-cultural) 요소를 도입하는 '스트롱 프로그램(Strong Program)' 혹은 '에든버러 학파(Edinburgh School)'의 연구 방법에 대해서 반대를 하는데, 그 이유는 인간-비인간의 결합이 바로 사회적 관계를 구성하기 때문에 사회적 요인으로 기술을 설명한다는 것은 사회적 관계로 사회적 관계를 설명하는 동어반복이 되기 때문이다. 과학기술을 설명하기 위해서 사회를 끌어들이는 것은 그 순간에도 과학기술이 사회를 끊임없이 재구성한다는 것을 간과했기 때문에 가능하다는 것이다. 이렇게 라투어에게 있어서 인간-비인간의 끊임없는 결합은 사회적 관계를 형성하고 이를 교란하면서 새로운 관계를 형성한다. 라투어는 '인간-비인간의 혼합(human-nonhuman mixture)'이라는 용어를 사용하다가 최근에 '인간-비인간의 집합체(human-nonhuman collective)'라는 용어를 새롭게 사용하기 시작했는데(Latour, 1999a), 이는 사람들이 '사회'라고 부르는 것에 다름 아니다. 그에게 있어서 생태학, 테크노사이언스, '힘의 네트워크(network of power)', 거대 기계, 산업, '사회'라고 부르는 것은 다 특정한 방식으로 만들어진 '인간-비인간의 집합체'인 것이다.(Latour, 1994)

비교적 최근의 저서인 『판도라의 희망』(Pandora's Hope, 1999a)에서 라투어는 비인간과 인간의 관계 맺기, 즉 '기술적 매개(technical mediation)'를 다음과 같은 네 가지 유형으로 정리했다. 그중 첫 번째는 '목표의 번역' 혹은 '교란'이다. 라투어는 이를 설명하기 위해서 총기의 예를 사용한다. 미국에서 총기의 사용을 엄격하게 규제하자고 주장하는 사람들은 "총이 사람을 죽인다"라고 외친다. 총이 없으면 일어나지 않을 살인 사건이 총 때문에 발생한다는 것이다. 반면에 총기 사용의 규제에 반대하는

NRA(National Rifle Association) 그룹은 사람을 죽이는 것은 총이 아니라 사람이라고 강조하는데, 이들의 주장은 "사람이 사람을 죽인다"는 것으로 요약된다. 총은 중립적인 도구이고 용도에 따라서 좋은 목적으로도 혹은 나쁜 목적으로도 사용될 수 있기 때문에, 문제는 총이 아니라 사람에 있다는 것이다.

브루노 라투어의 저서 『Pandora's Hope. Essays on the Reality of Science Studies』. 라투어에 의하면, 사회라는 것은 '인간-비인간의 집합체'이며, 마치 패러다임의 진화처럼 한 시점의 인간-비인간 집합체는 '번역', '교차', '등록', '동원'의 과정을 거쳐 다른 형태로 진화한다.

라투어는 전자를 기술결정론, 후자를 사회결정론으로 분류하면서 이 두 가지 입장이 모두 잘못되었다고 비판한다. 그가 보기에 총과 사람 중에 어느 하나를 문제의 원인으로 찾으려는 시도는 총과 사람이 만남으로써 (사람이 총을 가짐으로써) 사람도 바뀌고 총도 바뀐다는 것을 간과한 결과이다. 총을 가진 사람은 총을 가지지 않은 사람에 비해서 더 많은 일을 할 수 있으며, 마찬가지로 총도 사람의 손에 쥐어짐으로써 옷장 속에 있는 총과는 다른 존재가 된다. 즉 '총과 사람의 합체라는 잡종(gun-gunman hybrid)'이 새로운 행위자로 등장하며, 이 잡종 행위자는 총이 없던 상태에서의 목표와는 다른 목표를 가지게 된다는 것이다. 예를 들어서, 원래는 다른 사람에게 겁만 주려 했는데, 총이 손에 쥐어져 있기 때문에 살인을 저지르게 되는 식이다. 이렇게 인간과 비인간(총)이 합쳐져서 만들어진 새로운 행위자가 새로운 목표를 가지게 되는 과정이 '목표의 번역' 혹은 '교란'이다.(Latour, 1999a, 180쪽)

라투어가 제시한 기술적 매개의 두 번째 유형은 '복합(composition)'이다. 이는 한 행위자가 할 수 없는 일을 다른 (비인간) 행위자의 힘을 빌려서 하는 것을 의미한다. 새와 달리 하늘을 날 수 없는 사람은 날기 위해서 비행기를 발명했다. 라투어는 비행기를 타고 하늘을 나는 사람의 경우에 난다는 행위는 사람과 비행기의 집합체의 특성이라고 본다. 즉 대부분의 행위는 사람만의 특성도, 비인간만의 특성도 아니고, 인간과 비인간의 집합체의 특성이다. 사회가 복잡해지고 기술이 복잡해질수록 한 가지 행위를 하기 위해서 더 많은 인간과 비인간의 집합체를 필요로 하는 것은 물론이다. 그런데 여기서 주목할 점은 새로운 복합 행위자가 되는 과정에서 인간과 비인간이 서로가 가진 능력을 교환한다는 사실이다. 인간은 비인간에게 자신이 하는 행위의 일부를 부여하고, 비인간은 인간의 행위를 떠맡으면서 새로운 행위를 인간에게 부여하는데, 이렇게 교환되는 능력의 합은 교환 전후를 통해서 항상 일정하다는 것이 라투어의 핵심 주장이다. 물리학과 수학에서 대칭은 변환 전후를 통해서 보존되는 것이 있는 경우를 의미하는데, 바로 이러한 의미에서 라투어는 인간과 비인간이 대칭적이라고 강조하고 있다(Latour, 1999a, 182쪽)

기술적 매개의 세 번째 유형은 '시간과 공간의 접힘' 혹은 '가역적인 블랙박스화'이다. 라투어의 행위자 연결망 이론에서 중요한 개념인 블랙박스화는 네트워크에 속한 하위 네트워크에 특정한 경계가 그어지고, 이 하위 네트워크가 다른 행위자들에게 입력과 출력의 인터페이스로만 인식되는 것을 말한다. 이렇게 블랙박스화된 네트워크가 하나의 대상으로 간주될 정도로 공고화되는 과정이 결절(punctualization)이다. 결절된 대상은 다른 행위자들에게 하나의 대상(object)이라고 간주된다. 우리는 자동차를 이동을 위한 하나의 기계로 생각하지 이것을 수많은 부품들, 사람들, 기계들이 결합되어 만든 네트워크라고 생각하지 않는다는 것이다. 그렇지만 이 부품들이 만들어지기 위해서는 수십에서 수백 년 동안 인간-비인간 집합체의 다양한 행위가 있어야 했으며, 이러한 의미에서 자동차와 같은 기술은 오랜 시간과 공간에 걸친 인간-비인간의 행위가 하나의 대상으로 '접혀서(folding)' 만들어진 것으로 간주할 수 있다.◆ (Latour, 1999a, 184~185쪽)

기술적 매개의 마지막 유형은 '상징과 사물의 경계를 교차하는 것', 혹은 '직권위임(delegation)'이다. 문폐색기만큼이나 그가 즐겨 사용하는 예는 아파트 단지나 학교 앞에서 자주 보는 과속방지턱이다. 마음이 급한 운전자들은 "이웃이나 학생들을 위해서 과속을 하지 맙시다"라는 문구가 쓰인 표지판을 무시하고 속도를 내는 경향이 있다. 그렇다고 골목골목마다 교통경찰을 배치할 수도 없는 일이다. 그래서 발명된 것이 과속방지턱이다. 그런데 운전자들이 이 턱 앞에서 자연스럽게 속도를 줄이는 이유는 이웃을 생각해서가 아니라, 속도를 내서 턱을 넘다가는 차의 서스펜션에 무리가 가기 때문이다. 즉 턱은 "이웃이나 학생들을 위해서 과속을 하면 안 된다"라는 (사람들이 잘 지키지 않는) 도덕적 심성을 "과속을 하면 내 차의 서스펜션이 고장날 수도 있다"는 (사람들이 잘 지키는) 이기적 태도로 바꾸는 역할을 한다. 과속방지턱의 역할은 여기서 그치는 것이 아니다. 과속방지턱을 "잠자는 경찰"이라고 부르는 것에서 볼 수 있듯이, 턱은 교통경찰이 했던 역할을 대신하고 교통경찰에게 새로운 일을 부여한다. 여기에서도 기

◆ 라투어에 의하면 사람들은 결절된 행위자가 잘 작동하지 않을 때에 한해서 이것이 오랜 시간과 광범위한 공간에서의 인간-비인간 집합체의 '접힘'의 결과였다는 것을 인식한다. 자동차의 엔진이 갑자기 멈추었을 때 운전자는 자동차가 하나의 기술이 아니라 여러 가지 부품으로 구성된 것임을 깨닫는다는 의미다. 결절은 네트워크의 대상화(objectification 혹은 reification)이며, 탈결절은 이렇게 대상화된 사물로부터 네트워크의 성질을 열어젖히는(unfolding) 역 과정이다. 접힘과 열어젖힘은 라투어가 들뢰즈의 철학에서 빌려온 개념이다. (Latour, 2002 참조.)

술은 인간이 했던 역할을 대신 수행하고 이를 통해 인간의 역할을 바꿈으로써 훌륭한 행위자가 된다는 라투어의 핵심 주장이 관철됨을 잘 볼 수 있다.◆ (Latour, 1999a, 189쪽)

앞에서 지적했지만, 행위자 연결망 이론에 의하면 '사회'라는 것은 사실 '인간-비인간의 집합체'에 불과한 것이다. 과학기술이 중요한 이유는 과학기술이 "비인간들을 인간관계에 의미 있는 방식으로 사회화하는 것"이기 때문이다. 마치 패러다임의 진화처럼, 한 시점의 인간-비인간 집합체는 서서히 다른 형태로 진화하는데, 그 과정은 다음과 같은 몇 가지 단계를 거친다. 우선 기존의 인간-비인간의 접합이 문제시되면서 새로운 인간-비인간의 접합이 생기는 '번역(translation)' 과정이 시작되고, 그 다음에는 이렇게 새롭게 만난 인간과 비인간이 서로의 특성을 교환하는 '교차(crossover)'의 과정이 뒤따른다. 이후 비인간들이 새로운 네트워크에 포함되는 '등록(enrollment)'과 비인간들이 인간과 새로운 잡종을 만드는 '동원(mobilization)'이 뒤따른다. 이렇게 해서 만들어진 새로운 인간-비인간 집합체가 기존의 집합체가 지향했던 방향과는 다른 새로운 방향을 지향하는 '치환(displacement)'이 마지막 단계이다.(Latour, 1999a, 194쪽)

라투어는 인간-비인간의 대칭성에 입각해서 기술혁신을 새롭게 해석하기도 한다. 기술혁신, 즉 새로운 기술의 창조나 기존 기술의 급격한 변화는 다음과 같은 다섯 가지 요소 중 적어도 한 가지 이상을 포함한다. 첫 번째는 기존의 존재들에 새로운 존재를 첨가하는 것이다. 없었던 존재의 포섭은 기술혁신의 가장 초보적인 요소이다. 두 번째는 다른 행위자를 뜻

◆ 이렇게 주체와 객체가 역할을 교환하는 것을 라투어는 '구역 언술(zone articulation)'이라고 명명했다. 여기서 언술(articulation)은 자신의 역할을 말하는 것과 역할의 구역이 접합되는 것의 두 가지 의미 모두로 사용된다.

한 바대로 (혹은 그 역으로) 행동하게 하는 법을 만드는 것이다.◆ 예를 들어, 엔지니어가 새로운 기술을 통해서 사람들을 원하는 방향으로 움직일 수 있게 했다면, 그것도 기술혁신을 구성하는 매우 중요한 요소가 된다. 세 번째는 인간 혹은 비인간 행위자를 새로운 특성을 부여받은 상태로 변화시키는 것이며, 네 번째는 존재들 사이에 역할의 치환을 만들어내는 것이다. 기술혁신의 마지막 요소는 행위자가 이러한 변화에 적응해서 일상적인 활동을 하게 만드는 것이다.(Latour, 1995) 이러한 요소들이 지속적으로 만족될 수 있게 할 경우 엔지니어는 기술혁신을 달성했다고 할 수 있으며, 이것이 만족되지 못하거나 잠깐 충족되었다가 소멸될 경우는 실패한 기술혁신이라고 할 수 있다. 따라서 라투어에 의하면 인간과 비인간, 혹은 사회의 영역과 기술의 영역의 끊임없는 상호작용만이 이러한 기술혁신을 달성하고 지속시킬 수 있다.(Latour, 1993b; 1996)

인간과 기술 같은 비인간 행위자를 대칭적으로(symmetrical) 다루어야 한다는 주장은 라투어의 행위자 연결망 이론의 가장 중요한 핵심이다. 라투어는 이러한 존재론적인 틀을 가지고 기존의 기술에 대한 다양한 접근법을 비판했다. 우선 라투어는 기술이 인간이 만든 도구에 불과하다는 '호모 파베르(Homo Faber)' 식의 도구적 기술론의 주장을 일축했다. 인간은 기술을 손에 쥔 그 순간에 다른 가능성을 가진 존재로 바뀌며, 여기에 또 다른 기술이 더해져서 지속적인 치환이 일어나기 때문이었다.(Latour, 1999a, 190쪽) 앞에서도 지적했지만 라투어는 기술이 사회적으로 구성된다는 사회구성주의자들도 비판했다. 이들은 기술과 사회와의 이분법을 받아

◆ 한 행위자가 자신의 의지를 관철시키는 방향으로 다른 행위자들을 줄 세우는 기제를 라투어는 프로그램(program)이라고 했으며, 이에 저항하는 기제를 반프로그램(antiprogram)이라고 했다.(Latour, 1995)

들이고 후자에 의한 전자의 구성을 주장했지만, 기술이 사회(집합체)를 구성하는 가장 중요한 요소라는 것을 간과하는 오류를 범했다.

또 라투어는 기술이 인간의 의지와 무관하게 자기 자신과 사회의 발전 방향을 결정한다는 기술결정론은 기술과 사회를 이분법적으로 생각했을 뿐만 아니라, 기술이 인간과 결합하고 서로의 특성을 교환함으로써 집합체가 된다는 것을 무시한 이론으로 비판했다. 특히 기술결정론은 왜 어떤 기술이 실패하는가에 대해서 설명을 제공하지 못한다고 보았다. 마지막으로 라투어는 근대 이전의 '도구(tool)'와 근대적 기계에 본질적인 차이를 부과했던 하이데거와 같은 철학자들에게도 비판의 화살을 돌렸다. 이들은 근대 이전의 도구가 인간을 보완해서 노동을 풍요롭게 해주는 반면 근대적 기계는 인간의 노동을 지배해서 인간 소외를 가져왔다고 주장했지만, 라투어에 따르면 이러한 주장은 근대 이후 매우 복잡해진 인간-비인간 집합체와 상대적으로 단순한 전근대적인 인간-비인간 집합체의 차이를 심각한 질적인 차이라고 보았던 오류가 포함되어 있었다. 인간-비인간의 집합체라는 점에서 인간과 결합한 도구나 기계는 모두 본질적으로 같은 것이다.(Latour, 1999a, 195쪽)

아라미스(Aramis) 프로젝트의 실패

기술에 대한 라투어의 논의는 철학적이고 조금은 추상적이기까지 하다. 그렇지만 기술에 대한 라투어의 분석이 이론적 논의에만 머물고 있는 것은 아니다. 라투어는 파리 시의 요청을 받아서 1972년부터 1987년까지 추진되었던 자동운송 시스템 아라미스(Aramis)가 왜 실패했는지에 대해 이 프로젝트에 관계된 많은 사람들을 깊이 있게 인터뷰하는 민속지의 방법론을 사용해서 분석했고, 그 결과를 『아라미스, 혹은 기술에의 사랑*Aramis, or* *the Love of Technology*』으로 출판했다.(Latour, 1996) 이 책에서 나타는 기술 실패에 대한 라투어의 분석은 그의 철학적, 추상적 방법론이 구체적인 기술에 적용된 사례를 보여주며, 동시에 그의 기술관이 지닌 철학적 함의를 엿볼 수 있는 창을 제공한다.

프랑스 파리 시의 아라미스 프로젝트가 왜 실패했는지를 분석한 브루노 라투어의 『Aramis, or the Love of Technology』는 그의 철학적 방법론이 구체적인 기술에 적용된 사례이다.

아라미스는 파리 시가 야심차게 추진하던 자동개인운송 시스템으로, 자동차와 지하철의 장점을 합친 것이었다. 아라미스는 목적지에 가기 위해 지하철을 갈아타야 하는 환승의 번거로움을 없애고, 목적지까지 가는 도중에 작은 객차가 이어지고 분리되는 것을 반복하면서 운행하는 운송 수단이었다. 즉 도심과 같이 이용자가 많은 곳에서는 객차가 결합해서 마치 여러 차량을 연결한 지하철처럼 운행하다가 교외로 나가면서는 각각의 노선으로 차량들이 나누어지는 식이었다. 객차는 갈고리 같은 물질적인 결합이 아닌 '비물질적인 결합(non-material coupling)' 방식을 사용해서 연결되고 분리되었다. 그렇지만 이 프로젝트를 추진하면서 수많은 기술적 난점들이 등장했는데, 차량을 조정하는 일, 차량과 차량 사이의 간격을 어림잡아 차량의 속도를 자동적으로 제어하는 일, 교차점에서의 원활한 소통 등이 이러한 기술적 난점의 사례였다. 객차와 중앙 통제소 간의 통신과 자동제어를 담당하는 컴퓨터 시스템이 차지하는 공간이 커지면서 객차의 객실은 더 축소되었다. 1981년 사회당 미테랑 후보가 당선되기 직전에 아라미스 프로젝트는 취소되었지만, 사회당의 결정으로 1982년에 다시 부활했다. 이후 새로운 컴퓨터 시스템이

다시 도입되었지만 프로젝트는 크게 진전하지 못했고, 결국 1986년에 우파 시라크 내각이 들어선 이후 1987년에 아라미스는 공식적으로 폐기되었다. 15년 간 여기에 소요된 예산은 3억 프랑에 달했다.

아라미스에 대한 라투어의 분석은 기술 프로젝트에 대한 통상의 분석과는 여러 가지 점에서 다르다. 우선 라투어는 자신의 책을 일종의 '소설'의 형식을 빌려 서술한다. 그는 자신의 소설을 메리 셸리M. W. Shelley의 『프랑켄슈타인』의 뒤를 잇는 '과학소설(scientifiction)'이라 부르는데, 여기에서는 라투어의 입장을 대변하는 셜록 홈즈와 흡사한 노베르트Norbert라는 사회학자와 홈즈의 조수 왓슨의 캐릭터를 가진 젊은 엔지니어의 대화가 주를 이룬다. 노베르트와 엔지니어인 '나'(I)는 "누가 아라미스를 죽였는가"라는 문제를 푸는 탐정의 역할을 맡는다. 라투어는 이들의 대화 곳곳에 프로젝트 참여자들의 인터뷰를 삽입하고, 아라미스와 관련된 자료들을 발췌해서 제시하며, 자신의 (비교적) 객관적인 분석도 첨가한다. 그리고 각 챕터의 말미에는 종종 아라미스의 탄식으로 가득찬 독백도 삽입된다. 서술은 1972년에 아라미스 계획이 처음에 세워졌을 때부터 1987년에 이 계획이 폐기되었을 때까지 일어났던 사건들을 역사적으로 추적하면서, 아라미스 프로젝트를 기안하고 이에 참여했던 사람들의 목소리를 빌어서 아라미스 프로젝트가 실패한 원인을 서서히 좁혀나간다.

아라미스는 수많은 형태를 전전했다. 그것은 아이디어였다가, 프로젝트가 되었으며, 모델에서 소규모로 작동하는 시범 기술로 구체화되었다가, 폐기되면서 텍스트로만 존재하는 것이 되었다. 라투어는 이 프로젝트의 실패에 대해서 무려 30여 가지의 서로 다른 설명이 존재한다는 것을 제시한다. 예를 들어, 어떤 이는 이것이 경제적인 이유 때문에 폐기되었다고 하고, 또 다른 이는 정치적인 이유를 제시한다. 어떤 이는 기술적인 문제가 핵심이었다고 하고, 또 다른 이는 기술적으로는 아무런 문제가 없었음을 주장한다. 라투어는 이중 어느 하나도 프로젝트의 실패에 대한 결정적인 이유가 될 수 없음을 강조한다. 즉 정치적이고 경제적인 요인과 같은 사회적인 배경(contexts)을 들어서 프로젝트의 실패를 설명하려는 시도나, 기술적인 문제를 들어서 프로젝트의 실패를 설명하려는 시도가 모두 적합하지 않다고 보는 것이다. 경제성과 같은 문제는 프로젝트를 폐기한 이유라기보다 프로젝트가 폐기된 뒤에 이를 정당화하기 위해서 등장한 것이며, 효율적이지 못했다는 기술적 문제 역시 기술에 내재했던 것이라기보다는 프로젝트가 종결된 뒤에야 나타난 것이기 때문이다. 프로젝트가 진행 중에 있을 때에는 경제성이나 기술적인 문제가 모두 유동적이고 협상 가능한 것이었기 때문이다.

여기서 보듯이 기술 프로젝트를 살아 있게 하는 것은 기술적인 영역과 사회적인 영역 사이의 끊임없는 대화와 상호작용이다. 즉 기술적 혁신이란 사회와 기술의 상호작용을 통한 협상의 산물인 것이다. 그런데 라투어는 아라미스 프로젝트에 이러한 지속적 상호작용을 어렵게 만든 요소가 있었음을 제시한다. 그것은 1972년 이후 아라미스의 핵심적인 원형 개념이 전혀 변하지 않았다는 것이다. 아라미스를 추진했던 엔지니어들과 관료들은 1972년에 생각한 아라미스의 원형—예를 들어, 객차를 연결하는 비물질적 결합 방식, 네트워크가 아닌 직선으로서의 선로 개념, 파리 시와 같은 밀집지역의 통과—을 1987년까지 그대로 고집했다. 이들은 아라미스를 사회적 영역에서 분리된 완결된 대상으로만 생각했지 변화하는 사회적 요구에 따라서 유연하게 변형 가능한 프로젝트로 생각하지 않았던 것이다. 이들은 기술과 같은 비인간과 함께 살아가는 방법을 심각하게 모색하지 않았으며, 이러한 의미에서 엔지니어들은 아라미스를 충분히 '사랑'한 것이 아니었다. 기술 프로젝트는 기술에 대해서 충분한 애정을 가진 사람들이 존재할 때 지속되며, 그렇지 못할 때에는 종결된다. 이러한 애정은 '유사 대상(quasi-objects)'과 '유사 주체(quasi-subject)'가 넘쳐 나는 기술과 사회의 잡종 영역을 만들고 유지하는 힘이다. 아라미스는 누가 죽인 것이 아니라 사랑을 잃고 버려진 것이다. '기술에의 사랑'이라는 책의 부제는 이를 의미하는 것이다.(Latour, 1993; 1996)

지금까지 보았듯이 인간-비인간의 대칭성은 라투어의 기술철학의 핵심이다. 그렇지만 그의 비판자들은 바로 여기에 비판의 포화를 집중했다. 그의 비판자들은 인간과 비인간을 대칭적으로 다루어야 한다는 주장이 철학적으로 의미가 없을 뿐만 아니라 '정치적'으로도 유해하다고 보았다. 반면에 라투어는 인간-비인간의 경계를 무너뜨리는 자신의 프로젝트가 서양 근대철학의 근간을 해체함으로써 과학기술이 가진 권력을 무력화하고 과학기술 시대에 실질적인 민주주의를 구현하려는 의도를 가지고 있다고 주장했다.

라투어 기술철학 프로젝트의 철학적 의미

라투어는 서양의 학문이 자연, 사회, 인간을 독립적으로 다루어왔다는 것을 강하게 비판한다. 자연과학은 자연을 대상으로 하고, 사회과학은 자연과 분리된 사회를 다루고, 철학과 같은 인문학은 인간을 탐구했는데, 이러한 구획은 근대철학 이후, 아니 더 거슬러올라가서 플라톤 철학부터 만들어졌던 것이다. 라투어에 따르면 여기에는 모두 기술과 같은 '비인간'이 빠져 있다. 과학은 과학자(인간)가 자연의 사실을 발견하는 것으로 간주되는데, 실제로 과학에서 가장 중요한 것은 인간이 만든 기록기기와 실험실 같은 비인간들이다. 사회(행위자 연결망)를 구성하는 요소들 중에 가장 중요한 것이 기술인데, 사회과학자들은 기술에는 관심이 거의 없다. 철학자들은 주체/객체의 이분법에 빠져서, 기술을 저급하고 수동적인 대상으로만 취급한다. 따라서 라투어에 따르면 비인간을 포함시키는 것은 자연과학-사회과학-철학의 분과를 통합하는 첫 걸음이 된다.(Latour, 1999a)

기술과 같은 비인간이 빠져버린 자연과 사회는 '근대성'의 골자이다. 진공을 둘러싼 보일R. Boyle과 홉스T. Hobbes의 논쟁을 분석했던 섀핀S. Shapin과 샤퍼S. Schaffer의 저작에 대한 라투어의 평은 그의 이러한 생각이 어떻게 발전했는가를 잘 보여준다. 보일과 홉스의 논쟁의 분석을 통해서 과학적 사실의 사회적 구성을 드러냈던 셰이핀과 섀퍼와 달리 라투어는 진공펌프라는 비인간에 주목했다. 그는 강력한 실험기기를 사용한 보일의 과학에는 사회가 빠져 있었고, 반면에 사회계약의 개념을 통해서 근대 정치철학을 제창한 홉스의 사회과학에는 진공펌프를 사용해서 구현된 자연이 빠져 있었다는 것을 지적한다. 즉 라투어는 보일과 같은 과학자의 실험실 속에서 인간-비인간의 잡종적 동맹이 막 시작하던 17세기에, 자연/인공의 구분, 과학/사회의 구분, 자연과학/사회과학의 구분 역시 자리를 잡기 시작했다고 보았던 것이다. 근대성(modernity)은 한 편으로는 인간-비인간의 잡종적 동맹의 확산으로, 그렇지만 다른 한 편으로는 자연/인공, 과학/사회, 주체/객체의 구분의 공고화로 특징지어지는 것이었다.(Latour, 1993)

따라서 라투어에게 기술과 같은 비인간의 목소리를 복원하고 행위자로서의 이들의 능동적인 역할을 드러내는 것은 서구의 '근대적' 과학과 철학이 범했던 자연/사회, 주체/객체, 과학기술/사회의 양분법을 극복하는 실마리를 제공한다. 라투어에게 근대를 극복하는 방법은, 탈근대에 있는 것이 아니라, 근대가 시작되던 시점부터 자연과 사회 모두에 인간과 기

과학과 근대성의 관계를 모색한 라투어의 「We Have Never Been Modern」.

술과 같은 비인간의 잡종적 동맹이 엄청난 속도로 번식했음을 인식하는 것, 즉 "우리가 근대인 적이 없었다"(We have never been modern)는 것을 깨닫는 것부터 시작한다. 비인간은 과학/사회의 구분을 가로지르는데, 이 구분이 소멸되면 "과학이 사회적으로 구성되었다"는 스트롱 프로그램의 방법론은 의미를 거의 상실한다. 스트롱 프로그램은 과학/사회의 구획이라는 전제하에 과학 지식의 사회적 구성에 대해서 논하는데, 실제로 중요한 것은 인간-비인간의 잡종적 네트워크가 어떻게 사회를 만들면서 동시에 과학에 권력을 부과하는가라는 문제를 이해하는 것이기 때문이다.(Latour 1999a, 197쪽; 1999b)

과학/기술의 이분법도 라투어의 비판의 화살이 꽂히는 과녁이다. 라투어는 과학과 기술을 대체하는 용어로 '테크노사이언스(techno-science)'라는 개념을 사용한다. 사실 기술이 과학에서 광범위하게 사용되고 과학과 엔지니어링의 접점이 확산되는 것을 생각하면 과학/기술의 구분은 큰 의미가 없다. 그렇지만 라투어에게 더 근본적인 것은 과학의 개념과 기술의 인공물 모두가, 비인간들을 인간에게 의미가 있는 방식으로 다루는 방식에서 근본적으로 연결되어 있다는 사실이다. 실험실 속에서 수행되는 과학에서 비인간들을 동원하지 않는 경우가 없고, 그 결과도 다양한 비인간(그래프, 논문, 특허, 백신, 호르몬 등)의 형태로 실험실 밖으로 나온다. 이 결과들은 다른 인공물들과 함께 행위자들의 네트워크를 강화시켜 주는 데 사용된다. 행위자 네트워크의 관점에서 볼 때 과학과 기술의 구분

은 근본적으로 의미가 없다.(Latour, 1987)

문화와 자연, 혹은 사회와 자연의 구분도 의미가 없다. 서양의 철학 사상에서는 사회와 문화는 인간 세상이고 여기에서는 가치가 중요하지만, 자연은 사물의 세상이고 여기에서는 사실이 중요하다는 생각이 지배적이었다. 이러한 이분법은 주로 사회과학이 해결해야 할 문제는 인간 세상의 가치의 문제라는 생각, 특히 사실이라는 이름을 쓴 과학기술의 지배와 통제로부터 순수한 인간적 가치를 보존하는 문제라는 생각과 맞닿아 있다. 그렇지만 과학과 기술의 경계를 흐리게 하는 비인간은 사회 · 문화와 자연의 경계는 물론 더 나아가서 사실/가치의 경계도 허문다. 사실의 구성에도 비인간들이 들어가고, 역으로 인간에게 소중한 것으로만 구성되는 가치도 존재하지 않기 때문이다. 라투어에 의하면, 사실/가치의 구별보다 더 중요한 것은 확립된 사실과 만들어지는 사실 사이의 구별, 그리고 모든 사람이 대략 합의한 가치와 논쟁 중인 가치 사이에 구별이다. 따라서 라투어는 가치와 사실의 구분보다는, 어떤 종류의 "인간-비인간 집합체"가 문제가 되는가라는 가치-사실 복합체의 영역과 우리가 이것들과 함께 어떻게 살아갈 것인가를 모색하는 또 다른 가치-사실 복합체의 영역을 구분하는 것이 더 중요하다고 강조한다.(Latour, 2004)

마지막으로 라투어는 서양 근대 철학의 핵심적인 명제인 주체/객체의 구별도 비판한다. 인식하는 주체와 인식 대상인 객체 사이에는 뚜렷한 경계를 지을 수 없는데, 그 이유는 인간이라는 주체와 대상이라는 객체가 항상 서로의 특성을 맞바꾸면서 새로운 집합체를 만들기 때문이다. 주체가 대상과 관계를 맺을 때 진정한 주체이듯이, 대상이 우리와 관계를 맺을 때에는 도구가 아닌 행위자가 된다. 즉, 인간이 비인간과 관계를 맺는 순간 주체/객체의 경계는 흐려진다는 것이다. 그는 인간과 대상을 각각 주체와 객체라고 부르는 것을 피하기 위해서 '액터(actor, 행위자)'라는 말 대신에 '액탄트(actant)'라는 기호학의 용어를 빌려와서 사용하기도 한다. 행위자 네트워크는 실제로는 액탄트 네트워크이며, 이렇게 볼 때 액탄트는 우리가 사회라고 부르는 '인간-비인간의 집합체'를 구성하는 유일한 행위자이다.(Latour, 1999a, 199~201쪽)

라투어는 기술과 같은 비인간을 인간과 대칭적으로 다룸으로써 서양의 근대 사상의 핵심이 되는 여러 가지 인식론, 존재론적인 구분을 의미 없는 것으로 만들 수 있었다. 그는 더 나아가서 이를 통해서 현대 과학기술의 사회적 문제를 민주적으로 해결할 수 있는 방법을 찾을 수 있다고 주장했다. 현대 과학기술을 통해 사람들은 비인간 행위자들을 끊임없이 네트워크 속으로 포섭하며 이렇게 포섭된 비인간은 인간의 목적과 행위를 바꾸기 때문에, 이를 대칭적으로 다루는 대신에 지금 우리가 직면한 현대 사회의 문제를 '자연 보존'의 문제나 '과학'의 문제라고 고립화시켜서 생각할 경우에는 문제의 해결의 실마리를 잡을 수 없다는 것이 그의 생각이다.(Latour, 1998) 이렇게 볼 때 라투어의 이론체계 속에서 '기술'과 같은 비인간은 능동적인 행위와 목소리를 부여받았을 뿐만 아니라, 이런 행위 능력을 통해서 근대의 기획을 무력화하는 본질적 의미의 '탈근대적인' 행위자인 것이다.

라투어의 기술철학에 대한 비판들

인간과 비인간의 경계를 허물고 이 둘을 대칭적으로 다뤄야 한다는 주장은 라투어의 초기 연구에서부터 가장 최근의 연구까지를 관통하고 있다. 그만큼 그의 이러한 주장에 대한 비판도 오랫동안 꾸준히 제기되었다.

우선 가장 직접적인 비판은, 라투어가 기술이 자기 목소리를 내는 존재처럼 서술하고 있지만, 이러한 서술은 라투어라는 분석자가 기술에게 부여한 목소리에 불과하다는 것이다. 더 나아가서 비판자들은 라투어가 비인간 행위자에 목소리를 부여할 수 있었던 것은 그의 연구에서 엄격한 방법론이 결여되어 있었기 때문이었다고 주장하기도 한다.(Collins & Yearley, 1992) 이와 연관된 또 다른 비판은 라투어의 이러한 시도가 기술에게 인간의 목소리를 부여함으로써 실제로는 그가 부숴버리려고 했던 주체/객체의 구분을 더 강화한다는 것이다. 이는 그가 기술에게 부여한 특성이 다름 아닌 '인간다운' 특성, 즉 마치 인간처럼 행동하고, 반응하고, 실행하는 특성이기 때문이라는 것이다.(Khong, 2003) 이에 대해서 라투어는 자신과 같은 분석자는 과학기술자들을 따라다니면서 이들이 어떻게 비인간행위자들을 네트워크로 끌어들여서 더 강력한 네트워크를 구축하는 지를 그리는 사람에 다름 아니라고 반박한다. 즉, 기술에 목소리를 부여하는 것은 자신이 아니라, 기술과 특성을 교환한 인간 행위자라는 것이다.(Callon & Latour, 1992)

라투어의 프로그램은 인식론이 아니라 존재론에 국한된다는 것도 그에 대한 비판 중 하나이다. 다른 말로 하면, 라투어는 존재론의 대상인 자연과 인식론의 대상인 자연에 대한 지식을 구별하지 못했고, 따라서 자연에 대한 지식이 어떻게 사회적으로 구성되었는가라는 문제에 관심을 기울이는 데 실패했다는 것이다. 사회구성주의 방법론이 의미 있는 이유 중 하나는 과학이 발전할 수 있었던 여러 가지 가능성(소위 해석적 유연성)을 내보임으로써 전문 지식을 소유한 과학기술자의 인식론적인 권위를 문제시하는 데 유효하기 때문이다.(Bloor, 1999) 이에 대해서 라투어는 자신의 프로그램은 대상에 대한 지식을 초월하는 참된 대상이 존재한다는 형이상학적 가정 자체를 문제시하고, 이러한 가정에 근거한 근대적인 인식론/존재론의 경계를 허무는 것임을 주장한다. 특히 그는 과학기술자들이 자연에 대한 지식과 자연 그 자체를 구분하지 않고 연구를 수행하고 있음을 지적하면서, 이렇게 인식론/존재론의 구별을 폐기하는 것이 비인간을 네트워크에 포섭하는 전략이 될 수 있음을 강조하고 있다.(Latour, 1999b)

마지막으로 비인간에게 행위능력을 부여하는 것은 책임을 질 수 없는 비인간에게 책임을 부여하고, 역으로 책임을 져야 하는 인간에게 책임의 면죄부를 제공한다는 비판이 있다. 이에 대해서 라투어는 현대사회의 윤리의 문제는 비인간 행위자들이 인간에게 부과하는 강제성을 인식할 때에 효과적으로 다루어질 수 있음을 강조한다. 즉 인간에게만 윤리학의 '목적(end)'이 적용되고 대상에게는 '수단(means)'만이 부여되는 근대 윤리학의 골격은 윤리학과 기술이 혼합되는 상황에서는 더 이상 의미를 가질 수 없다는 것이다. 그는 기술에 윤리의 요소들이 각인되어 있음을 주장하면서, 기술과 마찬가지로 윤리학도 존재론의 영역으로 간주한다. 기술의 디자인이 인간에게 어떤 행위를 이끌어내는가를 아는 것은 인간에게 면죄부를 주는 것이 아니라, 기술과 같은 비인간과 함께 살아갈 수밖에 없는 현대 인간에게 가해지는 여러 가지 제한 요소들을 더 잘 이해하는 것이다.(Latour, 2002)

라투어의 관심은 실험실의 민속지학에서 파리의 실패한 지하철 프로젝트인 아라미스를 거쳐 아마존의 열대림에 이르기까지 광범위하다. 그의 업적의 중요성을 인정하는 사람들도 인간/비인간의 구별을 없애고 이 둘을 대칭적으로 생각하자는 라투어의 주장을 전적으로 받아들이지 못한다. 그렇지만 그의 주장을, 인간/기계의 경계가 허물어져서 사이보그들이 급속도로 번식한다는 공상과학적인 얘기로 오해해서는 안 된다. 인간/비인간의 경계 허물기를 통해서 그가 잘 보여주는 것은 인간과 인간사회가 기술 없이는 구성될 수도 없고 유지될 수도 없다는 사실이다. 사람은 사람들과의 관계(인간관계, 권력관계) 속에서만 살아가는 것이 아니라, 물건과, 기술과, 무생물 같은 비인간과도 관계를 맺으며 살아가며, 전자는 후자를 조건 지우고 후자는 전자를 조건 지운다. 우리가 더 민주적이고 더 바람직한 사회를 만들기 위해서는 기술의 기능과 역할에, 즉 '물건의 정치학(politics of things, dingpolitik)'에 훨씬 큰 관심을 기울여야 함은 분명하다.(Latour & Weibel, 2005)

라투어는 오래전에 마키아벨리를 원용하면서 '군주(the Prince)'가 큰 권력을 가지는 이유가 더 많은 비인간 행위자들을 동원하기 때문이라고 지적하면서, 현대사회에서 권력을 가지고 네트워크를 지배하는 군주를 '인민(people)'로 대체하는 것이 민주주의의 핵심 과제라고 역설했다.(Latour, 1988c) 필자는 이 점이 라투어의 기술철학이 우리에게 던지는 핵심 메시지라고 본다. 다만 이 과정이 어떻게 가능할 것인가에 대한 실천적 프로그램이 아직 구체적으로 나오지 않았다는 점에서 그의 기술철학은 미완일 따름이다.

홍성욱 1961년 생. 서울대학교 물리학과를 졸업하고, 동 대학원 과학사 및 과학철학 협동과정에서 과학사를 전공하여 석사와 박사학위를 받았다. 캐나다 토론토대학교 박사 후 과정을 거쳐, 같은 대학교 과학기술사철학과 조교수로 임용되었고, 2000년에 테뉴어를 받아 종신교수가 되었다. 2003년부터 서울대학교에서 학생들을 가르쳤으며, 현재 서울대학교 생명과학부 교수로 재직하면서 과학사 및 과학철학 협동 과정의 전공주임을 맡고 있다. 지은 책으로 『인간의 얼굴을 한 과학』 『과학은 얼마나』 『생산력과 문화로서의 과학기술』 『네트워크 혁명, 그 열림과 닫힘』 『파놉티콘, 정보사회 정보감옥』 『홍성욱의 과학 에세이』 『하이브리드 세상 읽기』 『잡종, 새로운 문화읽기』 등이 있다. 공저로는 『과학으로 생각한다』 『공학기술과 사회』 『지식의 통섭-학문의 경계를 넘다』 등이 있다.

제 2 부

첨단 기술을 둘러싼 철학적 쟁점들

첨단 공학 기술들에 공통적으로 나타나는 현상이 있다면, 그것은 해당 기술이 개발되고 발전하는 과정에서 인간·사회·자연에서의 다양한 요소들이 복합적으로 그리고 역동적으로 얽혀 작동한다는 점이다. 전문적인 과학기술 지식의 탐구, 새로운 산업의 육성과 경제발전, 생명의 존엄성에 대한 가치, 환경보호를 둘러싼 윤리적 문제들, 프라이버시 보호와 같은 법적 문제들, 위험 기술에 대한 사회적 통제와 관리, 과학자 사회 내부의 복잡한 의사결정구조, 일반 시민들의 관심 고조, 새로운 삶의 양식과 문화의 등장, 새로운 인간형의 등장 등 수많은 요소들이 문제의 기술에 상호 얽혀 있다고 할 수 있다. 그러한 의미에서 현대의 기술은 하나의 패러다임, 인간이 살아가는 삶의 한 양식, 인간-자연-사회를 엮는 복합 네트워크, 여러 요소들이 역동적으로 상호 교류하는 교역 공간으로 이해될 수 있다.

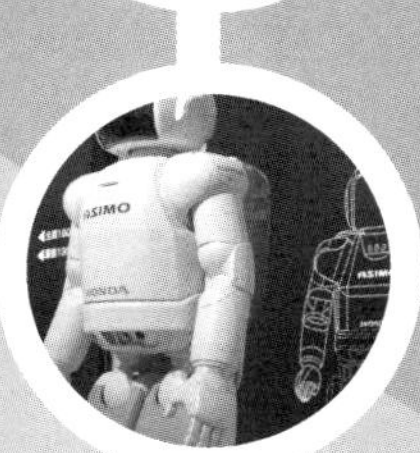

이지훈 | 한국해양대학교 강사

건축이여, 자연과 소통할지어다

건축 기술에서의 지속가능성 개념

건축이란 본질적으로 지속성(endurance)을 염두에 두는 활동이라고 할 수 있다. 특히 서양에서 고전건축은 유한한 개인의 삶에 대비되는 영속성과 불멸성의 표현물이라는 이념을 표현하기도 했다. 말하자면 한 개인의 특성과 더불어 그가 살던 시대를 대표하는 불멸의 기념비였으며, 나아가 공동체의 염원을 오래도록 간직하여 물려주는 표현 매체이기도 했던 것이다.

그렇다면 이러한 고전적 지속성 개념과 구별하여 오늘날 건축을 지속가능성(sustainability)과 관련해서 살펴보는 맥락은 어떻게 이해될 수 있을 것인가? 결론부터 말하자면 '주변 자연환경과 건축의 관계'라는 관점에서 성립한다고 할 수 있다. 이 관점은 20세기 후반부터 본격적으로 개념화되었다. 특히 유엔이 주관하는 '인간 주거회의(Conference on Human Settlement)'의 일환으로 1996년, 터키 이스탄불에서 열린 제2차 세계주거회의(UN Habitat II conference)가 한 정점을 이루었다고 할 수 있다. 이 회의에서 논의한 주제는 '지속가능한 건축', '환경 친화적 건축(environment friendly architecture)', '청정 건축(green architecture)'이라는 세 가지 용어로 요약된다. 여기서 알 수 있는 점은 앞선 1976년, 캐나다 밴쿠버에서 열린 제1차 세계주거회의가 천명한 '주거의 기본권 보장' 의제가 한층 확대되었다는 사실이다. 즉, 주거의 기본권 논의가 단지 한 건축물이나 주거인의 관점을 넘어 그들을 포함한 환경 전체를 고려하는 관점으로 진행되었다는 것이다.

이 회의에서 논의한 지속가능성 개념은 기본적으로 천연자원이나 에너지와 같은 지구 자원의 '유한함'에 대한 인식을 바탕으로 하는 것이다. 그러므로 단지 고전적인 지속성 개념처럼 한 건축물이 오랫동안 동일한 구조를 유지할 수 있는가를 고려하는 차원에서 머물지 않는다. 오히려 그 건축물을 짓고 유지한다는 면에서 주변 환경이 파괴되거나 고갈되지 않고 여전히 조화롭게 유지될 수 있는 가능성을 고려하는 것에 초점을 맞추고 있다. 다시 말해 건축 기술의 지속가능성 개념에서는 문자 그대로 오래가는 건축물을 구축하는 문제보다는 그것을 구축하고 유지하는 과정에서 에너지를 덜 쓰는 것이 중요하다. 나아가 환경에 해를 끼치는 여부, 심지어 자연 생태계 속으로의 '재활용(recycle)' 가능성 여부가 중요하다고 할 수 있다.

이러한 문제의식은 당연히 건축 행위라는 것이 내포하는 시간과 공간 축을 모두 확대하여 규정하도록 만든다. 이때 공간 축의 확대란 한 건축물을 지을 때 환경과 분리된 범위에서 고려하는 것이 아니라 주변 환경 전체를 고려하는 범위로 관점을 확대하는 것을 의미한다. 시간 축의 확대란 건축 행위를 좀 더 긴 시간이 개입하는 과정으로 규정한다는 것을 뜻한다. 다시 말해 건축 행위를 규정할 때, 건축물을 한 번 지어놓으면 완결되는 일회적 행위가 아니라 건축물이 유지 · 관리되고 마침내 철거되는 시점까지를 고려하는 장기적 행위 개념으로 확대한다는 의미인 것이다.

이 지속가능성이라는 관점에서 볼 때 이른바 근대건축 기술은 많은 문제점을 안고 있는 것으로 보인다. 심지어 지속가능성에 반대되는 반(反)지속가능성의 경향이 있다고 해도 좋을 것이다. 이 논문에서는 근대건축의 반(反)지속가능성이 기본적으로 근대건축 기술의 존재론 자체에 함축되어 있다고 판단한다. 그러므로 이 논문은 먼저 근대건축 기술이 내포한 존재론적 발상의 문제점을 먼저 철학적인 관점에서 되짚어본 다음, 오늘날 지속가능성이라는 관점 속에서 새롭게 변화해가는 건축 기술의 존재론을 살펴보기로 하겠다.

근대건축 기술의 몇 가지 전제들

대체로 건축을 포함해서 디자인 일반은 일종의 '문제 해결'이라는 성격을 내포한다고 할 수 있다. 말하자면 특정한 건축 양식과 디자인이란 실제로 현실과 무관하게 만들어지는 자의적인 발명품이 아니라 어떤 구체적인 문제가 주어졌을 때 그것을 가장 효과적으로 해결하는 방법의 산물이라고 할 수 있다. 물론 여기서 심미적 요소도 빼놓을 수 없다. 하지만 후자는 기본적으로 현실적 현안을 해결한다는 것보다 상위의 기준으로 설정되지는 않는다. 그러므로 건축 및 디자인이라는 것은 실용적 기준과 더불어 심미적 기준을 만족시키는 일종의 복합적 문제 해결방법으로써 제시된다고 할 수 있다.

이렇게 볼 때 근대건축에 주어진 문제는 크게 보아 산업혁명 이후에 급격하게 일어나는 도시화 과정이 일으키는 문제들이었다고 할 수 있다. 이를테면 폭발적인 인구증가에 따른 주택난에 대처하고 도시에서 발생하는 무질서를 극복하기 위해 도시와 건축물의 기능을 합리적으로 조직하는 것이 주요 현안이었다고 할 수 있다. 여기서 건축은 당시에 발전된 산업 기술과 결합했다. 그리하여 근대건축은 대량생산된 재료와 건설 기술을 통해 매우 기능적이고 경제적인 설계를 기획했고, 이 과정에서 기계적 대량생산 체제가 요구하는 부품의 표준화, 규격, 기본치수의 반복을 통한 동일화 같은 요소들이 건축 속에 들어오게 된다. 이것은 일반적으로 엄격한 지대설정(zoning)과 기능적인 도로 체계, 그리고 획일적이고 정형화된 건물들, 즉 반듯한 기하학적 형태와 선형성(linearity) 및 직각 체계의 선호 등으로 나타났다. 그런데 이러한 근대건축의 기획은 몇 가지 전제들을 공유하며, 또한 그것들은 상호 밀접하게 연결되어 있는 것으로 보인다. 대표적으로 다섯 가지를 골라, 간단하게 도식화해보면 다음과 같다.

첫째, 동일화(identification)에 대한 전제이다. 이것은 다양한 차이를 한 가지 동일성으로 환원시키려는 발상을 가리킨다. 데카르트와 칸트 이후에 정립된 근대철학에서 전형적으로 드러나는 '주체(subject)' 개념과 상통한다고 볼 수 있다. 여기서 주체란 절대적인 인식의 주체이다. 또한 이것이 만들어내는 동일성이란 곧 세계를 자신 앞에 세우며, 자신의 주관 속으로 세계의 다양한 차이를 동일한 범주들로 환원하여 인식하는 방식과 연관되는 것이라고 할 수 있다. 건축 조형에 있어서 이 동일화 방식은 흔히 격자(grid)와 기하학적 패턴으로 반복되는 공간을 통해 표현된다. 한마디로 '결정된 공간'의 생산이다. 이것은 사실상 건축물의 영원함, 고정성을 함축하는 시공간적 전제라고 말할 수 있다. 그러나 이 전제는 어디까지나 인간이라는 주체를 주변 환경에 대해 독립 · 분리된 실체로 설정하고 있다. 그 결과 인간과 환경이 맺는 다양한 관계를 배제한다는 한계를 지니고 있다. 나아가 근대사회 이후에 제기되는 다원성의 존재론을 포괄하지 못한다는 문제를 드러냈다.

둘째, 해결 가능성에 대한 전제이다. 이것은 건축 기획이 일종의 '주어진 문제'를 해결하는 것에 있다고 믿는 동시에 모든 문제가 몇 가지 한정된 방식 속에서 통제, 해결될 수 있다고 믿는 전제를 가리킨다. 기본적으로 건축 및 디자인 일반이 문제 해결이라는 계기를 포함한다는 측면이 극단적으로 강조된 것이라고 할 수 있다. 한편으로 이 전제는 특히 기능적 문제 해결이라는 측면에 초점을 맞추고 있으므로 기능주의의 전제로도 작용한다. 다른 한편으로 인식론적 측면에서 볼 때 이 전제는 근대철학 혹은 근대과학 기술이 내포했던 인식론적 '결정론'과 깊은 연관이 있는 것으로 보인다. 이때 결정론이란 합리성 혹은 지성에 대한 무한한 신뢰에 바탕을 둔 관점으로 우연, 혼돈, 생성 등의 범주들을 과학기술 활동 내부에서 제거하고 세계를 오직 합리적 질서의 양상으로 이해하려던 관점을 가리킨다. 다시 말해 현실세계의 실상보다는 인간의 합리적 계획을 우위에 놓는 관점이라고 할 수도 있는데, 이런 점에서 인식론적 결정론은 인간중심주의라고 부를 수도 있을 것이다. 근대 건축가들은 이런 관점을 통해 새롭게 팽창하는 도시에 합리적인 질서를 부여하려고 했다.

하지만 이 해결 가능성 전제에 따른 도시공간의 효율적 계획 및 활용이 근대도시의 건설에 있어 많은 성과를 거두었음도 불구하고 이 전제가 포함하는 인간중심주의나 합리적 계획의 관점, 나아가 세계를 합리적 질서의 양상으로 파악하는 관점 등은 오늘날 많은 문제점을 드러내고 있다. 특히 도시생활에서 분출되는 다양한 욕구들을 담아내지 못하는 동시에 주변 환경의 지속적인 변화에 대해 유동적으로 대처해내지 못한다는 문제점을 보여주었다.

셋째, 건축물을 '독립 오브제(objet)'로 여기는 전제이다. 이 표현은 건축가 콜린 로우C. Rowe가 『콜라주 시티*Collage City*』라는 저서에서 쓴 것이다. 그것은 근대도시 이론의 문제점을 지적할 때 쓴 표현으로써, 각 건축물을 주변 환경과 분리된 대상으로 보며, 이렇게 각각 분리된 건축물의 배치에 의해 도시가 구성된다고 보는 발상을 가리킨다. 이러한 발상은 역시 근대철학의 주체 개념에 연결되는 동시에 철학자 화이트헤드가 '단순정위(simple location)'라고 이름 붙인 개념과 상통하는 듯하다. 말하자면 건축물을 하나의 '닫힌 체계'로 보며 타자(환경)를

콜린 로우는 『Collage City』에서 건축물을 주변 환경과 분리된 대상으로 본다.

스위스의 화가이자, 건축가, 도시계획자인 르코르뷔지에는 "건축물은 인간이 사는 주거 기계"라며 상징이 아니라 건축물의 기능을 강조했다.

배제하는 '실체'로 여기는 것이다. 이에 따라 근대사회의 건축 기획은 공공성보다는 개별 건축에 초점을 맞춘 경향이 있었다. 전통도시의 여러 공공 공간들, 가령 소로(小路), 광장, 전이 공간(transitional space) 등은 모두 건물 내부로 옮겨진 반면, 그 외부 공간은 건물 내부와 단절된 채로 방치되었다고 할 수 있다.

이러한 경향은 근대적 공간 개념 자체와 연결되어 있는 것으로 보인다. 후자는 이른바 '추상'적 공간 혹은 '수학'적 공간 개념이라고 부르는 것이다. 뒤에서 다루겠지만 이 개념은 마치 데카르트 좌표에서처럼 좌표계 내부의 각 점들이 서로 대등하며 등질적(homogeneous)이라고 보는 관점이며, 이렇게 질적 특수성이 사상된 '점'들이 모여 '무한등질' 공간을 이룬다고 여기는 관점이다. 그러므로 독립 오브제라는 발상은 이렇게 추상-등질적인 공간을 전제할 때 나온다고 볼 수 있다. 왜냐하면 주변 환경에 독립적이고 무관한 건축물을 세우겠다는 발상은 기본적으로 '아무 곳'에서나 아무 건축물을 지어도 무방하다는 발상이라고 할 수 있는데, 그것은 오직 공간의 모든 지점이 등질적이라고 여기는 관점이라고 할 수 있기 때문이다.

넷째, 기능중심주의에 대한 전제이다. 흔히 모더니즘 건축을 통틀어 기능주의(functionalism)라고 부를 정도로 근대건축에서는 건축물의 기능을 강조했다. '기능이 형태를 결정'한다는 루이스 설리번L. Sullivan의 격률이나 '건축물은 하나의 주거 기계'라고 선언했던 초기 순수파 시기의 르코르

르코르뷔지에의 후기 걸작 중 하나인 롱샹 교회는 거대한 조각품 같은 외관과 신비롭고 시적인 내부 공간으로 인해 21세기 대표 건축으로 꼽힌다.

뷔지에Le Corbusier의 개념 등은 모두 이런 관점을 대표한다고 할 수 있다. 이러한 경향은 특히 고전건축에서 매우 중요하게 여겨지던 상징성이나 의미 표현과 같은 '주관'적인 요소를 모두 부차적인 요소들로 만들어버리는 결과로 나타났다고 할 수 있다. 나아가 오늘날 지속가능성이라는 관점에서 볼 때 근대적 기능주의는 대개 한 건축물에 고정된 기능을 부여함으로써, 주변 환경의 역동적인 변화에 대처해나가지 못하는 동시에 한 건축물의 재활용 내지 장기적 활용을 마련해주지 못한다는 문제점을 드러내었다.

다섯째, 중심 위계에 대한 전제이다. 무엇보다 '지대설정(zoning)'으로 표현되는데, 이것은 '위계적인 구성'의 관점으로 이해할 수 있다. 여기서 위계적 구성이란 도시 구성요소들의 수직 결합을 가리킨다. 말하자면 한 요소를 놓고 그것을 중심으로 나머지 요소들을 배열하는 것이다. 이러한 배열은 결국 도시를 여러 '기능'들로 규정한 다음, 이들을 각각 분리시켜 배치한 방식이라고 할 수 있다. 이런 지대설정은 가령 공장과 주거지가 뒤섞여 심각한 환경 문제를 일으켰던 20세기 전반부까지는 대체로 순기능을 해주었다고 할 수 있을 것이다. 하지만 이러한 도시 계획은 전통적인 공동체를 파괴하고 고유한 '장소'의 의미를 파괴했을 뿐만 아니라, 각 영역들의 상호 소통을 오히려 막아버리는 결과를 낳기도 했다. 이것은 앞서 말한 기능중심주의와 마찬가지로 도시의 구성을 '계획자', '창조자'의 관점에서 접근한 결과라고 할 수 있다. 따라서 오늘날 도시 속에서 실제로 살아가는 주거인의 관점에서 요구되는 여러 가지 정서적이고 의미론적인 요소들을 포괄해낼 수 없다는 한계가 있다. 한편 지속가능성의 건축 기술이라는 관점에서 볼 때는 특히 에너지의 효율성이 떨어지며 낭비를 조장한다는 점을 지적할 수도 있다. 가령 업무 공간의 냉난방이 주거 공간과 철저히 분리됨으로써 에너지 낭비를 일으킬 수 있다.

이상 다섯 가지 전제를 대표로 골라보았다. 물론 이 전제들이 오직 근대시기만을 특징짓는 항목들은 아닐 것이다. 가령 건축가 베르나르 취미B. Tschumi는 지난 3000년 동안 '건축 이데올로기'는 '안정성 · 실재성 · 확고함' 등을 건축의 특징으로 여겨졌고, 사람들은 건축을 '안정화 · 제도화 · 영속화의 수단'으로 채택해왔다고 말한다.(Tschumi, 1996) 그리고 취미가 말하는 이 범주들은 앞에서 근대건축의 존재론적 특징으로 제시한 동일성, 해결 가능성, 독립 오브제, 기능중심주의, 중심위계에 대한 전제 등과 분명히 상통하는 것들이다.

그럼에도, 우리는 특히 산업화시기에 발전한 근대건축에서 이 다섯 전제들이 좀 더 강조되었다고 볼 수 있으리라 믿는다. 가령 동일성, 독립 오브제 등은 비교적 보편성을 띠는 존재론적 전제라고 할 수 있는 반면 해결 가능성, 기능중심주의, 중심위계에 대한 전제 등은 근대과학 기술의 인식론과 세계 대응방식과 깊이 연관되어 있는 것으로 보인다. 특히 중심 위계에 대한 전제는 전통도시의 경우와 확연히 구분되는 것으로 도시조경 계획 자체가 좀 더 과학기술의 양상과 근접해가는 경향을 보여주는 사례라고 할 수 있을 것이다.

근대건축 이념에 대한 포스트모더니즘의 비판 : 시공간 개념

포스트모더니즘 철학을 대표하는 이론가들은 먼저 동일성(동일화) 개념의 비판을 출발점으로 삼는다.◆ 그리하여 차이, 다양성, 비정형성을 옹호한다. 그들은 동일성 개념을 영원성, 고정성을 함축하는 '폭력'적인 전제라고 보았다고 할 수 있는데, 이에 따라 동일성을 시공간 개념 차원에서 재해석하는 과정을 통해 급진적으로 해체하려 했다.

공간 개념의 재해석 먼저 공간 개념부터 살펴보자면 미셸 푸코[M. Foucault]의 작업을 들 수 있다(Foucault, 1966). 그에 따르면 서양에서 공간 개념은 몇 단계의 거대한 변화를 거쳤다. 먼저 중세까지는 '국지화된 공간'으로서 대개 '장소'의 위계와 대조, 섞임이 나타난다. 여기서는 성(聖)과 속(俗), 성벽 내부의 도시와 외부의 자연, 천상과 지상 등의 이분법적 위계와 대비가 특징이다. 그런데 과학혁명을 거치며 '연장(extension)의 공간'이 나타난다. 다시 말해 이 공간은 데카르트 좌표계가 보여주듯이 균일하고 등질적이며 무한한 공간이다. 이때 '연장', '중성', '추상'적인 공간(space)에 대비되는 것으로 고유함, 의미, 차이를 가진 개별공간을 장소(place)라고 부른다면, 여기서 각기 고유한 '장소'들은 중립(중성)적인 공간 속으로 통합되어 버린다. 이 개념이야말로 근대의 기획이 바탕으로 삼는 존재론적 근거라고 볼 수 있다. 하지만 푸코에 따르면 이런 공간은 실제로는 존재하지 않

◆ 이 글은 포스트모더니즘(postmodernism), 포스트구조주의(poststructuralism), 해체주의(deconstructionism) 등을 모두 하나로 묶어 언급하려 한다.

대표적인 해체주의자 자크 데리다는 '정형성', '폐쇄성'을 특징으로 하는 근대건축이 허구적인 합리성에 근거했다며, 건축에서의 '비정형성', '이질성' 등을 강조한다.

는 근대인이 만들어낸 '허구'이다. 사실 인간은 동질적인 빈 공간에서 사는 것이 아니라 이질적인 '배열의 공간' 속에서 살고 있다는 것이다.

이런 관점 자체는 단지 포스트모더니즘의 지지 여부를 떠나, 오늘날 많은 건축가들이 공감하는 것으로 보인다. 일찍이 하이데거에 깊은 영향을 받은 '실존 건축' 이론(크리스티안 슐츠, 1997)이나 근대도시의 '장소성(placeness) 상실' 비판(에드워드 렐프, 2005) 등을 비롯하여 고유한 '장소'의 중요함을 강조하고 이질적이고 다양한 장소의 의미를 되살리려는 경향은 현대건축 이론의 중요한 바탕을 이룬다고 할 수 있다.

한편 근대적 공간의 특징으로 여겨진 '정형성', '폐쇄성' 또한 많은 비판을 받았다. 특히 데리다J. Derrida와 '해체주의' 건축이론가들이 앞장섰다고 할 수 있다. 이들은 근대 이전을 포함한 시대를 한꺼번에 묶어 비판했는데, 여기서 비판의 초점은 '유클리드' 기하학의 존재론이다. 데리다는 일찍이 현상학자 후설E. Husserl이 쓴 '기하학의 기원'을 비판적으로 해석하면서 이 논의를 시작했는데 여기서 데리다는 유클리드 기하학이 서구사회에서 일종의 보편적이고 초월적인 합리성의 근거로 작용해왔다고 보았으며,

렘 콜하스와 올레 스히렌이 설계한 중국 베이징의 CCTV 타워. '현대판 피사의 사탑'이라 불리는 이 건물은 비스듬히 뒤틀리며 솟아오른 두 개의 탑이 최상단에서 서로 연결되는 구조를 띠고 있다.

이 '허구'적 합리성을 해체하는 기초 작업으로 유클리드 기하학의 존재론적 근거를 비판했다.(Derrida, 1962) 이에 따르면 유클리드 기하학은 비록 자연적이라는 외양을 띠고 있음에도 불구하고, 실제로는 철저히 문화적인 산물로서 '만들어진 기하학'이라는 추론이 가능하다. 그리하여 해체주의자들은 유클리드 기하학에 바탕을 둔 선형적이고 연속적인 시공간, 나아가 시공간을 고정된 실체로 가정하는 모든 발상을 허구적 합리주의 혹은 인간 중심주의라고 비판한다.

반면 해체주의자들은 공간 구성이 어떤 고정된 바탕이나 전제에서 출발하는 것이 아니라 그 공간 속에서 벌어질 '사건'을 중심으로 구성되어야 한다고 주장했다. 그들은 이렇게 사건 중심으로 구성되는 공간 개념을 가리켜 '위상기하학'적 공간이라고 불렀다. '콜라주 형식', '상호 중첩되는 이질적 공간', '흔적과 사건이 새겨진 공간' 등의 용어로 표현되는 이 공간은 해체주의적 건축이론에서 핵심 용어로 자리 잡게 되었다. 이에 따라 해체주의 경향의 건축가들은 비정형적인 각도나 곡선으로 된 벽면 혹은 기둥들이 연속적으로 중첩되며 나타나는 건축물을 설계하기도 했다.

이와 관련해서 주목할 것은 지대(zone) 개념의 해체를 위한 시도들이다. 가령 렘 콜하스R. Koolhaas는 건물의 연결이나 도시계획에 있어서도 명료한 지대 대신에 각종 기능을 담은 밴드(band)들의 상호 중첩을 시도했고, 페터 아이젠만P. Eisenman 등은 '흐릿한 지대설정'이라는 이름 아래 새로운 가능성을 보여주었다. 이러한 지대 개념의 해체는 단순히 미학 혹은 철학 차원에서의 근대성 비판을 넘어 실질적인 시민들의 생활 차원에서 구체적인 대안을 보여주는 시도였다고 해석해볼 수 있을 것이다.

이렇게 정형적인 공간에서 벗어나 사건과 생성을 도입하려는 시도들은 방금 언급한 것과 같은 좁은 뜻에서의 해체주의와는 조금 다른 경향에 속하는 이론들을 통해서도 이어졌다. 이 시도들을 '소통' 개념을 통해 이해할 수도 있을 것이다. 특히 정태적인 '위계 공간'을 반대하고 '네트워크' 공간을 옹호하는 경향을 예로 들 수 있다. 이것은 바로 앞에서 언급한 지대 개념의 해체와 직결되는 동시에 전형적 위계 구조의 해체를 지향하는 개념이라고 할 수 있다.

크리스토퍼 알렉산더의 『A Pattern Language』.

대표적인 사례를 들자면 크리스토퍼 알렉산더C. Alexander가 제시한 '패턴 언어(pattern language)'를 들 수 있다. 이것은 근대적 공간을 대표하는 나무(tree) 모양 위계공간보다는 '반격자형(semilattice)' 연결공간을 통해 도시 구성의 '소통'을 시도한 것이다. 이때 패턴 언어란 패턴 간의 상호 연결을 지향한다고 할 수 있다. (Alexander, 1977) 한편 또 하나의 사례를 들자면 렘 콜하스의 '척도 없는 네트워크

(scale-free network)'를 들 수 있다. 이때 '척도가 없다'는 표현은 '링크' 수가 불규칙하다는 의미이다. 다시 말해 하나의 네트워크가 어떤 형태로 생성할 수 있을지를 미리 확정하지 않겠다는 지향성을 강조하는 개념이다. 이것은 알렉산더의 개념보다 한 걸음 더 나아간 것으로 앞서 언급한 근대 건축 기술의 존재론적 전제 가운데 특히 '결정론'과 연관한 '해결 가능성의 전제'와 연관하여 생각해볼 수 있는 개념이라고 할 수 있다.(Koolhaas, 1995) 이상 콜하스, 알렉산더 등이 제시한 네트워크와 소통 개념은 인간의 움직임, 만남, 교통 통신 등을 폭넓게 포함한다. 그러므로 '사건' 개념을 함축한다.

시간 개념의 재해석 그런데 '사건'은 공간과 더불어 시간의 측면을 포함한다. 물론 사건은 공간에서 보자면 추상 정형적인 공간이 아니라 장소와 연결되어 있다. 이를테면 사건의 발생을 가리키는 언어들(가령 영어로는 'take place')이 특정한 장소(place)와 분리될 수 없다는 인식은 이미 전통 사회에서도 널리 퍼져 있었다. 그런데 사건에는 시간적 측면이 있다. 가령 '우연', '혼란', '생성' 그리고 '비예측성' 등과 밀접하게 연결되어 있다. 근대건축이 대체로 '예측가능'한 규칙성, 즉 질서정연한 정형성과 기하학적 형태 및 비례 대칭 같은 형태들을 보여주었다고 할 때 이 형태들은 이제 시간 개념의 차원에서도 마찬가지 비판을 받게 된다.

그 비판을 대표적으로 보여주는 것은 '프로그램' 개념 자체에 대한 비판이다. 이것은 앞서 언급한 근대건축의 전제들 가운데 건축물의 시공간적 영원함, 고정성을 함축하는 '동일성' 전제와 '해결 가능성'에 대한 전제를 비판하는 것으로 볼 수 있다.

근대 건축가들은 도시와 건축에 새로운 질서를 부여하려 했는데 이

이탈리아 베로나의 카스텔베키오 박물관에 설치된 페터 아이젠만의 '잃어버린 발자국의 정원 Il giardino dei passi perduti'

것은 미리(pro-) 확정된 밑그림(gram)을 강요하는 방식으로 진행되었다. 해체주의는 이런 식의 결정론적 '프로그램' 개념에 반대한다. 그래서 그 결정론적 틀을 해체하려 하는데 이것을 진행하는 방식은 근대적인 틀을 완전히 새로운 무엇으로 대체하는 것이 아니라, 이미 근대건축의 틀에 따라 질서 지워진 기존의 도시 구조 속에 개입하여 그 맥락을 해체하는 방식이다. 이때 그들은 단일한 관점으로 고정된 '유토피아'의 시간성을 받아들이는 대신, 푸코가 제안한 '헤테로피아(heteropia)', 즉 '다른 곳의 시간' 혹은 '혼성 시간' 개념(Foucault, 1966)을 받아들인다. 즉 과거, 현재, 미래의 일방적인 전개만을 인정하는 선형적인 시간관과 진보주의를 무너뜨리려 한 것이다.

건축 영역에서 이러한 생각이 구체적으로 표현된 사례를 들자면 특히 시선과 관련된 주제를 들 수 있다. 이것은 말하자면 유일한 시각을 강요하여 그에 따른 유일한 입면을 인지하도록 강요하는 건축에 반대하는 시도라고 할 수 있다. 그에 따라 시도된 건축은 단일한 하나의 건축물을 표현할 때에도 그것이 하나의 '정지된 표면'으로 인지되는 것이 아니라 동선(動線)

의 흐름에 따른 다양한 시점을 인지할 수 있도록 노력했다. 이러한 시도는 좀 더 거시적인 역사철학으로서의 시각 문제로 발전하였다. 그것은 도시 건축물의 기획이 가진 단일한 역사의식을 해체하는 방식으로 나타났는데 그리하여 이른바 '비동시적인 것의 동시성'을 시도했다는 평가를 받았다.

한편 들뢰즈G. Deleuze의 영향을 받은 페터 아이젠만 'UN 스튜디오' 같은 건축가들은 단순히 해체를 넘어 적극적으로 프로그램 개념에 대한 대안을 제시하려 했다. 그들은 특히 '다이어그램(diagram)' 개념에 상응하는 시간 개념을 내세우는 경향이 있다. 들뢰즈가 언급한 다이어그램이란 가령 '버블 다이어그램'처럼 실제 건축가들이 사용하는 도면이 아니라 일종의 유동적인 작업 '개념'이라고 할 수 있다. 간단히 말해 프로그램의 완결성과 대비되는 것으로 좀 더 불확정적이며 사건과 생성에 개방적인 계획을 가리킨다. 이를테면 프로그램이 미리 확정된 밑그림이라면, 다이어그램은 오히려 시간과 더불어 움직이는 밑그림이며 유동적으로 바뀌어갈 여지가 있다. 이것은 통제 불가능함, 불확정성, 비예측성, 우연, 혼란을 인정하며 그 모든 것에 열려 있는 개방성을 포괄한다.

현대건축과 지속가능성

그러면 이러한 현대 건축이론들은 지속가능성이라는 문제의식에서 볼 때 어떻게 평가할 수 있는가? 결론부터 말하자면 지속가능성 개념과 공유하는 점이 많은 동시에 분명히 한계가 있다는 것이다. 근본적으로 포스트모더니즘에는 '자연' 개념이 부족하며 '지속가능성'의 문제의식이 결여된 것으로 볼 수 있기 때문이다. 먼저 공유하는 점들부터 생각해보자.

개방성, 변경 가능성 무엇보다 '개방성'을 들 수 있을 것으로 보인다. 좀은 뜻에서 지속가능성 개념에는 "사회적 부에 천연자본을 포함하자" (Rogers, 1998)는 발상이 핵심이라고 할 수 있다. 요컨대 자원의 효율적 사용이 중요하다. 이 문제를 놓고 우리는 처음에 말한 동일화, 해결 가능성, 독립 오브제, 기능중심주의와 같은 근대건축의 전제들과 대조적인 관점에서 생각해볼 수 있다. 이 근대적 전제들은 건축 행위를 하나의 특정한 필요성에 대응하는 일회적 해결행위로서 완결된다는 시점을 고려한다. 따라서 존재론의 측면에서 닫힌 양상을 보여준다고 할 수 있다. 반면, 지속가능성 개념은 좀 더 장기적인 순환성과 재활용을 고려한다. 그러므로 존재론의 측면에서 유동적이며 개방적인 양상을 고려한다고 할 수 있다.

그런데 현실적 기능의 한정성과 장기적 기간의 유동성이라는 두 가지 항목은 분명히 서로 대립하는 측면이 있다. 그렇다면 실제 건축물을 짓는 데 있어 두 가지 항목이 일으키는 역설을 어떻게 해결할 수 있을까? 대표적인 사례로 우리는 '변경(적응)하기 쉬운 건축물'이라는 개념을 생각해볼 수 있다. 가령 지금은 사무실로 쓰다가 10년이 지나면 학교로, 다시 10년 뒤에는 박물관으로 쓸 수 있게 집을 짓는다면, 이런 설계는 문자 그대로 지속가능성에 걸맞다. 오래 쓸 수 있기 때문이다. (이 문제는 일차적으로 구조와 기능 차원에서 고찰해볼 수도 있을 것이다. 즉, 재료 자체를 오래 쓰는 것도 지속가능성의 주제가 될 수 있을 것이지만, 지금은 재료 자체보다는 그 재료들이 구성하는 건축물의 변화 가능성을 고려했다.) 이때 건축물의 '변경 가능성'은 또한 적응 가능성이며 지속가능성의 원칙에 부합한다고 볼 수 있다.

그런데 여기서 변경(적응) 가능성은 시간은 물론 공간적 개방과 분리되지 않는다. 왜냐하면 덧대고 증축한다는 것은 바로 공간의 변화이기 때문이다. 또한 이것을 기능적 개방이라 해도 좋을 것이다. 한 건축물이 단일한 기능으로 제한되지 않고 여러 가지 기능을 보이며 적응해나가기 때문이다. 따라서 시간과 공간 기능의 개방성은 서로 연결된다. 그런 동시에 포스트모더니즘의 '진행(in-process)' 개념, 특히 들뢰즈의 다이어그램 개념이 제시하는 사건 개방성 개념에 통한다 해도 좋을 것이다.

몇 가지 사례를 들어보자. 가령 2000년에 제시되었던 렘 콜하스의 '나무도시' 계획을 생각해볼 수 있다. 이 계획은 원래 공군기지로 사용되던 부지를 무려 15년에 걸쳐 공원화하는 계획으로, 토양개선에 5년, 1천 개가 넘는 오솔길 네트워크 조성에 5년, 다시 숲, 운동장, 초지 조성에 5년을 쏟되 그 세세한 내용을 확정하지 않았다. 예측할 수 없는 방식으로 바뀌는 생태계를 위해 '빈 터'를 느슨하게 남겨두는 '열린 설계'이다. 이 계획을 채택한 심사평이 인상적이다. 설계란 "시간 흐름에 따른 변화와 성장에 대해 열린 채로 대상지를 변형"하려는 시도이며, 이런 관점에서 나무도시를 채택한다는 것이다. 또한 그 다음해인 2001년에 나온 '필드 오퍼레이션' 팀의 '프레시킬스' 공원 계획을 생각해볼 수 있다. 이 계획은 원래 뉴욕 근교에 있는 세계 최대의 쓰레기 매립지를 20년에 걸쳐 공원화하는 계획이다. 여기에도 기본 발상은 "명확하지 않는 계획"이 오히려 "불확정한 미래의 변화에 가장 잘 대처"한다는 것이다. 그래서 일부러 건물 조경의 형태와 의미를 완결되지 않게 놓아두었다.

한편 아드리안 허즈A. Geuze의 공원 계획은 비록 이런 식의 장기적 조경 계획은 아니지만 근본적으로 시간의 흐름에 따른 변화와 생성을 받아들이는 계획을 세웠다는 점에서 비슷한 맥락으로 이해할 수 있다. 그는 '늪지공원'의 테두리를 쇠줄로 연결된 쇠기둥으로 두르고서는 거기에 자라는 이끼를 일부러 내버려두었다. 이것은 자연의 변화를 그대로 건축물의 일부로 받아들인 행위라고 할 수 있다. 그렇게 함으로써 문자 그대로 미래의 변화에 대해 열려 있는 '자연스런' 건축의 생성을 마련한 것이다.

'열린 설계'를 보여주는 미국 뉴욕의 프레시킬스 공원.

이러한 최근의 시도들은 고전건축의 이념들에 비교해 볼 때 심대한 존재론적 차이를 보여준다. 기본적으로 고전건축은 '정태적인 형태'에 집착하며 시공간에 고정된 의미를 주었다고 할 수 있다. 반면, 최근의 시도들은 변화하는 진화와 과정 자체를 수용한다. 이로부터 설계라는 작업의 의미도 크게 달라졌다고 할 수 있다. 말하자면 들뢰즈가 제시한 다이어그램 개념에 가까운 면이 있다.

또한 한 가지를 덧붙여 생각하자면 콜하스의 '나무도시' 계획이 포함하는 오솔길 네트워크의 연결 방식이다. 이 네트워크는 고전적인 '수형도' 방식의 연결이 아니라 들뢰즈가 말하는 근경(根莖, rhizome)적이다. 이것은 그가 1995년에 이미 개념화했던 '척도 없는 네트워크'를 응용한 경우로 볼 수 있는데, 미리 완결적으로 링크의 방식과 개수가 정해져 있지 않고 비교적 자유롭게 새로운 경로와 접속이 이루어지는 방식을 추구한다고 할 수 있다. 따라서 이것은 소통과 네트워크에 대한 비근대적 발상 혹은 탈(脫)근대적 발상이라고 볼 수 있다.

이 점에서 콜하스를 비롯한 최근의 시도들이 보여주는 디자인(계획) 개념은 또한 지속가능한 건축과 상통한다. 지속가능성 개념은 본질적으로 자연의 '순환성'을 고려하며 자연과 인공 환경 간의 공존을 추구한다. 그러므로 근대건축의 '독립 오브제'적인 발상이 빚어내는 정형적 구획 기술과 어긋나지 않을 수 없다. 이 점에서 독립 오브제와 구획 개념을 대신해 '도시의 여백'과 '전이 공간', '열린 구조' 등을 강조하는 포스트모더니즘의 발상은 어느 정도 순환성 개념에 근접한다고 볼 수 있다.

현대건축 기술의 존재론적 문제

그러나 포스트모더니즘 건축에는 지속가능성 개념에 거스르는 측면도 많다. 무엇보다 생태-환경적인 의미에서 고찰되는 지속가능성을 위해서는 좀 더 구체적으로 천연자원의 순환성에 대한 고민이 필요하다. 다시 말해 결과물의 후속처리, 누적물의 처리를 비롯해 자원 자체의 낭비를 줄이는 관점이 반드시 필요한 것이다. 하지만 앞에서 언급한 포스트모더니즘 건축에서는 이런 관점이 적다. 가령 다니엘 리베스킨트D. Libeskind가 지난 세기말에 설계한 베를린 '유대인 추모 박물관'을 생각해 보라. 창문들은 고전적 디자인과는 달리 이리저리 찢겨나간 형태를 하고 있다. 이 형태의 미학적인 의미 및 상징적 의미는 실로 대단한 가치를 지니고 있을 것이다. 하지만 이 설계는 필연적으로 자연광을 인공광으로 대체

다니엘 리베스킨트가 설계한 독일 베를린 '유대 추모 박물관'. 고전적 디자인과 달리 창문들이 이리저리 찢겨나간 형태를 띠고 있다.

하게 만들며 그 결과 에너지 사용을 대폭 늘릴 수밖에 없다.

이러한 측면은 비단 이 건축물에서만 나타나는 것이 아니라 포스트모더니즘 건축에서 일반적으로 나타나고 있다. 특히 컴퓨터 시뮬레이션에 의한 설계는 과거 인류가 상상할 수도 없었던 구조물들을 다양하게 만들어내고 있다. 그리고 이 창의적인 설계가 빚어내는 다소 부자연스런 형태들은 오늘날 현저히 발달한 구조공학과 재료공학의 뒷받침을 받음으로써 건설되고 있다. 그러나 이러한 상상력의 약진이 고려하지 않는 것은 바로 에너지 및 천연자원의 사용이다. 그 이론적 근원을 찾아보자면 특히 포스트모더니즘이 전제하는 극단적인 '탈(脫)기능주의' 자체에 잠재해 있는 듯하다. 좀 더 자세히 말해보자.

포스트모더니즘은 건축을 기능에 종속시키는 관점을 '인간중심주의'로 규정함으로써 건축의 '형태'를 기능으로부터 완전히 해방시키려 했다. 이것을 흔히 새로운 의미에서 '형식주의'라고 부르기도 한다. 그리고 후자는 건축물의 각 요소가 외적 기능이나 대상을 지칭하지 않고 오직 건축물 자체의 존재를 표현할 뿐이라는 의미에서 '자기 지칭(self-reference)'의 성격을 띤다고 말하기도 한다. 이런 관점은 크게 볼 때 1960년대 이후 의상 디자인을 신체보호 기능으로부터, 또한 요리를 단순한 영양공급 기능으로부터 벗어나게 함으로써 자율적인 예술 장르로 만들려고 했던 문명사적 흐름과 일치한다. 한편 이러한 흐름은 철학 영역에 있어 해체주의 및 포스트구조주의의 전반적 흐름에 상응한다. 특히 현대건축의 탈기능주의적 경향에 주목하자면 그것은 들뢰즈의 '기관 없는 신체' 개념에 상통하며, 더욱이 20세기 말 건축에서 유행했던 건물 입면(façade)의 해체 경향은 곧 들뢰즈가 베이컨F. Bacon의 회화에서 이끌어낸 '얼굴 없는 머리' 개념과 상통할 것으로 보인다.

물론 건축이라는 영역 내부에서만 볼 때 이 극단적인 '탈기능주의'에는 긍정적인 측면도 많을 듯하다. 가령 건물의 기능보다는 자유로운 형태를 위한 상상력을 북돋우며 건물 자체의 이미지와 외형을 지향하게 했다는 점, '건축을 위한 건축' 혹은 완벽하게 외부 요소에서 자유로운 '자율적 건축'이라는 이념을 빚어내었다는 점이 그것이다. 그리고 이러한 측면을 물질적으로 뒷받침해준 것이 자재공학을 비롯해 컴퓨터 시뮬레이션과 연관된 하이테크들이라고 할 때 현대건축은 여러 과학기술과 더불어 서로의 발전을 자극하며 함께 공진화했다는 점도 긍정적으로 평가해볼 수 있다.

그런데 지속가능성이라는 관점에서 볼 때 오늘날 포스트모던 건축과 과학기술의 이 결합에서 엿보이는 문제점은 특히 탈(脫)물질성 개념으로 요약될 수 있다. 가령 보드리야르, 비릴리오 등이 내세운 시뮬라시옹(simulation) 개념과 밀접하다. 이 탈물질성 개념은 자연의 물성 자체에 대한 고려를 증발시키며 자유로운 '환상'을 지향한다. 이런 지향성에는 지속가능성이라는 문제의식이 거의 담겨 있지 않은 듯하다. 궁극적으로 지속가능성 개념은 이 자율적인 건축을 위해 소모되는 자원과 에너지를 고려하기 때문이다. 따라서 우리는 포스트모더니즘 건축 기술이 함축한 존재론적 한계를 근본적으로 탈기능주의가 탈물질적 경향으로 이어지는 흐름 속에서 찾아볼 수 있는 것이다.

지속가능성을 위한 건축 기술의 전제들

기본적으로 건축은 인간의 생존을 위해 일종의 특수하고 고정된 공간을 만들려고 하는 인위적인 작업인 반면, 자연이라는 생태환경은 종합적이고 유동적인 시공간이다. 그래서 건축에는 어느 정도 자연에 맞서고 거스르면서 구축된다는 특징이 있다. 이런 측면에서 건축은 근대과학 기술과 유사한 존재론을 공유한다고 할 수 있다. 즉, 일정 정도 자연과의 단절을 전제로 한다. 그러나 오늘날 급속하게 파괴되고 있는 생태환경의 상황은 모든 영역에서 지속가능성을 고려하게 하는데, 이 문제에 관해서는 결코 건축 영역도 예외가 아니다. 또한 좁은 뜻에서 지속가능성은 천연자원의 유한함을 깨닫는 것에서 출발한다.

이렇게 볼 때 오늘날 포스트모더니즘 건축에는 이중적인 함축이 있다. 한편으로 '개방성', '변경가능성'에 관해서는 긍정적인 함축을 가진다. 이것은 서양 고전건축의 이념과 비교하면 여러 모로 다르다. 고전건축은 하나의 유기적이며 자기 완결적인 작품을 만들려고 했다. '유기적'이란 어느 것 하나도 더하거나 뺄 수 없을 만큼 '부분'들 하나하나의 의미가 확고하다는 뜻이며, 또한 '자기 완결적'이란 자기 주변의 어떤 것도 필요로 하지 않는 '독립 오브제'로 여긴다는 뜻이다. 그 경향은 대개 예측 가능한 규칙성으로 나타났으며 근대건축에서 한층 강화되었다고 할 수 있다.

포스트모더니즘은 이 이념을 근원적으로 비판한다. 현대 도시의 단조롭고 메마른 분위기를 무너뜨리고 엄격한 질서, 정형성을 해체하려 했다. 이런 경향은 지속가능성 개념에 상응하는 변경(적응)가능성 개념과 겹치게 된다. 다시 말해 용도 변경과 다원성을 생각하며 집을 짓다 보면 '고정되고 완벽한 형태'에서 멀어질 수밖에 없는데 이것은 근대건축 이념에서 벗어나며 포스트모더니즘과 가까워진다.

그럼에도, 지속가능성에 거스르는 측면이 있다. 포스트모더니즘에는 생태환경에 관한 전(全)지구적 인식이 부족하기 때문이다. 도식적으로 말해 포스트모더니즘이 외적 현실과 무관하며 자유로운 창조성에 바탕을 둔다면 지속가능성은 언제나 외부 자연의 현존을 전제한다.

한 가지 극단적인 예로써 포스트모더니즘에 따른 미래도시의 이미지를 생각해보자. 이것은 포스트모더니즘 건축가들 스스로에 의해 '쇼핑 공간'(렘 콜하스)이나 '공항'(오스발트 웅어스)으로 비유된다. 이때 공항의 성격을 생각해보라. 그것은 이동을 위해 성립하는 장소이다. 마찬가지로 도시는 '정거장', '우연한 만남'의 장소들로 용해된다. 이때 사람들이 오래 머무르는 장소는 사라진다. 즉, 대단히 이질적인 단편들이 서로 필요에 따라 모이고 흩어진다. 이런 개념 속에는 자연의 물성이 결여되어 있다. 도시의 형태, 자연과의 관계, 이웃과의 공공적 관계도 궁극적으로 부차적이다. 마치 공항이나 쇼핑 공간이 그렇듯이, 자연과 단절된 인공 환경으로서의 도시에서는 자연과의 직접 접촉이 크게 고려되지 않는다. 이것은 첨단 기술의 도움으로 철저하게 인공적으로 꾸며진 공간이다. 그런데 문제는 이 인공 환경을 유지시키는 첨단 기술 시스템의 작동에는 대량의 에너지가 들어간다는 사실이다. 무엇보다 엘리베이터, 에스컬레이터 같은 이동장치를 비롯해 환기 및 인공조명, 또한 초대형 냉난방 시설을 요구하기 때문이다.

따라서 지속가능성 개념은 포스트모더니즘과는 전혀 다른 관점에서 고전적 완결성의 이상에서 벗어나기를 요구하는 듯하다. 먼저 거시 차원을 생각해보자. 예컨대 위계에 따른 지대설정은 지속가능성의 관점에서 볼 때에도 적절하지 않는데 그것은 무엇보다 에너지의 관점에서 언급될 수 있다. 즉, 엄격한 지대 설정은 일단 에너지 효율이 떨어지는 설계구조이다. 리처드 로저스에 따르면 '이원적 도넛' 모델보다는 '다수의 복합체' 모델이 훨씬 유리하다.(Rogers, 1998) 즉, 한 도시의 사무실 지대가 중심부에 몰려 있고 주거지는 모두 교외에 분리되어 있을 때보다는 오히려 여러 구역 곳곳에 주거와 사무실 복합체가 구성될 때 에너지 소모는 훨씬 줄어들 것이다. 이동 수단에 쓰이는 에너지를 줄이며 냉난방 에너지의 효율을 높이기 때문이다. 이런 관점은 '복합성'에 대한 새로운 성찰을 요구한다고 생각된다. 이것은 미시 수준에서 한 건축물을 보아도 마찬가지이다. 고정불변이라는 시공간 이념에서 벗어나 변경가능성과 기능의 다원(복합)성을 고려할 때 자원 활용성이 훨씬 높아질 것이다.

그러므로 여기서는 '장소'의 의미가 또 다른 측면에서 부각되어야 하리라 믿는다. 사실 포스트모더니즘은 근대건축의 '추상 공간'을 비판하며 장소의 의미를 강조해왔지만 그 의미는 주로 '사건'과 '생성'의 존재론적 문제에 주목한 것이다. 이를테면 공항이나 쇼핑 공간의 이미지를 생각해보라. 하지만 이것은 고유한 의미에서의 장소, 즉 신체와 정서 차원을 포괄한 의미에서의 장소와는 거리가 있다. 반면 지속가능성에 부합하는 건축은 규모가 작지만 이용도가 높은 소형 디자인에 주목할 필요성이 높을 것인데, 이런 관점은 장소 개념을 전혀 다른 관점에서 다시 고찰하는 계기를 제공할 것이다. 이에 따라 소형 건축물, 혹은 장소들이 다원적으로 연결되는 방식 또한 다른 각도에서 부각되어야 할 것으로 보인다.

물론 현재 단계에서의 복합건축물은 여러 가지 문제점을 안고 있으며 특히 소통의 관점에서 볼 때 폐쇄적인 측면을 보여주고 있다. 따라서 앞으로 지속가능성이라는 기준에서 볼 때 소통의 측면은 장소로서의 (복합)건축물의 의미가 현재의 폐쇄성에서 벗어나게 하는 동시에 건물 외부에 '광장', '전이 공간', '샛길' 등의 공유(공공) 지대를 다양하게 마련하는 문제와 함께 더불어 고려되어야 할 것으로 예상된다.

지금까지 이 글에서 살펴본 내용들은 일차적으로 지속가능성을 위한 건축기술이 존재론의 측면에서 새롭고 다양한 시공간 개념을 갖추어야 한다는 과제를 부여한다. 이러한 시공간 개념은 포스트모더니즘의 이론적, 예술적 실현이 보여준 성과들 가운데 긍정적인 측면을 포용하되 그 존재론적 근거에 있어서는 자연 자체를 좀 더 적극적으로 고려하는 관점을 바탕에 두어야 할 것으로 생각된다. 말하자면 자연을 이용 대상으로 보는 것이 아니라, 함께 더불어 생명을 누리는 터전으로 보는 인식, 즉 자연과 인위적인 환경의 역동적인 공존을 생각하는 자연철학이 밑받침되어야 하리라 믿는다.

이지훈 1966년 생. 부산대학교에서 분자생물학과 철학을 전공하고, 동 대학원에서 철학 석사학위를 받았다. 프랑스 파리1대학교에서 논문 「이미지, 척도, 커뮤니케이션」으로 최우수 평가를 받으며 철학박사 학위를 취득했고, 그후 다시 미학 박사과정을 마쳤다. 첫 저서 『예술과 연금술–바슐라르에 관한 깊고 느린 몽상』(창비, 2004)으로 제6회 가담학술상을 받았다. 현재 한국해양대학교에서 철학과 문화론을 강의하고 있다. 저서로는 『가까운 문화 멀어진 미학』 『존재의 미학』이 있고, 공저로는 『노자에서 데리다까지』 『철학의 21세기』 『포스트구조주의의 헤겔 비판과 반비판』 『현대철학의 모험』 『철학, 예술을 읽다』 외 다수가 있다.

이영준 | 계원예술대학교 H센터 교수

한국판 전자-파놉티콘

감시 카메라 기술의 문화적 의미

미술사가이던지 사진이론가이던지 시선의 문제를 다룰 때의 전제는 단 하나의 시선만을 상정한다는 것이다. 르네상스 때부터 발달해온 선원근법의 원리도 한 개의 시선, 즉 나의 눈에서 나오는 시선만을 전제로 하고 있다. 한 개 이상의 시선이 같은 공간에 동시에 존재하는 문제를 최초로 다룬 것은 1910년 무렵에 등장한 큐비즘(cubism) 회화였다. 그전까지의 회화라는 것은 화가 자신의 시선만을 주인공으로 삼고 있었기 때문에 큐비즘 회화는 보는 이에게 상당한 혼란을 주는 것이었다.

그로부터 거의 100년이 지난 오늘날의 사회 공간은 수많은 시선들의 중첩과 증식이라는 점에서 다분히 큐비즘적이다. 그러나 그 시선이 인간의 것인 한에서는 큰 문제가 없다. 인간의 시선은 그것이 우호적이건 적대적이건 감시하는 것이건 사랑하는 것이건 소통과 대꾸가 가능하기 때문이다. 그러나 시선에 기계가 개입하면 문제는 복잡해진다.

감시 카메라의 편재성

수많은 감시 카메라들이 탈근대의 도시 공간을 메우고 있고, 그 뒤에 누가 있는지조차 모르는 상황에서 시선의 문제는 인간으로서 제대로 살아갈 수 있는가 하는 문제를 제기하고 있다. 나를 쳐다보는 것이 인간인지 기계인지, 그 뒤에 있는 것이 나와 말과 정서가 통하는 인간인지, 아니면 인간을 오로지 데이터로만 취급하는 냉혹하고 공평무사한 기계인지 알 수 없는 상황에서는 내가 도시공간 속에서 인간으로 존재하는지 한낱 기계에 입력될 데이터로 존재하는지조차 혼란스럽기 때문이다. 『Surveillance and Society』의 2004년 특집호가 밝히고 있듯이, 전 세계에서 감시 카메라는 늘어나는 추세에 있다.

당장 감시 카메라에 대해 제기되는 문제는 사생활 침해나 감시당하는 데에서 오는 기분 나쁨 정도이지만, 근본적인 문제는 오늘날 기계의 눈앞에서 인간은 과연 어떤 존재인가 하는 것이다. 기계가 인간을 감시하는 데에서 오는 문제는 감시 카메라가 범죄를 막을 수 있느냐 없느냐, 사생활을 침해하느냐 마느냐 하는 차원이 아니라, 인간의 존재가 이제 기계 시스템의 일부가 되고 있다는 점이다. 이미 오스트레일리아의 스텔락Stelarc 같은 작가는 자신의 몸이 기계의 일부가 되어 기계의 지령을 받는 포스트휴먼을 실천하고 있다. 감시의 기술이 인간을 복잡하고 인지불가능한 감시의 시선의 매트릭스 속으로 흡수하여 소화해버리는 것은 아닌지 살펴보아야 할 때인 것이다.

오스트레일리아의 아티스트 스텔락은 몸이 기계의 일부가 되는 포스트휴먼을 실천하고 있다.

일단 문제는 카메라가 많다는 사실(multiplicity)이다. 그러나 사진의 역사가 곧 시각을 산업화한 역사라고 보면, 카메라가 많다는 것, 즉 카메라의 시선이 복수적이고 중첩적이라는 사실은 어쩌면 근대의 당연한 산물인 것처럼 보인다. 그리고 그 근대 동안에는 카메라와 그 시선의 복수성에 대해 별다른 성찰이 없었다. 그러나 탈근대 시대가 되면서 상황은 달라졌다.

감시 카메라의 복수성은 여러 가지 이슈들과 만나면서 다양한 논의의 필드를 이룬다. 2008년 4월 『Surveillance Study Network』가 일상 속에서의 감시와 정치에 대해 다룰 때 컨퍼런스의 주제어들을 다음과 같이 폭넓게 잡고 있다는 것은 오늘날 감시의 문제를 단순히 법과 윤리의 테두리 안에서 다루는 것이 아니라, 동시대에 시각성(visibility)의 문제를 어떻게 정의하고 다뤄야 할지에 대한 방향까지 설정해주고 있다. 주제어들은 다음과 같다. "감시와 가시성/자발적으로 참여하는 감시/(비)가시성의 이론화/타자의 감시-감시와 차이/영화와 문학에서 나타나는 감시의 모습/국가의 감시와 식별/감시와 소비사회/투명한 신체/공간적 가시성/감시의 미래."◆

이 글에서 다루려는 것은 감시 카메라가 윤리적인가 아닌가, 범죄 예방에 효과가 있는가 아닌가 하는 문제가 아니다. 여기서 다루는 문제는 "감시 카메라는 우리에게 어떤 것으로 다가오는가" 하는 질문이다. 즉, 사회적인 시선으로서 감시 카메라의 문화적 의미를 다루려는 것이다.

감시 카메라의 역사적 진화

오늘날 한국에서 감시 카메라는 당연스러운 것으로 여기기에는 너무나 무거운 역사적, 사회적, 문화적 의미를 가지고 있다. 카메라를 통한 감시의 역사는 카메라 자체의 역사와 일치한다고 할 수 있다. 사진을 발명한 사람 중의 하나인 윌리엄 헨리 폭스 탤벗W. H. F. talbot은 사진이 범죄자를 잡을 수 있는 증거가 될 수 있다고 했는데, 이는 카메라를 통한 감시와 사찰의 가능성을 일찍이 예견한 것이라고 할 수 있다. 그는 오늘날과 같은 디지털 시대에 대해서는 예견하지 못했지만, 인간이 기계의 시선에 포로가 될 수 있음을 예견했다.

그렇다고 감시 카메라가 사진 발명 이후로 지금까지 일직선적이고 균질한 발전을 해왔다는 것은 아니다. 여기에는 역사적인 연속성과 불연속

◆ 보다 자세한 사항은 웹 사이트 www.surveillance-and-society.org 참조.

성이 있는데, 연속성은 카메라의 발명 이후로 계속 카메라를 통한 감시가 있었다는 것이고, 불연속성은 21세기에 들어 전 세계적으로, 특히 한국에서 감시 카메라의 기능과 효용, 의미가 그전과는 뚜렷한 단절을 그으면서 새로운 양상을 보여준다는 점이다. 만일 그중 한 면만을 보게 될 경우 감시 카메라가 가지는 복잡한 의미는 은폐되어 버리고, 역사적으로 주어진 당연한 것으로 간주될 것이다. 감시 카메라에 대해 해석하는 이유가 여기에 있다.

감시(surveillance)란 프랑스어의 'sur(위의)'와 'veiller(보다)'에서 나온 말이다. 즉 위에서 아래를 내려다보는 것을 의미하는 것이다. 카메라는 물리적으로만 위에서 볼 뿐 아니라, 인간 사이의 위계질서에서도 상위에 있는 사람이 하위에 있는 사람을 보는 것을 의미한다. 즉 시민을 바라보는 경찰, 피고용인을 바라보는 고용인, 손님을 바라보는 가게 주인 등 위계질서 안에서 작용하는 것이다. 감시 카메라가 문제가 되는 것은 인간과 인간 사이에 형성되는 위계질서와는 달리, 익명적인 시스템인 카메라에 대해 인간이 반론을 제기할 수 있는 여지가 전혀 없다는 것이다. 감시 카메라에서 감시자는 자신을 전혀 노출시키지 않는다.

일반적으로 감시 카메라가 나오기 이전의 역사적 시기에 감시라는 것은 대상의 시선에 자신을 노출시킨다는 것을 의미한다. 그것은 자신의 모습을 제한적으로만 노출시킴으로써 감시당하는 자로 하여금 규율권력에 스스로 복종하게 만드는 벤담J. Bentham의 파놉티콘에서도 그러하다. 즉, 감시한다는 것은 감시당하는 상대방으로부터 거꾸로 감시당할 수도 있음을 의미하는 것이다.

감시하는 자가 감시당하는 자의 시선을 불편하게 느끼고 이에 대응해야 한다는 필요성은 다양한 군사용어로 나타나는데, 이쪽이 아무리 성능 좋은 무기를 가지고 있어도 나의 존재를 상대방이 보아서 알고 있는 한 나는 취약한 상황에 처해 있기 때문이다. stand-off(상대의 사정거리 밖에서 공격하는 것), BVR(Beyond Visible Range: 가시거리 바깥에서 공격하는 것), Over the horizon(지평선 너머에서 공격하는 것) 등의 군사용어들은 어떻게 하면 감시하면서 감시당하는 자에게 노출되지 않을까 하는 고민을 담고 있는 것이다. 제1세대, 제2세대의 대전차 미사일에서 그러했듯이 발사하고 나서 목표물에 탄체가 맞을 때까지 10여 초 간을 목표물의 시선에 대해 자신을 노출시킨 채 꼼짝없이 있어야 하는 무기는 더 이상 자신의 안전을 보장할 수 없으므로 점차 사라지는 추세이다. 그래서 등장한 것이 'fire and forget'의 개념인데, 이는 발사 직후 적의 시선으로부터 안전한 곳으로 도망쳐버리고 탄체는 스스로가 알아서 목표물을 찾아가는 방식이다. 이 경우에 감시자는 감시당하는 자의 시선으로부터 자유로우며 안전하다. 이런 사실로부터 알 수 있는 것은 시선은 양방향적일 때 그것이 공격이건 방어건, 우호적이건 적대적이건, 파괴적이건 회피적이건 간에 커뮤니케이션이 가능하다는 것이다.

카메라가 감시의 기능을 하는 데 가장 문제가 되는 것은 카메라가 아주 많다는 것, 즉 편재성(omnipotent and ubiquitous)이다. 아주 성능이 좋은 카메라가 한 대 있는 것과, 해상도나 콘트라스트를 묘사하는 성능은 떨어지지만 여러 대가 곳곳에 설치되어 있는 것은 의미가 다르다.

카메라가 감시에 사용되기까지의 역사적 과정을 도식화해보면, 처음에 카메라는 점적인(punctual) 것이었다. 사진의 역사 초기의 카메라는 크기도 크고 사진 처리 방법도 복잡했기 때문에 간단히 작은 카메라를 만들 수 없었고, 카메라의 값이나 사진 원판의 값도 비쌌다. 점적이라는 말에 걸맞게, 이 무렵에 사진을 찍는다는 것은 오늘날 같이 일상에 흔히 있는 일이 아니라, 기념할 만한 일이 있을 때 찍는 아주 드문 일이었다.

그러다가 20세기에 들어서 카메라 자체가 산업적으로 생산되고 원판이 필름으로 대체되면서 수많은 카메라들이 생산되고 소비되기 시작했다. 처음으로 35밀리 필름을 쓴 독일의 라이카 카메라, 그것을 본따서 일본에서 만든 니콘과 캐논이 그것이다. 이 시기의 카메라는 선적인(linear) 개념을 지닌다. 예를 들어 길거리를 따라 건물이 있고 사무실이나 주택이 있으면 그 길거리의 선들을 따라 카메라가 존재하는 것이다. 여기서 카메라는 사람들이 드문드문 가지고 있는 어떤 사물이다.

이제 디지털 카메라의 시대가 되면서 카메라는 드문드문 있는 것이 아니라 모든 사람들이 가지고 있는 물건이 되었고, 그것은 감시 카메라의 시대와 상응한다. 감시 카메라는 모든 곳에서 모든 것을 볼 수 있는 강력한 시선이자 기록 도구의 역할을 하면서, 더 이상 점적이나 선적으로 보는 장치가 아니라 환경 전체를 이루고 있는 면적인(planar) 것이 되었다. 은행에 가면 은행 전체를 볼 수 있게끔 카메라들의 화각이 서로 오버래핑하도록 설치되어 있는 것을 볼 수 있는데, 이는 은행 안에서 벌어지는 일들을 낱낱이 보고 기록하겠다는 의지의 표상이다. 카메라가 면적으로 존재한다는 것은 그 시선을 피할 수 없음을 의미하는 것이다. 그리하여 감시 카메라는 '점적(punctual)-선적(linear)-면적(planar)'이라는 발전의 경로를 거치게 된다.

그런 변화에 발맞추어, 카메라의 양상은 처음에는 가시적이었다가 점차 비가시적이 되었고, 최근 감시의 상황에서는 다시 가시적이 되었다. 이는 푸코가 말한 근대 이전의 가시적 감시 권력에서 근대의 파놉티콘에서 비가시적 권력으로 이행하는 것과 비슷한 양상이다. 푸코의 『감시와 처벌』의 도입부는 1757년 프랑스의 국왕 살해범 다미앙을 노트르담 성당 앞에서 잔혹하게 공개 처형하는 과정을 자세히 묘사하고 있다. 책의 맨 앞 네 페이지에 걸쳐 푸코가 그 장면을 자세하게 묘사하고 있는 것은 가시적 권력이 특정한 역사적 시기에 얼마나 극명하게 나타났는가를 충격적으로 강조하기 위한 것으로 보인다. 근대 이전의 권력은 공적인 공간에서 스스로를 가시화함으로써 발휘되었던 것이다. 초기의 카메라도 공적인 공간에서 자신의 존재를 드러냄으로써 사람들 앞에서 '보는 눈'으로서의 역할을 했다.

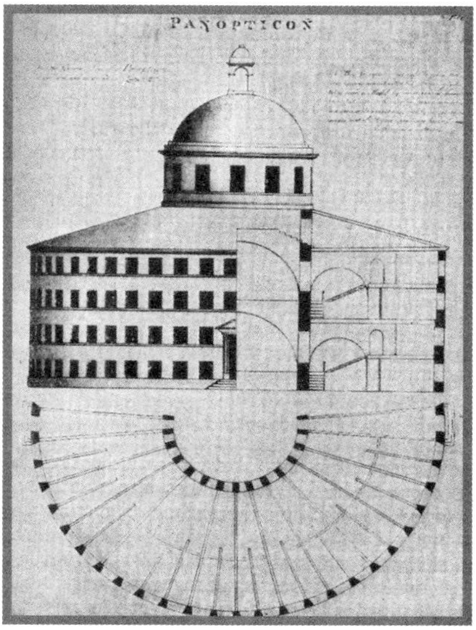

공리주의자 벤담은 효과적으로 수감자를 교정하기 위한 건축물로 파놉티콘을 고안했다. 위 그림은 1787년에 그려진 파놉티콘 초기 도면.

그후 사진 산업의 급격한 발달로 카메라는 작아지고 눈에 안 띄게 된다. 스파이 영화에 곧잘 등장하는 스파이 카메라 미녹스(Minox)는 그런 추세를 보여주는 단적인 사례이다. 1888년 코닥이 "버튼만 누르세요, 나머지는 저희가 해드립니다"라는 문구와 더불어 대중들이 누구나 가질 수 있고 다룰 수 있는 카메라를 만든 이후로, 옷 속이나 지팡이 속에 숨길 수 있는 스파이 카메라가 바로 등장했다. 이는 남몰래 들여다보고 사진으로 찍고 싶어 하는 관음증적 특성이기도 하다. 관음증의 큰 특징은 보여지는 사람은 누군가 자신을 보고 있다는 것을 모르는 상황에서 보는 사람이 일방적으로 들여다보며 즐기는 데 있고, 거기서 보는 사람과 보여지는 사람 사이에 시선의 불균등한 권력 관계가 있다고 할 때, 작고 은밀한 스파이 카메라는 보는 사람의 존재를 감춤으로써 시선의 권력을 누릴 수 있게 해주는 장치라고 할 수 있다.

그런데 20세기 후반에 널리 퍼진 감시 카메라는 공적인 공간에 그 존재를 드러낸다는 사실 때문에 오히려 효과를 발휘한다. 과속 단속 카메라를 포함한 많은 감시 카메라들이 속에 카메라가 없는 빈 껍데기일 뿐인데도 범죄 예방의 기능을 한다는 것은 카메라의 시각적 현존 자체가 가지는 효과를 잘 말해주는 것이다. '감시하고 있다'는 사실 자체를 드러냄으로써 카메라는 감시의 기능을 수행하는 것이다. 이처럼 감시 카메라는 '가시적-비가시적-가시적'이라는 변화의 궤적 속에서 발전하게 된다.

파놉티콘과 감시의 시선

감시 카메라의 문제는 어떤 권력을 가진 존재가 카메라라는 도구를 이용하여 다른 사람을 감시하여 위계의 덫에 가둔다는 식의 간단한 모델에 있는 것이 아니다. 오히려 문제는, 오늘날 감시가 주체-기계-시선-공간-환경으로 이어지는 복합적인 결합을 보여준다는 것이다. 이런 범주들이 이제까지와는 다른 방식으로 묶인다는 것이 우리가 다뤄야 할 문제인 것이다. 바로 그런 문제의 복합적인 연결을 다룬 것이 미셸 푸코M. Foucault의 『감시와 처벌』『권력과 지식』 같은 저서들이다. 그는 문제를 역사적 단절과 연속성의 이질적 결합으로 보고 있다. 푸코는

미셸 푸코는 지식과 권력의 관계, 권력의 정체와 구조 등을 규명하기 위해, 개인의 몸에 작용하는 감시의 시선에 주목하고, 감시가 일상화되고 내면화되는 과정에 주목한다.

미셸 푸코의 『감시와 처벌*Surveiller et punir*』(왼쪽)과 『권력과 지식 *Power/Knowledge*』(오른쪽). 이 저서들을 통해 푸코는 감옥의 탄생 과정, 권력과 지식과의 관계 등을 세밀하고 심층적으로 고찰하고 있다.

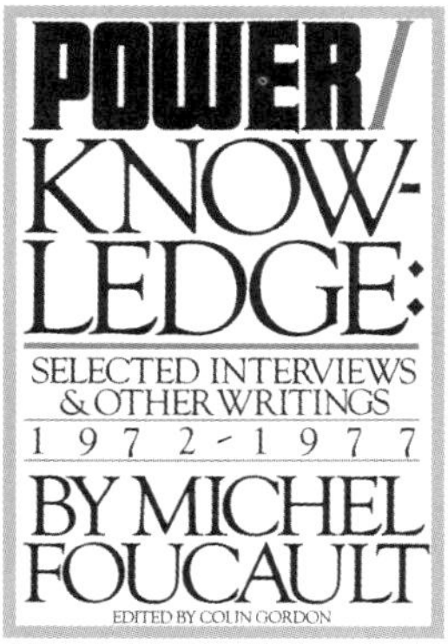

신체에 가해지는 형벌의 소멸에 따라 신체에 대한 구속력이 이완되었다고 썼지만, 오늘날 일상 곳곳에 스며 있는 감시 카메라는 신체에 대한 구속을 그 어느 때보다도 정밀화하고 있다.

그렇다고 해서 우리가 18세기 이전으로 되돌아갔다고 설명하는 것은 적절치 않다. 당시 무력(brute force)을 사용한 신체에 대한 구속과 형벌은 오늘날의 첨단화되고 정교해진 장치를 통한 신체의 구속과는 그 의미가 다르다. 여기서 역사적 연속성을 강조하는 것이 오류이듯이, 역사적 단절성을 강조하는 것도 오류임을 지적하고 싶다. 수단이 정교해진다고 해도, '감시의 사실(fact of surveillance)'에는 변함이 없기 때문이다. 즉 감시 카메라가 작아지고 교묘해진다고 해서 감시라는 사실이 사라지는 것은 아니라는 것이다. 단지, 감시의 주체가 누구인가, 감시당하는 사람들은 '감시의 사실' 속에서 어떻게 배치되는가가 달라질 뿐이다. 단정적으로 역사적 연속성, 혹은 단절성을 강조하기보다는 관찰과 해석을 통해 '감시의 사실'이 어떤 식으로 실행되고 있는가를 관찰과 해석을 통해 들여다보는 것이 더 중요할 것이다. 우선 푸코의 인용으로부터 시작해보자.

"(…) 여기서 말하고 있는 것은 두 가지이다. 시선과 내면화. 그것은 전적으로 권력의 비용의 문제가 아닌가? 현실적으로 권력이 행사될 때 비용이 든다. 분명히, 경제적 비용이 있으며, 벤담이 말하고 있는 것도 이것이다. 파놉티콘은 관리자를 얼마나 필요로 할까? 그 장치를 돌리는 데 비용은 얼마나 들까? 하지만 또한 정치적인 비용도 있다. 너무 폭력적이 되면 반란을 불러일으키게 된다. 반면, 감시의 체계가 있으면 아주 적은 비용만이 들 뿐이다. 무기라든가 물리적인 폭력, 물질적 제약 같은 것이 필요 없으며 오로지 시선만 있으면 된다. 감시하는 시선, 즉 그 감시의 무게 아래에서 개인들은 자기가 자신에 대한 관리자가 될 정도까지 내면화를 하게 되는 시선이다. 그리하여 각 개인은 자신에 대하여, 자신을 거스르면서까지 감시를 하게 되는 것이다. 굉장한 공식이 생겨난다. 지속적으로 행사되면서도 최소한의 비용만 드는 권력인 것이다." (푸코, 1991, 134쪽)

그가 여기서 설정하는 것은 인간의 신체를 구속하는 시선의 힘이다. 푸코가 말하고 있듯이 "어떤 사회에서도 신체는 지극히 치밀한 권력의 내부에서 포착되고 그 권력은 신체에 구속이나 금기 또는 의무를 부과했다." 동서고금을 막론하고 어떤 권력이든지 인간의 신체를 통제하는 데 상당한 관심을 보였다는 것은 분명한 사실이다. 그리고 신체에 대한 통제는 직접적이고 물리적인 수준을 벗어나서 간접적이면서도 체계적이고 제도적으로 이루어진다. 여기서 중요한 것이 감시의 시선을 내면화한다는 것이다. 즉 감시당하는 자는 어느덧 자신에게 가해지는 감시의 시선을 당연한 것으로 받아들이고, 나중에는 감시의 시선이 없어도 스스로를 규제하며 더 이상 감시할 필요가 없도록 알아서 움직이는 자동인형이 된다. 내면화된 감시는 자발적인 감시로 이어진다. 그러면서 감시의 지형도 복잡해진다. 미국 영화에 보면 도피하고 있는 수배자가 식당에 들어갔다가 텔레비전에 나오는 범인 사진을 본 주인이 신고하는 바람에 도망나오는 장면을 심심찮게 볼 수 있다. 이는 미국사회가 얼마나 감시를 개인화, 내면화하고 있는지 잘 알 수 있는 장면이다.

푸코가 강조하는 또 하나의 지점, 오늘날 한국의 감시 카메라에 적용될 수 있는 또 하나의 논거는 감시의 체계가 거시적인 차원이 아니라 미세한 차원에서 작동한다는 점이다. 감시에서는 "신체를 전체로써 대규모로 취급한 것이 문제가 아니라, 세부에 걸쳐서 신체에 적용하는 것, 미세한 강제권을 신체에 행사하는 것, 역학의 수준 그 자체에 있어서의 영향—운동, 동작, 자세, 속도를 확실히 부여하는 것이 중요했다."(푸코, 1991, 87쪽) 즉 오늘날의 감시 카메라는 대상 인물 전체를 감시하는 것이 아니라, 그가 범죄를 저지르고 있는지, 범죄를 저지를 잠재성을 표상하는 어떤 행동 양태를 보이고 있는지만을 감시하는 것이다. 그리고 나아가, 감시의 항목은 반드시 범죄만이 아니라, 대상 인물이 특정한 규율—근면한 노동, 교통질서 준수 등—이 정하는 방침이라는 미세하고 협소한 영역에 한정되어 있다. 바로 그 점 때문에 감시 카메라가 추구하는 '모든 것에 대한 항시적인 감시'라는 모토는 딜레마에 빠지게 되는데, 모든 것을 보고자 하는 욕망에도 불구하고 감시 카메라는 대상의 특정한 부분만 볼 수 있기 때문이다. 설사 카메라가 설치된 공간 전체를 볼 수 있는 화각이 넓은 카메라를 설치한다고 해도 화각이 넓어지면 디테일들이 작아져서 그만큼 자세히 관찰하기 힘들어진다. 결국, 감시 카메라는 '모든 것을 관찰하고 기록한다'는 총체성과, '부분적인 관찰과 인식'이라는 대립 속에 처해 있게 되는 것이다. 그것은 총체성에 대한 욕망은 있으나 실현되지 못하고, 부분성에 갇힌 현실 속에서 페티시즘적으로 부분을 전체라고 생각하는 환유적인(metonymic) 욕망으로 그칠 뿐이다. 이런 욕망의 균열을 메우는 것이 감시 카메라의 편재성이며, 이를 통해 오늘날 한국의 감시 카메라는 푸코가 말한 감시의 국면들을 상당 부분 구현하고 있는 것으로 보인다.

그런데 한 가지 생각할 지점이 더 있다. 맨 위의 인용에서 푸코는 시선과 내면화 두 가지를 말하고 있지만, 실제로는 세 가지를 말하고 있다. 또 하나가 비용이다. 그가 말하는 비용이 꼭 경제적인 비용만은 아니다. 그것은 감시를 함으로써 치러야 하는 대가(cost)를 말하는 것이기도 하다. 즉 감시를 하면서도 아무 비난도 받지 않고 혐의도 쓰지 않는 것이 대가를 적게 치르는 감시이다. 그런 점에서 아직 논란이 되고 있는 한국의 감시 카메라는 비용을 상당히 치르고 있는 셈이다. 사실 이런 식의 감시에 대한 논란은 많은 편이며, 꼭 논란은 아니더라도, 과속단속 카메라의 위치를 알려주는 웹 사이트에 올라오는 수많은 문의 글들을 보면 사람들은 감시 카메라에 대해 상당히 히스테리컬한 반응을 보이고 있음을 알 수 있다. 이것이 감시가 치러야 하는 대가이다. 그럼에도 불구하고 한국에서의 감시 카메라의 효용을 정당화하는 요인 중의 하나는 사람을 써서 감시하는 것에 비해 비용이 덜 든다는 점이다. 지금은 많이 없어졌지만, 예전에는 종로서적이나 중고생들이 많이 가는 팬시점에서는 대좌 위에 사람이 올라가서 물건을 훔치는지 감시하던 시절이 있었다. 그런 식의 인격적 감시는 인건비가 들어간다는 점 이외에도, 감시하는 주체가 훤히 드러나 있다는 점에서 효율적인 감시가 아니다. 그러나 21세기의 감시는 카메라 한 대만 설치해놓으면 되므로 경제적 비용이나 효율 면에서 상당히 긍정적이다.

어쨌든 21세기 한국의 감시 카메라에서 역사적 단절의 지점을 찾는다면 푸코가 말한 시선과 내면화, 비용의 세 가지 국면에서 그전과는 다른 양상을 보인다는 점이다. 큰 차이는 감시의 일상화, 내면화, 또한 감시가 더 이상 처벌과 직접적인 연관이 없다는 사실이다. 감시는 밥을 먹거나 잠을 자는 것과 같이 일상의 삶을 유지하기 위한 하나의 행위가 되어버렸다는 데 21세기 초 한국사회에서 감시의 의미가 있다. 따라서 역사적 단절의 금은 여기에 그을 수 있을 것이다. 그러면 또 다른 역사적 단절의 금을 찾아보자.

감시의 역사적 양상의 변화 : 익명성에서 공공성으로

1980년대, 한국에서의 감시의 양상은 무척이나 단순했다. 누가 누구를 감시하는지 분명히 알 수 있었고, 왜 감시하는지도 다 알려져 있었으며, 감시의 맨 꼭대기에 누가 있는지도 누구나 다 알고 있었다. 그리고 감시의 눈을 피하는 방법도 당연히 다 알고 있었고 실행도 하고 있었다. 상당히 단선적이고 단층적인 감시였다. 감시의 맨 꼭대기에는 독재자가 있었고, 그 하수인들인 경찰서 보안과, 국가안전기획부, 국군 보안사령부 등이 중간에 있었다. 그들은 대학교, 언론사, 각 직장에 요원을 상주시키고 있었는데, 그들이 누구이고 어느 부서에 어떤 직급으로 있는지 다 알려져 있었다. 당시 서울대학교에는 위의 기관에서 파견된 감시 요원들이 다 상주하고 있었는데 그들이 타고 다니는 차의 번호까지 학생들이 다 알고 있을 정도였다. 1982년 서울대학교 학생 황정하는 학교 도서관에 올라가 시위를 주도하다가 경찰에게 쫓겨 추락해 사망했는데, 당시 언론은 황정하 군이 '관계관'의 제지를 피하려다 죽었다고 보도했다. 이 애매하기만 한 '관계관'이란 것이 경찰임은 서울대학교 학생은 누구나 알고 있었다.

그런 사정은 직장이나 언론사도 마찬가지였다. 언론사에도 안기부 직원이 책상을 차지하고 앉아서 기사를 감시하고 있었고, 1985년 월간 『말』이 폭로해서 문제가 된 보도지침 사건은 당시의 언론 감시가 얼마나 조야한 것이었는지 잘 보여주는 것이었다. "무슨무슨 사건 기사 5단 한 줄로 쓸 것. 무슨 사건은 사진 쓰지 말 것" 등으로 된 보도지침은 감시가 필요로 하는 은밀성과 고도의 매개성을 결여한, 원시적인 것이었다. 그리고 당시의 감시자들은 카메라나 녹음기 등의 장치를 사용하기보다는, 직접 사람을 만나서 정보를 얻고, 어떤 경우는 피감시자에게 술과 밥을 사주다가 어느 정도는 감시자와 피감시자가 인간적인 유대마저 갖게 되는, 상당히 인격적이고 대면적인 감시를 하고 있었다. 1980년대의 한국사회는 감시의 정체와 목적과 경로가 훤히 노출되어 있음에도 불구하고 감시에 대한 어떤 논란도 공개적으로 일지 않을 만큼 단순했던 것이다. 물론 논란이 일지 않았던 이유 중에는 논란이 될 이유가 없어서가 아니라 논란에 대한 처벌이 가혹했기 때문이었다. 요즘은 그 대상이 평범한 개인이건 대통령이건 말 한마디 잘못하면 명예훼손으로 소송을 당하겠지만 당시에 말 한마디 잘못하면 그 대가는 정보기관의 지하실이었다.

물론 이렇게 무시무시하고 시커멓게 감시의 주체를 드러내는 감시의 아래 층위에는 일상적이면서도, 그 주체가 누구인지 분명치 않은 감시가 있었던 것은 사실이다. 사람이 사람을 보는 시선에 어느 정도는 감시의 성격이 스며들어 있었기 때문이다. 라캉의 거울 단계에서 말하는 나르시시즘적 오인(malcognition)에 의한 상상적 자기 동일시이건, 푸코가 말한 파놉티콘에서의 감시의 시선이건 공통적인 것은 주체는 어떤 시선에 대한 반응을 통해서 성립한다는 것인데, 이 말을 감시에 적용해보면 감시의 시선은 아무리 일상적이고 사소한 것—예를 들어 자기 자식이 공부 잘하고 있나 흘낏 들여다보는 것이나 애인 이 사이에 고춧가루가 끼어 있지 않나 얼핏 보는 것—이라 할지라도 주체의 형성과 존립에 중요하게 작용한다고 할 수 있다. 나아가, 상징질서라는 것도 결국은 무수한 감시의 시선이 얽혀 있는 그물망 같은 것이라 할 수 있다. 예를 들어 사회적으로 공인된 가치나 담론은 모니터링과 필터링을 거쳐야 비로소 통용되는데, 그것이 바로 여러 가지로 굴절되고 변형된 감시의 단계들인 것이다.

물론 여기서 문제는 남는다. 위에서 쓴 독재시대의 감시는 상당히 적대적이고 파괴적이고 주체말살적인 데 반해, 아래의 일상적인 감시는 주체를 형성해주고, 상징질서를 통해 주체가 돌아다닐 수 있는 공간을 마련해준다는 점에서 질적인 차이가 있다. 따라서 우리는 감시에는 두 가지 다른 층위가 있다고 보아야 할 것이다. 사람을 만들어주는 감시와 사람을 파괴하는 감시. 예를 들어 근대의 교도소—정말로 교도(矯導)라는 이상적인 목적이 이루어진다면—, 학교, 병원, 가정, 개인 사이에 이루어지는 감시는 사람을 만들어주는 것이며, 정보기관이나 군대가 국내외에서 작전으로 하는 감시는 상대방을 주체로 인정해주고 성립시켜주기 위한 것이 아니라 반대로 파괴해버리기 위한 것이므로 그 성격이 전혀 다르다.

반면, 이 글에서 다루는 감시는 오늘날 수도 없이 많은 현장에 설치되어 일상화되고, 당연시 여기게 된 오늘날의 감시 카메라다. 감시 카메라는 그 맨 꼭대기에 모든 광경들을 보고 있는 어떤 빅 브라더가 있는 것도 아니고, 그 동기가 범죄 예방, 교통자료 수집, 과학 실험, 아이 돌보기 등 다양화되고 세분화되었으며, 정밀한 폐쇄회로 카메라와 인터넷을 매개로 이용한다는 점에서 80년대와는 양상이 훨씬 복잡해졌다. 그리고 오늘날의 감시는 익명적이라는 데 그 복잡성이 있다. 도대체 누가 누구를 위해서 감시를 하는지 알 수가 없는 것이다.

또 하나의 문제는, 오늘날 감시는 당연화되고 일상화되어 있지만, 감시는 분명히 당연한 현상이 아니라는 점이다. 감시는 역사의 특정한 시기에 나타나서 특정한 역사적 시기에 단절적으로 전개된 것이며, 그것을 합리화하는 논리도 달랐다. 그래서, 감시라는 애매한 말을 쓰기보다는, 특정 한 역사적 시기에 나타난 감시의 체계와 관습, 장치와 그것을 당연시하는 담론들을 통틀어 '감시의 사실(fact of surveillance)'라는 말을 쓰고자 한다. 그것은 또한 반복되어 나타나는 역사적 형태를 가리키는 말이기도 하다.

여기서는 오늘날 범죄 예방, 치안 유지, 주차 단속 등 어떤 기능적이고 명목론적인 이유가 있다고 해도, '감시의 사실'은 결코 긍정적인 것이 아니라는 점을 전제로 하고 있다. 그렇게 전제하는 이유는 감시는 소통과 상호 이해를 위해 존재하는 시선—인간의 시선이건 기계의 시선이건—을 적대적이고 대립적으로 만들며, 소통을 불가능하게 만들고 상호 불신을 조장하기 때문이다. 따라서 오늘날 감시가 산업이 된 상황은 그리 유쾌한 것은 아니다. 오히려 길거리 곳곳에 감시 카메라가 달려 있는 모습은 감시를 내면화한 일상이 지배하는 우울한 시대의 풍경이다.

그런데 문제의 또 다른 차원은 감시의 일상화뿐 아니라 감시의 제도화이며, 이를 국가 공권력이 이용하는 경우이다. '감시의 사실'에 따라 다니는 논란을 감시의 정교하고 탈인격화한 장치를 통해 해소하고 있다면, 국가 공권력은 감시에 대한 논란을 국가 권력의 힘으로 잠재우고 있다. 과속단속 카메라의 경우 우선 제기할 수 있는 문제는, 국가기관이 교통안전이라는 담론을 통해 시민 주체들의 일상에 개입한다는 것이다. 18세기 영국에 페스트가 창궐했을 때 국가가 '페스트의 확산방지를 위한 공중보건'이라는 담론을 통하여 국가가 시민들의 일상에 개입하여 통제하고 조절했듯이, 한국의 국가는 교통안전이라는 명목으로 시민들의 삶과 권리에 개입하고 있는 것이다. 이 경우에 법은 그런 개입을 정당화하는 개념적인 장치라 할 수 있다. 예를 들어 교통안전에 대한 수많은 다른 전문적인 의견들이 있을 수 있고, 실제로 사람들은 나름대로 자신의 방식대로 교통안전을 실

감시 카메라를 통한 국가 공권력의 일상적인 과속단속은 법과 '교통안전'이라는 담론을 통해 정당화되고 있다.

천하고 있지만, 국가는 일률적인 틀을 씌워서 어떤 것은 안전이고 어떤 것은 안전이 아니라고 재단한다. 그리고 그 재단의 틀 바깥으로 삐져나오는 것은 가차 없이 잘라버린다.

예를 들어 어떤 운전자는 제한속도 70킬로미터인 내부순환도로를 120킬로미터로 달려도 아무런 위험을 느끼거나 초래하지 않는다. 국가가 정해 놓은 프레임의 바깥에 수많은 요소들이 있는데 국가는 그것을 인정하지 않는 것이다. 그런데 국가는 자신의 어떤 요소가 '바깥'에 있는 것을 두려워하므로 자신이 부과하는 단속의 방식을 지키지 않으면 당장 교통체계에 큰 혼란이 온다는 식으로 위협을 하여 긴장을 유발시키고, 개입할 구실을 만든다. 거기에다가 교통안전 전문가들의 전문적인 담론이 뒷받침되면 교통안전은 한결 더 국가의 독점적인 몫이 된다. 실제로 미국의 자동차 잡지를 보면 과속단속에 대한 논란이 항상 나오는데, 요지는 과연 과속이 사람을 죽이는가(Do speed kill?) 하는 것이다. 거기에 대한 필자의 견해는 과속이 죽이는 것이 아니라 교통의 흐름을 벗어난 과속이 사람을 죽인다는 것이다. 예를 들어서 차가 한 대밖에 지나갈 수 없는 좁은 골목에서 애들이 놀고 있는데 속도를 줄이지 않고 시속 40킬로미터로 거기를 지나가는 것은 뻥 뚫린 고속도로를 160킬로미터로 달리는 것보다 훨씬 위험한 일이다.

또한 어린애들이 길 건너겠다고 팔 아프게 손들고 기다리는데 속도를 줄이지 않고 지나가는 이들은 파렴치범들이다. 무조건 일률적이고 형식적으로 몇 킬로미터 이상은 안 된다는 것은 시민사회의 다양성과 다원성을 국가가 전혀 인정하지 않고 있음을 의미한다.

그렇다면, 과속단속의 경우 사진이 하는 일은 무엇인가? 우선 국가가 부과하는 틀이란 게 임의적(arbitrary)이라는 것부터 먼저 말해두자. 예를 들어 과속의 기준은 정확히 따지면 76킬로미터일 수도 있고 83킬로미터일 수도 있는데 그저 형식적으로 70킬로미터이니 80킬로미터이니 해둔 것이다. 그런데 사람들은 그것을 위반했다는 사진과 함께 딱지가 날라오면 내면화된 감시의 시선을 발동하여 과태료를 지불하고 만다. 만일 국가가 사진 없이 그런 딱지를 보냈으면 따르지 않고 시비를 걸었을 것이다. 그러나 그 사진은 사실은 차가 그 순간에 카메라 앞을 통과했다는 증거일 뿐이지 과속했다는 증거가 아닌 데도 사람들은 순순히 사진의 언표에 굴복해버리고 만다. 사실 그 언표는 아무런 내용도 없는 것이다. 만일 차가 시속 몇 킬로미터로 달렸음을 사진으로 입증하려면 훨씬 복잡한 장치가 필요할 것이다. 아마 사진가 이드위어드 머이브리지[E. Muybridge]가 1870년대에 말의 움직임을 순차적으로 기록할 때 썼던 것과 비슷한 장치가 필요하지 않을까? 결국 여기서 사진은 아무 말도 하지 않고 있다. 과속단속용 카메라에 촬영된 차 사진을 보면 거기에는 장소, 시간, 속도는 적혀 있을지언정 그런 데이터들이 사진 속의 내용과 반드시 일치한다는 것을 보장해주는 장치는 전혀 없다. 그 장치는 오히려 사진의 바깥에 있다. 따라서 국가 공권력은 자신의 외부로 빠져나가려는 것을 단속하기 위한 방편으로 자신의 바깥에 있는 권력에 의존한다는 논리적 모순에 빠지게 된다. 문제는 국가라는 틀의 바깥에 아무 것도 없다는 것이다. 그 이유는 국가의 안과 밖을 가르는 경계를 설정한 것이 국가이기 때문이다. 그러므로 허구적인 경계를 전제로 작동하는 감시 카메라는 허구의 제도일 뿐이다.

앞서 썼듯이, 감시가 꼭 처벌을 위한 것만은 아니다. 또한, 감시가 반드시 부정적인 의미만을 띠는 것은 아니다. 시민사회는 어느 정도 감시에 기초하여 돌아가기 때문이다. 홍성욱이 『파놉티콘-정보사회 정보감옥』에서 밝히고 있듯이, 서구에서 19세기에 정부가 국민에 대한 정보를 수집한 후 통계로 처리해 관료적인 통제를 강화시킨 부정적인 면 외에도, 복지국가와 공민권을 보호하여 개개인의 권리를 신장한 것이라든가, 푸코가 말한 '통치의 기술'과 '자아의 기술'의 접점 등, 감시가 가지는 긍정적인 기능도 분명히 있는 것이다. 주민등록증도 1968년의 1.21 사태와 울진삼척 공비사건 이후 반공 이데올로기가 강화되어 주민감시를 위한 목적으로 만들어진 제도이지만, 시민들은 주민등록증을 통해 자신이 한 사람의 대한민국 시민임을 인정받는 이율배반적인 면을 가지고 있다. 즉 주민등록증은 국가로부터의 감시와 인정이라는 상호모순적인 면을 다 가지고 있는 제도인 것이다. 감시와 인정의 교차는 시민사회에서나 가정에서나 다 적용되는 것이다. 예를 들어 아이가 입시공부를 잘하나 바라보는 엄마의 눈길은 애정과 감시가 가를 수 없을 정도로 교착되어 있다. 전위적인 그룹 앨런 파슨스 프로젝트Alan Parsons Project의 노래 〈Eye In The Sky〉는 사랑하는 사람들 사이에 내면화된 감시의 시선을 잘 묘사하고 있다. 이 노래는 특히 서정적인 멜로디와 음색으로 인해 가사를 모르고 들으면 그저 평범한 사랑 타령으로 들릴 수 있기 때문에 가사에 숨어 있는 '감시의 사실'은 더 한층 무섭게 다가온다. 그 노래의 가사를 보자.

I am the eye in the sky/ Looking at you/ I can read your mind/ I am the maker of rules/ Dealing with fools/ I can cheat you blind

나는 하늘에 달린 눈이에요/ 당신을 보고 있어요/ 나는 당신의 마음을 읽을 수 있어요/ 나는 바보들을 상대하며 규칙을 만드는 사람이에요/ 나는 당신을 장님처럼 속일 수 있어요.

And I don't need to see any more/ To know that I can read your mind/ I can read your mind/ I can read your mind/ I can read your mind

나는 당신의 마음을 읽을 수 있기 때문에 더 이상 볼 필요도 없어요/ 나는 당신의 마음을 읽을 수 있어요/ 나는 당신의 마음을 읽을 수 있어요/ 나는 당신의 마음을 읽을 수 있어요.

결국 '감시의 사실'은 바깥에서 오는 것이 아니다. 푸코가 내면화에 대해서 썼듯이, '감시의 사실'은 스스로에게서 나온다. 그리고 오늘날 한국에서 감시의 양상은 시각에만 의존하는 것이 아니라 청각에도 의존하고 있다. 라디오를 통한 감시는 어떤 수단이든지 감시의 수단으로 쓰일 수 있음을 의미한다. 그리고 그것은 호소나 제보의 형식을 띠고 있기 때문에 외양상 감시라고 할 수도 없게 되어 있다. 다음의 경험담을 보자.

어느 날 시내버스의 라디오에서는 다음과 같은 방송이 나오고 있었다. "수배 차량을 찾고 있습니다. 서울 37라 54×× 흰색 소나타를 찾고 있습니다. 지금 앞 차를 봐주십시오"라는 멘트가 나오는 순간, 승객들의 눈길은 의심도 없이 앞 차의 번호판을 보고 있었다. 라디오가 승객들을 리모트 콘트롤하여 감시 요원으로 만든 것이었다. 가장 놀라운 것은, 감시를 하라는 명령에 승객들이 아무런 의심도 없이 무의식적으로 따랐다는 점이다. 그것이 감시라는 것을 안 것은 약 10초 후의 일이었다. 그러니까 그 10초간 승객들의 눈과 머리는 자동 감시 기계가 되었던 것이다.

감시의 다층화 : 군사에서 일상으로

여기에만 그치는 것이 아니다. 감시는 후각을 통해서도 이루어진다. 대잠수함 초계기 P3C 오라이언은 여러 가지 방식으로 잠수함을 찾는데, 그중에 스니퍼(sniffer)라는 게 있다. 이것은 문자 그대로 냄새 맡는 장치이다. 이 장치는 디젤 잠수함이 내뿜는 디젤 엔진의 배기가스 냄새를 맡아서 잠수함을 찾는다. 망망한 대해에서 배기가스 냄새를 맡는 것도 어려운 일이지만, 짠 바다 냄새, 공기 냄새 등 여러 가지 냄새 중에서 디젤 엔진 배기가스를 가려낸다는 것도 쉬운 일은 아닐 것이다. 결국 관건은 냄새라는 혼란스러운 데이터를 얼마나 세부적으로 처리하느냐 하는 것이다. 즉 어떤 추상적인 이념이나 사상을 감시하는 것이 아니라, 냄새라는 아주 구체적이고 미세한 영역에 감시의 시선이 가 닿아 있는 것이다.

또 다른 사례를 보자. 1960년 정찰기 U2를 몰고 소련 상공을 비행하다가 소련이 쏜 대공미사일에 격추되어 많은 물의를 일으킨 조종사 게리 파워즈G. Powers는 다음과 같이 증언했다. "이 카메라는 손에 들고 찍는 것으로, 로켓 노즐에서 나오는 불꽃으로부터 연료의 종류를 알 수 있는 특수한 필름이 들어 있었다. 로켓을 만든 방법까지 알 수 있었다. U2기의 동체 밖에는 특수한 냄새검지기가 장착되어 있었다. 이 장치는 로켓발사 후 대기의 화학성분을 채집해서 워싱턴에서 분석을 하기 위한 것이었다."(벤 리치, 1998, 34쪽) 그런 감시 행위는 군사 분야에서는 실제로 물리적인 공격을 가하는 것만큼이나 적대적인 행위로, 파워즈는 다음과 같이 증언하고 있다. "나는 레닌그라드 상공을 비행하면서 흥분을 느꼈다. 전략공군사령부 조종사였을 때 레닌그라드는 나의 공격 목표였다. 나는 2년 동안 지도와 영

탈근대의 도시에는 수많은 감시 카메라들이 공간을 메우고 있다. 문제는 카메라가 많다는 사실(multiplicity)이다.

화를 사용해서 훈련을 받았다. 지금 나는 전략공군사령부의 전투 계획과 똑같은 경로로 침입해서 조준경으로 아래를 내려다보고 있는 것이다. 다른 것은 폭탄을 투하하기 위해서가 아니라, 사진을 찍기 위해서 조준을 맞추고 있다는 사실뿐이었다."(벤 리치, 1998, 34쪽)

냉전의 하늘 끝에서 내려와, 오늘날 가장 일상화된 감시의 현장으로 시선을 옮겨보자. 이 글을 쓰기 위해 몇몇 감시의 현장을 둘러보았는데, 사실 감시의 현장이라고 할 것도 없다. 우리의 일상의 거의 모든 영역이 감시의 현장이 되었기 때문이다. 지역과 장소의 특성을 가리지 않고 감시는 일상에 없어서는 안 될 요소가 된 것 같다. '평촌 슈퍼마켓'이 그 대표적인 경우다. 안양시 동안구 평촌동의 서민 아파트 단지에 있는 이 슈퍼마켓은 물건이 안팎에 다 진열되어 있다. 바깥의 영역은 가게주인의 눈길이 전혀 닿지 않기 때문에 가게 안에 앉아서 바깥의 상황을 볼 수 있도록 카메라가 설치되어 있었다. 그런데 흥미로운 것은 이 가게 주인은 이 카메라를 전혀 감시용이라고 인식하지 않고 있다는 점이다. 실제로 그는 바깥에서 손님이 물건을 집을 때 텔레비전 화면에 비친 모습을 보고 "그 물건이 맞다!"고 소리쳐주기도 했다. 즉 그 카메라는 가게 주인에게는 감시의 수단이 아니라 생활의 편리를 위한 소통의 수단으로 인식되고 있는 것이다. 카메라를 설치한 동기를 물으니 그저 편리를 위해서일 뿐이지, 이전에 도둑을 맞거나 피해를 입은 적은 없다고 했다. 그렇다면 이 가게 주인은 감시의 목적인 방범이나, 그로 인한 피해와는 상관없이 카메라를 설치한 것이라고 볼 수 있다. 이는 결국 감시 카메라가 감시 카메라로 인식되지 않고, 생활의 당연한 한 수단으로 인식되어 있음을 말하는 것이다. 즉, 이는 '감시의 사실'이 가지고 있는 미세의 정치학이 겉으로 드러나지 않고 일상으로 가장한 채 침투해 있음을 의미하는 것이다.

과일과 참치 통조림이 잔뜩 쌓여 있는 진열장 한 구석에 폐쇄회로 TV가 들어앉아 있는 모습은, 새로운 감시의 스펙타클이 되고 있다. 푸코는 근대사회가 스펙타클의 사회가 아니라 감시의 사회라고 하면서, 처벌의 모습이 겉으로 드러나지 않고, 감시하는 자의 시선이 가시화되지 않는 것이 근대적 감시의 특징이라고 했지만, 탈근대의 한국사회에서는 감시 자체가 스펙타클이 되어 있다. 실제로 은행에 설치된 감시 카메라는 그 존재 자체로 범죄를 예방하는 효과가 있으며, 길에 설치된 과속단속 카메라도 실제로 그 안에 카메라가 들어 있는지 여부와는 상관없이 카메라의 현존을 표상하고 있다는 그 자체만으로, 즉 스펙타클의 어원의 온전한 의미에서—스펙타클의 어원인 스펙터는 유령, 헛깨비를 의미한다—하나의 감시의 스펙타클이 되고 있다. 그리고 은행의 고객들에게 감시 카메라의 현존은 마치 경찰관의 현존처럼 든든한 것으로 느껴질 것이다. 경비원이 없는 은행에 불안해서 갈 수 없는 것처럼, 감시 카메라가 없는 은행이라면 강도의 위험 때문에 불안하기도 하지만, 감시 카메라조차 설치하지 않을 정도로 보안이 허술하다는 이유 때문에 은행 전체의 신뢰도 떨어질 것이다.

그리하여, 역사는 반복된다. 그러나 같은 모양으로 반복되지는 않는다. 소나타가 하나의 시도동기(Leitmotif)를 끊임없이 변주하며 다르게 반복하듯이, 역사는 하나의 사실을 변주하며 반복한다. 그리하여 스펙타클의 사회는 감시의 사회가 되었다가 다시 스펙타클의 사회가 된다. 앞서 설명한 스펙타클의 사회는 죄인의 처벌을 군중 앞에 보임으로써, 군중들로 하여금 그 공포스러운 광경을 보게 만들고, 그들의 망막에 그 공포의 스펙타클이 각인되도록 함으로써, 다시는 죄를 짓지 못하도록 하는 효과를 가지고 있으나, 탈근대의 스펙타클은 상당히 기술적으로 정교화되어 기술에 의해 매개되어 있으며, 은근하고 교묘한 과시의 효과를 지니고 있다.

평촌 슈퍼마켓의 주인은 과일통조림 속에 폐쇄회로 텔레비전이 들어 있는 그 광경을 즐기고 있다. 결국 '감시의 사실'은 매개의 모양을 바꾸면서 오늘날 우리들의 일상 속에 들어와 있는 것이다. 스펙타클로 된 '감시의 사실'은 감시하는 자에게는 즐길 수 있는 스펙타클로, 감시당하는 자에게는 자신을 포함한 감시의 시각장(field of vision)이 감시와 관리의 우산 속에 들어 있다는 안도감을 준다. 그런데 평촌 슈퍼마켓의 안쪽을 자세히 둘러본 결과 사태는 그렇게 단순하지 않음이 드러났다. 감시용 텔레비전이 설치된 맞은편의 벽에는 양쪽 구석에 둥근 감시용 거울이 각각 한 개씩 설치되어 있다. 가게 바깥의 모든 것을 보게 해주는 폐쇄회로 텔레비전과 맞물려, 이 거울은 가게 안의 모든 것을 한눈에 볼 수 있게 해 준다. 이 가게는 주인에게는 자그마한 파놉티콘인 것이다. 그리고 가게의 좁은 진열대 사이를 오가며 물건을 고르는 손님들은 잠재적인 절도범으로, 아니면 적어도 절도의 의사가 없음을 나타내는 특별한 행동 양식을 따라야 한다. 그 행동 양식이란 "외밭에서는 신발끈도 매지 말아야 한다"는 옛말 속에 잘 나타나 있다. 즉, 감시 카메라와 거울 같은 광학적 시선의 장치는 평범한 시민들에게 상품 거래의 장이자 사유물이 집적되어 있는 장에서 어떻게 행동해야 하는가 하는 도덕적 지침이 되고 있는 것이다. 자신의 소우주를 남김없이 봐야 한다는 욕구는 그 시선의 장 속에서 손님은 물건을 훔치지 않는다는 특별한 행동◆을 해야 한다는 사실과 맞물려 있다.

평촌 슈퍼마켓의 사례에서 보듯이, 21세기의 한국에서는 감시가 기능이나 장치가 아니라 '덕목'이 된 것 같다. 감시가 없으면 불안한 사회, 감시가 당연한 사회가 된 것이다. 그러나 지금은 감시의 시선을 내면화하는 작용의 고리를 끊고, 시각적 표상의 장치들을 다시 소통의 영역으로 되돌려 놓을 때라고 본다. '감시의 사실'이 생산해내는 지식은 별로 건강하고 유익한 지식이 아니기 때문이다.

감시의 시선을 피할 수 있는가?

지금까지 한 얘기를 요약해 보면, 감시 카메라를 일방적인 권력이나 억압의 문제로 볼 것이 아니라, 감시하는 쪽과 감시당하는 쪽이 서로 합의하에 벌어지는 이벤트라고 볼 수 있다는 것이다. 일반적으로 감시 카메라를 부정적으로 보는 견해를 떠나, 여기서는 감시의 시선이 오늘날 주체가 존재하는 중요한 조건임을 말하고자 했다. 그것이 감시의 시선이건 인정의 시선이건 애정의 시선이건 주체에게 중요한 것은 자기 자신의 시선이 아니라 남의 시선이기 때문이다. 파놉티콘에 대한 푸코의 논의는 근대사회에서 주체가 스스로의 힘으로 되는 것이 아니라 시선의 장치 속에서 발휘되는 시선의 권력에 의해 규율화되고, 이어 그 규율을 내면화한다는 점을 지적했

◆ 이것을 특별하다고 부르는 이유는 범죄자가 아니라는 것이 정상으로 통용되는 상식이 사실은 범죄와 사회윤리에 대한 특별한 담론의 결과이기 때문이다. 즉, 범죄자가 아니라는 것은 보편적이고 당연한 사실이 아니라, 범죄자와 비범죄자를 가르는 인위적인 구분의 작용에 의해 그렇게 보인다는 것이다.

기 때문에 의미가 있는 것이다. 그는 주체(subject)란 결국 타자에게 굴복함으로써 주체가 된다는 아이러니를 어떻게 극복할 것인가, 파놉티콘의 시선에 종속되는 것 말고 다르게 주체가 되는 방법은 없는가 하는 물음을 던진다. 그렇다면 우리는 감시 카메라의 시선을 떠나서 시민사회의 주체가 될 수 있을까?

기존의 감시 카메라의 문제에 대하여 윤리적인 면만이 아니라 의미의 소통 방식이라는 면에서 대안을 제시하고 있는 스티브 맨S. Mann의 사례는 주목할 만하다.◆ 그가 지적하는 감시 카메라의 문제 중의 하나는 감시하는 자와 감시당하는 자 사이의 불균형(inequiveillance)이다. 이에 대해, 그는 시선의 균형(equiveillance)을 제안한다. 그는 쇼핑센터에서의 감시 카메라를 예로 들면서, 쇼핑하는 고객은 아무런 동의도 없이 감시 카메라에 찍히게 되는데, 감시당하는 사람도 스스로에 대한 기록을 만들 수 있어야 한다고 주장한다. 그가 제안하는 것은 'sousveillance', 즉 '아래로부터의 감시'이다.◆◆ 이는 '아래'를 뜻하는 프랑스어 'sous'와 '본다'는 의미의 'veiller'를 합한 단어이다. 위로부터의 감시가 어떤 환경에서 중심을 차지

◆ 이에 대한 자세한 사항은 www.eecg.toronto.edu/~mann 참조.

◆◆ 이에 대한 자세한 사항은 www.eecg.toronto.edu/~mann 참조.
스티브 맨이 제안하는 Surveillance와 Sousveillance의 개념적 대비는 다음과 같다.
위로부터 내려다보는 신의 시선/ 인간의 시선
카메라는 대개 높은 곳에 달려 있다/ 카메라는 눈높이에 있다
건축물 중심/ 인간 중심
어딘가 멀리 있는 보안요원들이 기록한다/ 행위에 참가하는 사람들이 기록한다
기록물은 비밀리에 보관된다/ 기록물은 인터넷으로 공개되는 경우가 많다.
기록 과정은 대개 비밀에 쌓여 있다/ 기록 과정과 기술은 공개된다
파놉티콘에 근거를 두고 있다/ 공동체에 근거를 두고 있다
사생활에 대한 침해는 드러나지 않는다/ 사생활의 침해가 있을 경우 바로 알게 된다
자기교정 능력이 없다/ 자기교정 능력이 있다
프라이버시가 없다/ 비밀이 없다

하는 시선에 의해 이루어진다면, 아래로부터의 감시는 작은 규모의 개인 중심의 이미지 기술을 사용한다. 간단히 말해서, 'sousveillance'는 어떤 공동체에서 이루어지는 행위들을 공동체의 구성원들이 정보를 공유하는 상태에서 기록하는 것을 의미한다. 물론 스티브 맨이 제안하는 '아래로부터의 감시'가 시민이 거꾸로 경찰을 사진 찍고, 쇼핑하는 사람이 가게 주인을 사진 찍는 차원에 그치는 것은 아니다. 문제는 감시 카메라에서 생성된 데이터를 누가 어떤 식으로 다루느냐 하는 것이다. 대개의 경우 감시 카메라에서 생성된 데이터가 어떻게 처리되는지는 카메라에 찍히는 사람은 알 수도 없고, 그 과정에 개입할 수도 없다. 문제는 그런 과정의 비밀인 것이다. 그래서 스티브 맨은 알 수도 없는 빅 브라더가 감시하는 듯한 불균형의 상황 대신에, 작은 공동체 안에서 구성원들이 서로에게 공개되어 있는 데이터를 공유하는 방식의 'sousveillance'를 제안한 것이다.

감시 카메라의 문제는 감시당하는 쪽에서 감시 카메라의 시선에 대해 어떤 반작용이나 개입도 할 수 없게끔 철저히 일방향적인 시선으로 되어 있다는 점이다. 그리하여, 감시 카메라에 대한 대안은 그런 일방향적인 시선의 방향을 돌리거나 쌍방향적으로 만드는 것이다. 그러나 근대 시민사회가 복잡화되면서 시선의 테크놀로지이자 정치적 테크놀로지로 나타난 감시의 기술에 대해 대안을 제시한다는 것을 단순한 도식으로는 되지 않을 것이다. 역사적으로 카메라의 의미가 변해왔듯이, 시선의 테크놀로지가 가지는 역사적 함의가 변화하면서 감시 카메라에 대한 대안도 가능해질 것으로 전망된다.

이영준 1961년 생. 서울대학교 미학과에서 석사학위를 받았으며, 미국 뉴욕주립대학교(빙햄턴)에서 미술사 분야 박사학위를 받았다. 현재 계원예술대학교 H센터 교수로 재직 중이다. 사진이미지 비평가로 활동하다가, 최근에는 기계비평을 통해 기계에 대한 미학적 · 인문학적 접근을 시도하고 있는 중이다. 저서로는 『사진, 이상한 예술』 『이미지 비평』 『기계비평』 『비평의 눈초리』 등이 있다.

이상욱 | 한양대학교 철학과 교수

아주 작은 것의 위험에 대해 생각하기

나노 기술의 윤리적 쟁점들

기술은 세계에 대한 믿을 만한 지식을 제공함으로써, 우리가 우리 주변의 세계를 끊임없이 재창조하여 인류의 삶의 질을 적절한 수준으로 유지 혹은 개선시키는 데 결정적인 역할을 한다. 여태까지 접근하기 어려웠던 극미세계를 탐색하여 새로운 방식으로 재규정하고 있는 나노 기술도 기술의 이런 특성을 공유한다.

나노(nano)라는 단어는 난쟁이를 뜻하는 그리스어 나노스(nanos)에서 기원하였다. 1나노미터는 10억분의 1미터에 해당되는 극히 작은 단위이다. 일반적으로 머리카락 굵기가 10~50마이크로미터이고 1마이크로미터는 1000나노미터이므로, 나노의 세계는 우리 눈으로 식별 가능한 극한에 해당하는 머리카락 굵기의 오만 분의 일에서 만 분의 일의 크기에 해당한다. 1나노미터는 상당히 오랫동안 물질의 궁극적 최소 단위로 알려졌던 원자 몇 개 수준의 단위에 해당될 정도로 작은 단위이다.

왜 나노 기술인가?

현재 대부분의 산업 선진국은 인류에게 아직 낯선 영역인 아주 작은 스케일의 대상들과 그 수준에서의 물리, 화학, 생물학적 과정을 이해하고 활용하기 위해 나노 기술을 연구하고 있다. 나노 기술은 이들 나라에서 다음 시대 산업을 선도할 분야로 지목되고 있고, 상당한 자원이 투여되어 연구개발이 이루어지고 있다.

나라마다 조금씩 차이가 있기는 하지만 나노 기술은 0.1나노미터에서 100나노미터 사이의 크기를 갖는 물질을 대상으로 한다. 2001년 7월 공표된 우리나라의 〈나노기술개발촉진법〉에 따르면 나노 기술은 "가. 물질을 나노미터 크기의 범주에서 조작 · 분석하고 이를 제어함으로써 새롭거나 개선된 물리적 · 화학적 · 생물학적 특성을 나타내는 소재 · 소자 또는 시스

아주 작은 나노 크기의 물질을 다루는 나노 기술은 그 무한한 가능성 때문에 기대를 한 몸에 받고 있지만, 개인 사생활 침해, 환경 피해 등 잠재적 위험성을 안고 있다.

템(이하 소재 등이라고 한다)을 만들어내는 기술, 나. 소재 등을 나노미터 크기의 범주에서 미세하게 가공하는 기술"로 정의된다.

나노 기술이 주목을 받는 이유는 나노 수준의 물질이 갖는다고 알려진 몇 가지 유용한 특성 때문이다. 우선 나노 수준에서 물질을 제어하고 조합할 수 있게 되면, 현재 마이크로 공정 기술로는 한계에 이르렀다고 우려되는 반도체 제작을 비롯해서 여러 초정밀 가공 기술이 요구되는 산업 분야에 큰 도움을 줄 수 있을 것으로 기대된다. 또 아직 검증이 된 사실은 아니지만 원리적으로 생각해볼 때, 나노 수준에서 물질을 제어하고 조합할 수 있게 되면 전통적인 방식에 비해 훨씬 적은 에너지로 제작 과정에서 발생하는 재료의 손실을 최소화하면서 최종 산물을 얻을 수 있을 것이라고 기대할 수 있다. 이런 이유로 나노 기술을 지지하는 사람들은 나노 기술이 발전되면 지금보다 훨씬 더 환경친화적인 방식으로 우리가 필요로 하는 물질을 생산할 수 있다고 주장한다.

게다가 나노 수준에서는 일상적인 물질들도 전혀 다른 광학적, 화학적, 전자기적 특성을 가지게 된다. 예를 들어 금은 일반적으로 노란색이지만, 20나노미터 이하에서는 빨간 색이 된다. 또한 티타니아는 20나노미터 이하에서는 형광등이나 백열등에서 나오는 약한 빛의 환경에서도 살균력, 자가 세척력, 서리 방지 효과 등의 특성을 나타내기 때문에 다양한 용도로 사용될 수 있다. 이렇듯 동일한 물질도 나노 수준의 미세한 입자 형태가 되면 물리화학적으로 중요한 의미에서 매우 다른 물질처럼 행동하므로, 그러한 특성 변화를 이용하여 다양한 신물질이나 유용한 소자 개발이 가능할 것으로 기대되는 것이다.

나노 수준 대상과 나노 수준 과정이 가지고 있다고 알려진 (그리고 앞으로 더 밝혀질) 새롭고 특이한 성질을 고려할 때 나노 기술 연구가 성공적으로 이루어지면 미래에 다양한 방식으로 (특히, 의료기술의 향상과 관련하여) 인류복지에 기여할 가능성이 있음은 분명하다. 그러므로 나노 기술의 과학적, 기술적 연구는 그것이 지니는 사회문화적 의미를 생각해도 매우 중요하다.

논쟁적인 나노 기술의 미래

우리는 새롭고 혁명적인 신기술의 등장이 항상 우리의 삶에 긍정적인 영향만을 끼친 것은 아니었음을 역사적 경험을 통해 잘 알고 있다. 일찍이 정보혁명은 개인 간의 의사소통을 진작시키고 정보처리 비용을 획기적으로 줄임으로써, 전 세계에 걸쳐 민주주의 실현에 이바지하고 삶의 질을 향상시키는 등 밝은 미래만을 가져다줄 것으로 선전되었다. 하지만, 정보화 고속도로를 비롯한 정보 신기술들은 개인 사생활의 침해와 각종 권력에 의한 통제 강화 등의 수많은 문제 또한 가져다주었다. 게다가 정보와 의사소통 비용의 절감과 민주주의를 단선적으로 연결시키는 생각은 개념적으로는 그럴듯하게 들리지만, 실은 각 나라마다 복잡하게 상존하는 사회문화적 배경을 고려할 때 현실성이 없는 주장이었던 것으로 드러났다. 좀 더 거슬러 올라가면 새롭고 강력한 동력원을 제공하여 산업혁명 시기에 획기적인 생산력 향상을 가능하게 해주었던 화석연료가 환경오염의 주범이자 인류의 건강을 위협하는 주요 원인으로 등장하게 될 것을 당시 예상한 사람은 거의 없었다.

신기술을 개발하려는 연구자들은 흔히 이러한 점을 간과하거나 과소평가하기 쉽다. 그 주된 이유는 새로운 기술이 가져올 수 있는 이로운 점은 대개는 연구 목표와 쉽게 연결될 수 있는 것들이어서 예상하기 쉬운 반면, 그 부작용은 대부분의 경우 연구 목표에서 추론되기 어렵기 때문이다. 설사 연구를 계획하는 단계에서 연구 결과물이 지닐 수 있는 잠재적인 부작용을 따져보더라도, 현실적으로 연구 지원을 목표로 작성되는 연구 계획서에서 이러한 측면을 솔직하게 기술하는 경우는 매우 드물다. 게다가 잠재적인 부작용이란 연구 전개 과정의 불확실성을 고려할 때 대개 미리 예상하기 어렵거나 예상할 수 있더라도 정확한 피해의 규모를 짐작하기가 거의 불가능하다는 특징을 갖는다. 또한 새로운 기술 개발을 적극적으로 홍보해야 할 동기가 확실한 연구자들에게는 새로운 기술의 잠재적인 부작용은, 설사 다른 사람이 지적해주더라도 인정하지 않거나 대수롭지 않게 생각할 가능성이 높다.

이러한 점을 고려할 때 미래 사회에 지대한 영향을 끼칠 가능성이 높은 나노 기술에 대해 그것의 잠재적 파급효과를 차분하게 논의해보는 일은 매우 중요하다. 우리나라에서도 이런 점을 고려하여 2003년에는 나노-바이오 융합기술에 대해, 2005년에는 나노소자 기술에 대해, 그리고 2006년에는 나노 기술이 인체에 미치는 영향에 대해 과학기술부 주도로 기술영향평가(Technology Assessment)가 시행되었다. 그리고 KIST 나노소재사

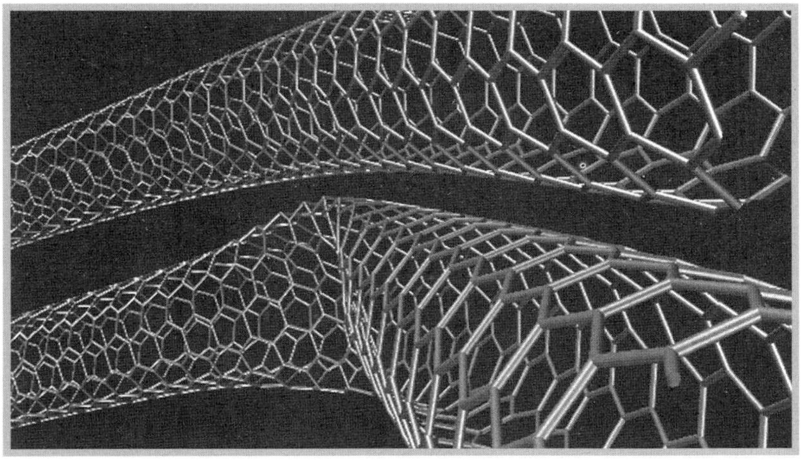

나노 크기의 수준에서 이뤄지는 물질의 대량생산은 인류에게 예측하지 못할 미래를 안겨줄 수 있다. 미래 사회에 미칠 지대한 영향을 고려해 나노 기술의 잠재적 파급 효과를 차분하게 논의해 보는 일은 매우 중요하다.

업단을 중심으로 지속적으로 나노 기술에 대한 안전성 및 사회문화적 검토가 수행되고 있다.◆

이 글은 나노 기술이 제기하는 여러 수준의 위험을 소개하고, 이러한 위험에 대해 사회적, 윤리적으로 올바른 대처 방안을 생각해보는 과정에서 염두에 두어야 할 몇 가지 쟁점 사안을 소개하고자 한다.

중요한 점은 나노 기술의 미래는 미리 결정되어 있는 것이 아니라 우리가 나노 기술에 대해 사회적 수준에서 수행할 여러 결정에 의해 점차적으로 형성되어 나갈 것이란 점이다. 그런 의미에서 이러한 고찰은 나노 기술에 대해 불안감을 가지고 있는 사람이나 나노 기술의 지속가능한 발전을 지지하는 사람 모두 차분하게 수행해야 할 '아주 작은 것에 대해 생각하기'가 될 것이다.

◆ INEW 워크샵을 비롯한 자세한 내용은 사업단 홈페이지(http://cnmt.kist.re.kr) 참조.

나노 기술의 현실적 · 잠재적 위험

나노 기술은 인류가 이제까지 대량으로 접해본 적이 없었던 극미세 수준의 물질을 대량으로 생산하게 만들 것이다. 인류의 면역 체계나 이물질 방어 체계가 마이크로 입자 수준 정도의 미세 물질에 대응하여 발달되어 왔다는 점을 고려하면, 나노 물질의 대량생산은 인류가 이전까지 경험한 적도 없고 그 피해를 제대로 예상하기도 어려운 환경오염과 인체에 대한 위협을 발생시킬 가능성이 있음을 짐작할 수 있다.

이러한 위험 중 일부는 이미 현실적인 문제가 되고 있다. 여러 물리 화학적 성질이 우수한 나노 물질은 이미 화장품이나 의약품에 쓰이는 원료로 사용되기 위해 대량으로 제조되고 있다. 게다가 몇몇 동물실험을 통해 대량생산되는 나노 물질이 인체에 미칠 수 있는 위험성이 확인되었다. 그럼에도 불구하고 아직까지는 나노 물질에 대한 별다른 관리 체제가 갖추어지지 않고 있다. 실은 그러한 관리체계를 만들기 위해 필요한 기초 연구조차 충분하게 이루어지지 않고 있는 실정이다. 그러므로 다른 복합물질의 일차 원료로 사용되는 나노 물질의 대량 제조에 대한 시설 기준 및 관리 기준은 시급하게 마련되어야 하고 이를 위해 나노 물질이 인체에 미치는 영향에 대한 기초 연구가 체계적으로 이루어져야 한다. 여기에 더해 나노 물질의 대량 제조가 가져올 수 있는 위험성에 대해 연구자들이 분명히 인식하고 그 잠재적 위험을 예방할 수 있는 조치들을 마련해가면서 연구를 수행해야 한다.

나노 물질이 제기하는 위험은 아직 본격적으로 도래하지는 않았지만 우리에게 낯선 종류의 것은 아니다. 19세기 화학공업이 급부상하면서 그전까지 자연적으로 생성되지 않던 다양한 화학 물질이 대량생산되어 인류에게 각종 알레르기성 질병과 환경오염에서 유래한 질병을 가져다준 적이 있다. 이때에도 화학공업의 성장이 주는 여러 혜택, 예를 들어 다양한 색상의 옷감을 값싸게 얻을 수 있다는 점 등에 비해 잠재적 위험은 알아차리기도 어려웠고 설사 누군가 지적했더라도 그 위험성에 대한 대책을 강구해야 한다는 사회적 공감대가 형성되기까지는 상당한 시간이 걸렸다. 나노 기술에 대해 이러한 과거의 실수를 되풀이하지 말아야 한다는 점을 깨닫는 것이 중요하다.

또한 현재에는 아직 실용화 단계가 아니지만 나노 기술이 보다 본격적으로 응용된 극소 나노 소자의 경우 그것의 개발과 이용 과정에 어떤 규제 원리를 적용해야 할 것인가의 문제가 곧 대두할 것이다. 나노 바이오 센서나 나노 바이오 소자가 인류의 건강을 증진시키는 데 큰 역할을 할 개연성이 높은 것은 사실이지만, 다른 한편으로는 극소형으로 추적 장치나 저장 장치를 만들 수 있다는 사실 때문에 개인 사생활 침해나 권력에 의한 개인 감시 등의 문제를 일으킬 소지가 많기 때문이다. 그러므로 나노 소자의 경우에도 잠재적 혜택에만 관심을 집중할 것이 아니라 연구계획 수립 단계부터 예상되는 사회적 비용을 되도록 정확히 고려하여 연구 과정에 대한 관리와 사용에 대한 규제 방법을 모색해야 할 것이다.

여기에 더해 나노 기술 발전에 따른 빈부 격차 확대의 가능성도 지적될 수 있다. 나노 기술은 일반적으로 초기 투자비용이 엄청난 수준이기에 투자자가 그 비용을 회수하려 하다 보면, 그 기술을 이용하여 인류의 복지에 기여할 수 있는 혁신적인 제품(예를 들어, 나노 소재로 만든 인공감각기)이 시장에 등장했을 때 오직 극소수의 부유한 사람들만이 그 혜택을 누리게 될 가능성이 높다. 꼭 나노 기술이 아니더라도 이러한 이유로 혁신적인 신기술은 인류 전체의 복지에 기여하기보다는 현재 상존하는 빈부 격차를 더욱 확대 심화시키는 결과를 가져오기 쉽다.

하지만 현재 국내외적으로 나노 기술에 투자되는 자원의 상당 부분은 공공자금에서 나온다는 점에 주목해야 한다. 설사 연구 자원이 개인 투자자에서 나오는 경우에도 나노 기술이 성공적으로 개발되기 위해서는 여전히 상당한 정도의 사회적 지원이 필요하게 된다. 이런 점을 감안하면 신기술이 빈부 격차 확대에 기여할 가능성은 도덕적으로 결코 정당화될 수 있는 것이 아니다.

그러므로 정부를 비롯한 연구 개발의 주체는 이러한 가능성을 미리 방지할 수 있는 대책을 강구해야 한다. 예를 들어, 신기술로 인한 신제품이 처음 등장했을 때 그것의 혜택이 전 계층에 골고루 분산될 수 있도록 보조금 등과 같은 제도적 장치를 마련해볼 수도 있을 것이다.

이러한 가능성을 고려하고 그에 대한 대책을 세우는 것을 신기술에 대한 지나친 비관주의나 쓸데없는 걱정으로 생각하지 말아야 한다. 컴퓨터와 인터넷의 보급은 이 점을 보여주는 좋은 예이다. 대부분의 사람들이 정보 기술 초기 발전 단계에는 이 기술이 가지는 긍정적 효과에 열광하다가 점점 단순히 정보량이 많아지는 것이 모든 문제를 해결하지는 않는다는 점을 이해하게 되었다. 그리고 더 나아가 정보량의 증가가 어떤 경우에는 기존의 문제를 더욱 풀기 힘들게 만든다는 점도 점점 분명해졌다. 높은 성능의 컴퓨터와 빠른 속도의 인터넷이 정보공유와 의견교환을 진작시켜서 보다 평등한 사회를 가져오는 데 큰 역할을 하리라고 많은 사람들이 기대했다. 그러나 이러한 긍정적인 효과가 일부 실현된 것은 사실이지만 그럼에도 불구하고 정보 접근권의 문제는 정보화와 평등사회를 자연스러운 연결로 보는 생각이 얼마나 단순한지를 보여주었다.

정보 접근권의 문제는 특히 정보 기술의 개발 초기에 더 두드러지게 나타났다. 이 시기에는 양질의 정보에 신속하게 접근할 수 있는 시설을 이용할 기회가 사회적 부를 소유한 계층에 집중되었다. 이 경우 정보에 접근할 수 있는 능력은 곧 기존 사회의 빈부 구조를 그대로 반영하게 되었고, 양질의 정보는 정보 소유자에게 사회적 경쟁에서 유리한 위치를 점유하게 도와줄 수 있었다. 결국 정보 기술의 발전은 사회 구성원들 사이의 정보 접근 능력의 차이를 극대화함으로써 오히려 기존의 불평등 구조를 심화시키는 역할을 할 가능성이 높았다. 이런 암울한 가능성은 '디지털 격차(digital divide)'로 명명되기도 했다.

다행히 이러한 가능성이 가져올 심각한 부작용에 대한 인식과 그에 기반한 대책이 있었기에 디지털 격차는 생각만큼 심하게 나타나지 않았다. 유럽의 여러 나라에서는 단순히 컴퓨터와 인터넷 보급률을 높이는 데 그치지 않고 빈민층이 이들 기술에 접근할 수 있는 다양한 통로와 기회의 보장을 위한 정책들(가난한 지역에 컴퓨터를 보급하거나 고속 인터넷을 무료로 이용하게 하는 정책)을 실시하였던 것이다. 이와 마찬가지로 나노 기술의 경우에도 기존의 빈부 구조를 확대 심화하지 않으면서 인류 전체에 그 복지가 골고루 퍼질 수 있는 방안이 모색되어야만 '나노 격차'를 미리 방지할 수 있을 것이다.

또 한 가지, 나노 기술이 우리 사회에 가져올 영향을 보다 장기적인 안목에서 생각해보면 인간의 정의, 사이보그와 인간과의 관계 등 복잡한 철학적 고찰이 장차 필요해지게 되리라는 점을 예상할 수 있다. 현재 그 가능성 자체가 논란이 되고 있기는 하지만 나노 수준에서 자기복제 능력을 지닌 물질이 등장할 때 이는 기존의 인공지능이나 사이보그에 대한 연구와 결합하여 궁극적으로는 인간과 지적, 감성적 능력에서 차이가 없는 새로운 나노복합체를 탄생시킬 가능성이 있다. 혹은 이 정도는 아니더라도 나노 수준에서 매우 적은 에너지로 작동하는 나노 기계를 사용하여 두뇌의 배선을 바꾸어 인간의 지적 능력을 향상시키거나 변화시키는 가능성도 고려해 볼 수 있다. 이러한 가능성은 인간과 기계가 간단히 양분되던 지난 세기와는 달리 앞으로 우리 앞에 열릴 세계는 인간과 기계 각각에 대한 보다 정확한 이해와 양자 간의 관계에 대한 보다 엄밀한 고찰이 필요함을 시사한다.

이제까지 살펴본 다양한 고려 사항에서 중요한 점은 "공짜 점심은 없다"는 원칙일 것이다. 나노 기술로부터 많은 긍정적인 효과가 기대되는 것은 분명한 사실이지만 그것의 부작용이 전혀 혹은 무시할 만할 것이라고 낙관적으로 예상하는 것은 인류가 여태까지 경험해온 수많은 신기술 개발의 과정을 살펴볼 때 매우 순진한 생각이다.

수많은 역사적인 예가 보여주는 것은 새롭고 혁신적인 기술은 우리에게 상당한 혜택과 더불어 거의 예외 없이 대규모의, 예기치 못했던 부작용을 가져다주었다는 사실이다. 그러므로 신기술에 무조건적으로 열광하는 일은 우선 경험적인 증거에만 입각해서도 옹호되기 어렵다. 게다가 이러한 부작용을 나중에 고치려고 들 때 드는 비용은 초기 대응 비용에 비해 상상할 수 없을 정도로 막대한 것이 일반적이다. 이에 더해 새로운 신기술이 보편적으로 사용되는 미래 사회에서도 우리가 일반적으로 바람직하다고 여기는 사회 윤리적 가치는 여전히 구현되어야 할 것이다.

나노 기술을 포함한 신기술에 대해 조심스러운 태도를 가지고 사회 윤리적 고려를 하는 것은 경험적으로나 가치론적으로 모두 타당하다. 우리는 나노 기술 개발 과정에서 새로운 기술에 대해 조심스러운 태도를 견지하자는 제안이 새로운 기술에 대한 근거 없는 불안감에서 비롯된 것일 뿐이라는 극단적 형태의 계몽주의를 경계해야 한다. 그보다는 나노 기술의 초기 개발 단계에서 이 기술이 가지는 사회적, 윤리적 함의에 대해 심각하게 고려하고 대응책을 모색하는 것이 진정으로 계몽된 태도일 것이다.

그럼 이제부터 이러한 대응책 모색의 기초가 될 수 있는 나노 기술의 윤리적 측면을 원리적 수준에서 논의하겠다. 나노 기술과 같이 사회 각 분야에 영향을 끼치는 신기술의 경우 윤리적 측면과 사회적 측면은 따로 떼어 고찰하기 어려운 것이 사실이다. 그러나 이 글에서는 가능한 구체적인 사회적 쟁점보다는 그러한 쟁점을 이해하고 대응책을 마련하는 과정에서 고려해야 할 윤리적인 원칙들에 초점을 맞추어 분석하도록 하겠다.

나노 기술에 대해 보다 근본적으로 생각하기

현재까지 추세로 볼 때 나노 기술은 혁명적인 방식보다는 진화적인 방식으로 우리 사회에 영향을 끼칠 가능성이 높다. 여기서 진화적인 방식이란 나노 기술로 인한 사회적 변화가 점진적이고 지역이나 연령대에 따라 다른 속도로 일어날 것이라는 의미에서이다. 이 점에 대해서는 최근까지 발간된 대부분의 나노 기술에 대한 사회문화적 영향을 다룬 보고서들이 모두 동의하고 있다.

이러한 과학적, 사회적 사실을 고려할 때 우리가 얻을 수 있는 윤리적 시사점은 기술영향평가를 비롯한 신기술에 대한 여러 사전예방적(precautionary) 조치가 필요하고 유용하다는 것이다. 만약 나노 기술로 인한 사회적 변화가 혁명적이고 너무도 급진적이어서 예측하기조차 힘들다면, 비교적 불확실하지만 여전히 예상 가능한 미래 시나리오에 기반하여 이루어지는 사전예방적 정책이 의의를 갖기 어려울 것이다. 그러나 그렇지 않을 경우 다양한 정책을 동원하여 이러한 변화를 우리가 바람직스럽게 여기는 방향으로 이끌어나갈 수 있는 여지가 있다고 볼 수 있다.

90년대까지만 해도 자기복제 나노봇에 의해 세계가 모두 소비되어 버리는 소위 '회색 죽(Grey Goo)' 시나리오에 대한 논의가 나노 기술에 대

자기복제 나노봇은 나노 기술로 인한 디스토피아적인 상황을 표현할 때 빠지지 않고 등장하곤 했다.

한 윤리적 고려에서 빠지지 않고 등장했다. 이는 또한 몇몇 시민단체가 나노 기술에 대해 좀 더 확실하게 알게 되기 전까지 나노 관련 제품들의 생산을 잠정적으로 중단하자고 제안하는 근거가 되기도 했다. 그러나 2000년 이후 현재로서는 이러한 시나리오에 충분히 신뢰할 만한 과학적 근거가 없다는 것이 대체적으로 합의되고 있다.

물론 이러한 합의는 언제든 원칙적으로 번복될 수 있는 것이지만 나노 기술과 관련된 사회문화적 영향을 평가함에 있어서 이 특정 시나리오에 대한 구체적인 논의나 대응책이 포함되지 않아도 된다는 충분한 근거를 제공한다. 이 점에 있어서도 나노 기술에 대한 윤리적 고려에서 여러 종류의 사실이 영향을 끼치는 방식을 엿볼 수 있다. 자기복제 나노봇은 적어도 나노 기술의 초기 개발 단계에서는 부정할 수 없는 이론적 가능성이었으므로 당연히 윤리적 고려의 대상이 되어야 했다. 그러나 현재 우리가 사실로 간주하는 과학적, 사회문화적 내용이 변화함에 따라 이제 더 이상은 이 주제에 대해 구체적인 대응책을 마련할 당위는 부족해보인다.

또한 자기복제 나노봇이 나노 기술에 대한 초기 논의에서 나노 기술 개발에 대해 잠정적 중지를 요구해야 할 윤리적 근거를 제공해주었음을 기억하면 보다 일반적인 결론에 이를 수도 있다. 즉, 현재로는 나노 기술 개발을 중단해야 할 확실한 윤리적 근거를 찾기 어려우며 일단 나노 기술을 개발해나가면서 부정적 영향을 최소화할 수 있는 방안을 모색하여야 할 것이라는 점이다.

자유롭게 돌아다니는 극도로 작은 나노 입자가 인체에 미치는 영향이 잠재적으로는 치명적이라는 점은 분명하다. 이에 대해 아직까지 축적된 연구 결과가 많지 않아서 분명한 결론을 내리기는 어렵지만, 우리 몸이 가진 이물질을 걸러내는 수준은 모두 다 인류의 역사에서 상당한 기간 동안 인류와 함께 했던 마이크로 수준의 미세먼지 크기 정도라는 점이 중요하다. 그러므로 나노 입자가 다양한 성분과 방식으로 대량생산될 때 그것이 인체에 어떤 형태든 새로운 도전을 제공하리라는 점은 분명하다.

그러므로 나노 입자를 생산하는 작업장 근로자를 비롯하여 나노 입자에 장기간 노출될 가능성이 높은 사람들의 건강을 고려해서 나노 입자의 생산과 유통이 이루어져야 한다. 이에 대해서는 이미 인체에 유해한 입자를 다루는 규정 등이 마련되어 있으므로 나노 입자의 특수성을 부가하여 구체적인 시행지침을 조속하게 만들 필요가 있다. 이 부분이야말로 확실한 과학적 근거가 없어도 먼저 대응책을 강구해야 하는 예방 원리적 접근이 꼭 필요한 분야이다.

또한 나노 기술은 기존의 감시통제 기술을 매우 작게 만들 수 있기에 프라이버시 침해나 노동자의 자결권 침해 등 다양한 문제의 소지를 안고 있다. 이러한 우려가 보다 즉각적으로 구체화될 수 있는 분야가 RFID

기술에 들어가는 나노 기술이다. 이런 상황에서는 명백하게 개인의 사생활 침해를 비롯한 우리가 소중히 여기는 가치를 침해할 가능성이 있음을 인정하고서 시작하는 것이 필요하다. 중요한 점은 우리가 나아가야 할 방향은 앞선 논의에서 지적했듯이 나노 기술이 갖는 혜택과 프라이버시 침해를 막는 양자 사이의 택일이 아니라 두 가치 사이의 절충과 조정이라는 점이다.

우리는 신용카드를 사용할 때마다 신용정보를 비롯한 개인정보가 오용될 가능성이 있음을 암묵적으로 인정하고 있으며 실제로 종종 이런 일은 발생하고 있다. 그러므로 이러한 위험은 순전히 이론적인 것이 아니다. 그럼에도 불구하고 우리가 취하는 대응방식은 신용카드의 사용을 금지하거나 신용카드 사용자가 조심하면 된다는 식으로 몰아붙이는 것이 아니다. 그보다는 신용정보 오용을 막을 수 있는 제도적 장치를 최대한 마련하고 그것이 위반될 때는 충분히 강한 처벌을 시행하는 것이다. 이와 같은 조정과 절충을 통해서만 신용카드가 주는 혜택과 위험성 모두에 주의를 기울인다는 평가를 받을 수 있을 것이다.

그러므로 나노 기술의 경우에도 나노 기술을 이용한 감시통제 기술로부터 얻을 수 있는 이득과 프라이버시 침해 가능성의 피해 사이의 조정이 필요하고 이 조정의 결과를 구체적인 제도와 정책으로 실현시켜 시행하는 것이 중요하다.

모든 기술이 다 그렇지만 나노 기술도 잠재적으로 막대한 시장과 이윤이 예상된다. 그러므로 나노 기술과 관련된 지적 재산권의 문제가 복잡하게 나타날 수 있다. 특히 우리나라처럼 사회적 재원을 들여 나노 기술이 개발되고 있는 상황에서는 그러한 지원을 받아 기술을 개발한 개인이나 기업이 사회 전체에 대해 일종의 '되갚음의 의무'를 지닌다고 생각해볼 수 있다. 이는 법적으로 요구되는 수준을 넘어설 수도 있다. 예를 들어, 공적 지원을 받은 기업이 미래에 얻을 이윤의 일부를 다양한 방식으로 사회로 환원하는 방법을 모색해볼 수 있다.

나노 기술은 이미 우리 정부가 〈나노기술개발촉진법〉을 근간으로 대규모 투자와 연구 장려를 공개적으로 천명한 바가 있다. 그러므로 현 시점에서 나노 기술 연구가 정부주도로 이루어질 가능성이 매우 높다. 그러나 정부주도로 이루어지는 연구라 하더라도 구체적으로 연구 진행방식과 주체가 누구인가에 따라서 그에 따른 세부적인 윤리적 문제들이 달라질 수 있다. 예를 들어, 정부는 연구자금을 지원하고 대학연구소와 정부산하 연구소, 그리고 기업체 연구소 모두가 이 연구자금을 놓고 경쟁하는 방식이 있을 수 있고, 기업체 연구소는 이 과정에서 제외되어 나노 기술 연구가 정부주도와 민간주도로 이원화될 가능성이 있다.

두 경우 모두 연구주제 선정과정과 연구비 집행과정 그리고 연구 성과의 기대효과와 예상되는 부작용 등에 대한 정보공개에 있어서의 투명성이 요구된다. 하지만 현실적으로 민간주도 사업의 경우 이러한 투명성을 정부주도 사업의 수준으로 요구하기에는 어려운 점이 있을 것이다. 그러나 법적, 제도적으로 가능한 범위 내에서 연구의 여러 측면과 관련된 투명성을 보장하려는 노력이 필요하다.

정부주도 사업의 경우 이러한 투명성의 요구는 정부가 사용하는 연구비가 궁극적으로는 국민의 세금에서 나온다는 사실로부터 정당화된다. 즉, 정부 예산의 집행과 관련한 '책무성(accontability)'은 연구비 집행과 관련해서도 당연히 요구될 수 있다. 특히 나노 기술 연구는 현재까지 자연에 존재하지 않았던 특징의 새로운 물질을 만든다는 특수성을 고려한다면 더욱 더 높은 수준으로 투명해져야 한다. 우선 정부의 한정된 연구지원 예산을 특정 연구 주제에 집중하는 일을 정당화하려면 그러한 집중이 연구 예산 사용의 효율성과 기대효과 극대화의 관점에서 옹호될 수 있음을 분명히 보여야 한다.

이 점의 중요성은 미국에서 최근 논란이 되었고 결국은 포기된 초전도 초고속 가속기(Superconductor Super Collider, SSC) 건설과 관련하여 미국 물리학계 내에서의 벌어진 논쟁과, 이와는 달리 결국은 채택되어 최근 성공적으로 완료된 인간 유전체 프로젝트(Human Genome Project, HGP) 논쟁에 잘 나타나 있다.

두 경우 모두 한정된 연구 예산을 가속기의 경우에는 입자물리학 분야에, 인간 유전체 프로젝트의 경우에는 유전학과 분자생물학 연구에 집중하려는 시도에 대해 다른 분야의 물리학자와 생물학자들이 각각 그 정당성에 의문을 제기하면서 시작됐다. 가속기 건설은 결론적으로 입자물리학자들이 다른 분야 물리학자들의 연구주제를 가속기 건설을 통해 충분히 수용할 수 있다는 확신을 불러일으키지 못해서 결국은 실패했다.

반면 인간 유전체 프로젝트의 경우는 생태학이나 진화생물학 연구, 그리고 인간 유전체 연구의 윤리적, 법적, 사회적 함의를 연구하는 분야에 상당한 예산을 배정하여 어느 정도 반대파를 설득시키고 난 후에야 채택됐으며 결국 성공적으로 연구를 마칠 수 있었다. 두 거대 프로젝트의 이처럼 다른 운명은 나노 기술 연구의 미래와 관련하여 시사하는 바가 크다. 나노 기술 개발 자체만큼이나 나노 기술의 위험성에 대한 연구와 나노 기술의 사회적 영향을 고려한 정책을 동시에 시행해야만 나노 기술 개발이 성공적으로 이루어질 가능성이 높다는 것이다. 비슷한 이유에서 예산 집행 과정에서도 그 과정이 연구의 경쟁력을 손상시키지 않는 범위 내에서 투명성이 보장되어야 하고 연구 결과의 심사도 장기적 연구의 가능성을 인식하는 범위 내에서 투명성이 보장되어야 한다.

나노 기술의 여러 산물들이 사회적, 환경적으로 끼칠 잠재적이고 광범위한 위험성을 인식하여 연구의 전문적 타당성 판단과 별도로 비전문가들이 참여하는 사회적 수준에서의 평가와 합의가 필요하다. 이 과정에서 기술자들은 사회적 수준의 평가는 기술의 내용적 평가와 독립적인 성격과 의의를 가진다는 점을 인식해야 하고, 사회적 수준의 평가에 참여하는 사람들은 환경적 요인이나 정치사회적 고려를 기술적 고려보다 항상 먼저 고려해야 한다는 생각을 버릴 필요가 있다. 대부분의 거시 사회적 결정이 그렇듯이 나노 기술 연구에 대한 국가적 수준의 결정은 이 두 가지 요인들 사이의 상호이해와 타협에 기초하여 이루어지기 때문이다. 이 과정에서 최종 결론이 어느 한쪽 방향으로 나더라도 결정자는 그 결론에 대한 반론이 가지는 도덕적, 실질적 내용을 연구 과정을 통해 충분히 인식하고 있어야 한다.

미국에서 1980년에 제정된 베이-돌 법안 이후, 세계적으로 대학이 지적 소유권을 통해 직접적으로 상업적 이익을 추구하는 과정에서 대학과 산업체 간의 본격적인 협동 연구가 가속화되고 있다. 이 과정에서 대학에 소속된 연구자가 기업체의 상업적 이익과 직결된 연구를 할 때 대학과 기업체 문화의 가치 차이로 말미암아 여러 가지 윤리적 문제가 발생할 수 있다.

우선 기업체 연구비를 받고 대학에서 연구한 연구결과의 지적 소유권의 문제를 어떻게 해결할 것인가의 문제가 있다. 이런 상황에서는 나노 기술의 혜택을 사회 전반에 확산시켜야 한다는 점과 기업의 연구 투자의욕을 유지시킬 수 있어야 한다는 점을 모두 고려한 선택이 요구된다. 이 경우 생명공학에 대한 미국의 사례는 지나치게 기업의 이윤추구의 손을 들어준 예로 좋은 참조의 대상이 된다.

또한, 대학의 연구자가 자신 연구의 잠재적 위험성을 사회적으로 알려야 한다고 믿을 만한 충분한 근거가 있고, 이러한 공표가 연구비를 지원한 기업의 상업적 이익과 상충할 때 연구자가 사리에 맞는 판단을 할 수 있는 제도적 장치가 마련되어야 한다. 여기에는 '내부 제보자'의 보호 장치와 함께 가능하면 내부 제보의 대상에 대한 명확한 기준이 마련되어야 한다.

인류의 복지를 위해 기여해야 할 나노 기술이 파괴적인 군사 기술에 사용된다는 것은 윤리적으로 결코 정당화될 수 없다. 특별히 나노 관련 기술이 가져올 수 있는 인간의 건강에 대한 잠재적 위험을 고려할 때 군사 기술의 이용은 더욱 옹호될 수 없다. 그러나 역사적으로 신기술이 거의 항상 군사무기 개발과 연계되었다는 것을 감안할 때, 놀라운 잠재력을 가진 새로운 나노 신기술이 군사 기술로 전용되지 않으리라고 믿는 것은 그다지 현실성이 없어 보인다. 그렇다면 우리는 나노 관련 군사 기술 개발을 최대한 억제하는 동시에 그것이 현실화될 경우 인류와 환경에 대한 피해를 극소화시킬 수 있는 방안을 모색해야 한다.

대인지뢰 금지의 예에서 볼 수 있듯이 나노 기술을 응용한 군사 기술 중 그것의 피해가 지나치게 비인도적이라고 생각되는 것들에 대해서는 개발과 이용이 전면 금지되어야 한다. 그리고 나노 기술을 이용한 소자와 같이 비교적 기존의 전기전자 기술과 연속성을 갖는 경우에는 그것의 개발 과정에 그러한 군사 기술이 인류와 환경에 대해 가져올 수 있는 잠재적 위험성에 대한 연구가 반드시 병행되어야 한다. 특별히 개인 사생활을 침해하거나 나노 물질의 대량생산에 기초하여 환경을 교란시킬 수 있는 군사 기술은 그 개발 과정이 면밀하게 통제되어야 하고 어떤 경우에도 단순히 전략적으로 유용할 수 있다는 점에서 무조건 정당화가 이루어져서는 안 된다.

나노 기술이 관련될 수 있는 여러 사안의 윤리적 민감성을 고려할 때, 나노 연구 종사자들이 자신들이 수행하는 연구의 사회적, 윤리적 함축에 대해 충분히 이해하는 것이 매우 필요하다. 특히 그들은 어떠한 조건하에서 자신이 속한 연구팀이 독자적인 판단을 내릴 수 있는지, 그리고 그러한 판단에 따라서 도덕적으로 옹호 가능한 방식으로 행동하는 것이 어떤 경우에 정당화될 수 있는지, 그리고 그러한 행동에 대해 어떠한 제도적 보호 장치가 존재하는지에 대해 알고 있어야 한다.

이를 위해 나노 연구 종사자들에 대한 연구 윤리를 포함하는 넓은 의미의 과학윤리 교육이 필요하다. 이 과학윤리 교육에서는 과학과 기술이 인류 전체의 복지를 위해 기여해야 한다는 일반적인 도덕원칙에서부터 연구자들의 지적 공정함과 정보공개의 투명성에 대한 강조, 자신들이 수행할 연구가 지닐 윤리적 · 사회적 함축에 대한 독자적인 판단을 키워주는 내용이 포함되어야 한다. 나노 기술 연구자들은 모든 기술 연구자와 함께 연구윤리의 기본적인 의무를 준수해야 함은 물론이지만 이에 더해 특별히 나노 기술이 갖는 중요한 사회적, 윤리적 쟁점에 대해 이해하고 있어야 할 것이다. 그러므로 나노 기술 연구자들이 나노 기술과 관련된 연구윤리를 포함하는 다양한 사회적, 윤리적 쟁점에 대해 교육받고 서로 토론할 수 있는 기회를 제공하는 것이 필요하다.

기술 연구의 실제에 기반을 둔 윤리적 고찰의 필요성

기술 연구의 구체적인 내용과 관련된 윤리적 주제들을 검토할 때 가장 먼저 분명히 해두어야 할 것은 이것이 도덕적 원리에 대한 논의에 머물러서는 안 된다는 점이다. 이 말은 일반적 도덕원리에 대한 논의가 결코 결론이 날 수 없는 공론에 불과하다는 주장이나 기술 연구의 윤리적 측면을 검토하는 과정에서 일반적 도덕원리의 내용과 함의를 정확히 이해하는 것이 별

도움이 안 된다는 부정적 주장이 아니다. 그보다는 기술 연구와 관련된 윤리적 논의는 우선적으로 문제가 되고 있는 기술의 구체적인 내용과 기술자 사회, 연구단체, 자금지원단체 등 관련 행위자들의 구체적인 활동에 집중해서 이루어져야 한다는 점을 강조하려는 긍정적 주장이다.

이 점은 기술 연구와 관련된 윤리적 논의가 연구의 효율성을 떨어뜨리는 '훼방 놓기'라고 생각하는 일부 기술 연구자들도 명심해야 할 사실이다. 기술 연구는 사회적 진공 속에서 이루어지는 것이 아니라, 사회적으로 다른 곳에 쓰일 수도 있었던 자원과 인력을 사용하여 구체적인 노력과 사회제도의 틀 안에서 이루어지는 것이다. 이런 맥락을 고려할 때 기술 연구와 관련된 윤리적 논의의 중요성을 충분히 이해하고 연구자가 아닌 일반시민과 적극적으로 의견을 교환하면서 연구의 필요성에 대한 사회적 공감대를 민주적인 방식으로 확보해나가려는 노력은 연구의 생산적 수행을 위해 필수적이라고까지 할 수 있다.

우리나라 기술 연구에서 당분간 중요한 비중을 차지하게 될 나노 기술에 대한 윤리적 고찰이 중요해지는 근거도 역시 나노 기술의 생산적 연구를 위해서 사회적 공감대 확보가 필수적이라는 사실에 있다. 그렇다고 해서 나노 기술이 약속하는 장밋빛 청사진을 대중에게 널리 유포하거나 나노 기술 개발에 국제 경쟁이 극심하다는 점을 강조하여 대중의 애국심에 호소하는 방식으로는 이러한 공감대를 확보하려 해서는 안 된다. 일단 이런 행위는 민주주의 사회에서 도덕적으로 정당화될 수 없는 것이고, 게다가 여러 역사적 경험을 통해 볼 때 이와 같은 전략은 우리나라에서도 방사능 폐기물 처리장 부지 선정 등 무수한 실패를 거듭해왔기 때문이다. 그러므로 이 글에서 제안된, 생산적 나노 기술 연구를 위한 윤리적 고려 사항을 제도적으로 실현하는 과정에서도 차근차근 연구자와 일반 시민의 나노 기술에 대한 인식의 차이를 좁히고 서로 상대방이 주목하는 쟁점에 대해 마음을 열고 논의해보려는 자세가 필요하다.

이상욱 1969년 생. 서울대학교 물리학과에서 석사 학위를 받고, 과학사 및 과학철학 협동과정으로 옮겨 과학철학 박사 과정을 마쳤다. 영국 런던대학교에서 자연현상을 모형을 통해 이해하는 작업에 대한 연구로 박사학위를 받았고, 이 논문은 2001년 로버트 매켄지 상을 수상했다. 그후 런던 정경대학교 철학과에서 객원교수로 활동했으며, 현재는 한양대학교 철학과 교수로 재직하고 있다. 공저로는 『과학기술의 철학적 이해』『뉴턴과 아인슈타인 : 우리가 몰랐던 천재들의 창조성』『과학으로 생각한다』 등이 있으며, 논문으로는 「전통과 혁명 : 토머스 쿤 과학철학의 다면성」「유전자 중심 연구방법론과 분자생물학」 등이 있다.

이장규 | 에티오피아 아마다국립대학교 총장

유비쿼티스 기술의 철학적 문제들

네트워크에 갇힌 인간

유비쿼터스 기술이란 컴퓨팅, 정보통신 및 센싱 기술이 융합되어 시간적, 공간적 제약 없이 정보를 생산, 분배, 소비할 수 있는 기술을 말한다. 유비쿼터스 기술은 컴퓨터가 진화되면서 자연스럽게 등장한 것으로 컴퓨터 성능이 향상될수록 분산 시스템으로 확산되었고 분산된 컴퓨터가 서로 연결되어 네트워크를 형성했다. 또한 디지털 통신의 출현과 함께 컴퓨터는 통신 시스템의 핵심 부품으로 자리 잡게 되었고 컴퓨터 네트워크와 통신 네트워크가 통합되면서 유비쿼터스 시스템이 탄생된 것이다.

따라서 유비쿼터스 기술은 시간과 공간을 초월하여 컴퓨터를 통해 자유롭게 네트워크에 접속할 수 있다는 것을 의미한다. 여기서 컴퓨터란 전통적 의미의 대형, 소형, 또는 개인용 컴퓨터뿐 아니라 컴퓨터 기능을 가진 휴대폰, PDA(Personal Digital Assistant), 디지털 TV, 게임기 등 모든 가전제품 및 다양한 장비를 포함한다. 이러한 컴퓨터는 단순한 계산 및 통신 기능뿐 아니라 텍스트, 영상, 음성 콘텐츠 등 다양한 정보를 수신, 처리, 송신하는 기능을 포함하게 된다.

언제 어디서나 접속한다, 유비쿼터스

유비쿼터스 기술은 지난 20~30년 사이에 급속도로 발전된 정보통신 기술이 밑거름이 되어 발전되었다. 즉 1970년대 개발된 마이크로프로세서에 힘입어 개인용 컴퓨터가 개발되고, 소형 컴퓨터 칩이 세탁기, 냉장고와 같은 전기전자 기기에 부착되었으며, 사방에 흩어진 컴퓨터를 잇는 분산 컴퓨팅(Pervasive Computing) 기술이 발전되었다. 미국 국방부에서 핵전쟁에 대비하여 작전을 효과적으로 수행하기 위해 컴퓨터 간 통신이 가능한 아르파넷(ARPANET)을 개발하였으며 아르파넷이 인터넷으로 발전된 것도 유비쿼터스 기술에 중요한 밑거름이 되었다.

미국 제록스 사의 팔로알토연구센터 연구원인 마크 와이저(왼쪽). 유비쿼터스 기술 개념은 그가 '보이지 않는' 컴퓨팅 시스템을 제안하면서부터 정리됐다.

무선 통신 또한 유비쿼터스 기술 발전에 크게 기여하였다. 무선 통신 기술에 기반을 둔 휴대폰이 등장하고 휴대폰에 컴퓨터 기능을 가미시킨 모바일 컴퓨팅이 등장하게 된다. 여기에 각종 센싱 기술이 가미되고 있다. 아직은 초기 단계지만 RFID(Radio Frequency IDentification)와 같은 센서가 사방에 뿌려지고 이것들을 무선 통신을 통하여 컴퓨터와 연결시키거나, 또는 센서에 센싱 및 통신 기능을 복합시킴으로써 컴퓨터, 통신 및 센서들로 이루어진 네트워크가 유비쿼터스 기술을 선도해나가고 있다.

유비쿼터스 기술에 대한 개념은 미국 제록스 사의 팔로알토연구센터(Palo Alto Research Center: PARC) 연구원이던 와이저[M. Weiser]가 1988년 유비쿼터스 컴퓨팅을 제안하면서 정리되었다.(Weiser, 1996) 와이저는 사용자에게 보이지 않는(Invisible) 컴퓨팅 시스템을 제안한다.(Weiser, 1993) 보이지 않는 컴퓨팅 시스템이란 실제로 존재하되 사용자가 의식하지 않는 시스템을 의미하며 와이저는 이를 안경을 예로 들어 설명한다. 우리가 안경을 통해 사물을 볼 때 안경 자체를 보거나 의식하지 않는 것처럼 유비쿼터스 컴퓨팅이란 데스크탑처럼 책상 위에만 컴퓨터가 있는 것이 아니라 세상에 존재하는 모든 사물에 컴퓨터 칩이 심어져 있되 우리가 의식하지 않는 것이다.

그렇다면 유비쿼터스 컴퓨팅 시스템은 어떤 요건을 필요로 하는 것일까? 세상 모든 곳에 컴퓨터가 존재한다고 해서 이를 일일이 사용자가 조정하고 시도 때도 없이 개입해야 된다면 그것처럼 피곤한 일도 없을 것이다. 따라서 유비쿼터스 컴퓨팅 환경에서는 사용자의 지속적인 주목과 개입이 없이도 동작되고 소리 없이 준비될 수 있는 기술이 필요하다. 이것을 와이저는 '조용한 기술(Calm Technology)'이라고 불렀다.(Weiser & Brown, 1996)

와이저가 예견한 유비쿼터스 시대는 컴퓨팅, 통신 및 센싱 기술의 급진적인 발전으로 우리 눈앞에 성큼 다가와 있다. 다시 말해 유비쿼터스 사회가 도래한 것이다. 한 예로 TV, 컴퓨터 등과 같이 서로 다른 전자기기 및 통신, 방송 서비스 등을 융합하여 새로운 가치를 창출해내는 것을 의미하는 디지털 컨버전스(Digital Convergence)가 가속화되면서 디지털 멀티미디어 방송인 DMB(Digital Multimedia Broadcasting) 시청이 가능한 텔레매틱스(Telematics)를 장착한 자동차가 등장하였다. 텔레매틱스란 자동차 안에 모니터를 설치하여 자동차의 위치 정보를 제공함으로써 길안내를 제공할 뿐 아니라 DMB 및 오디오 시스템과 연결되어 TV 시청, 라디오 청취, 음악 감상 등이 가능한 서비스 시스템을 말한다. 자동차 안에서 TV를 자유롭게 시청할 수 있게 된 것이다. DMB란 이동통신과 방송이 융합되어 이동 중에도 실시간으로 방송을 시청할 수 있는 시스템을 말하는 것이다. 우리나라에서는 2005년 5월 위성 DMB 상용 서비스를 시작으로 지금은 위성 및 지상파 DMB 시청이 모두 가능하다. 무선 인터넷 연결도 가능하며, 앞으로 머지않아 교통 서비스 인프라가 확충되면 실시간 교통 안내와 빠른 길 안내도 가능하게 될 것이다.

또한 센싱 기술이 발전함에 따라 값 싼 전자 칩을 각종 물품에 부착시킴으로써 물류의 생산, 유통, 관리, 소비가 정보화되고 무선망을 통해 컴퓨터로 전송되어 물류 유통에 변화가 일기 시작했다. 전통적인 상거래 패턴이 달라져가고 있는 것이다. 벽에 각종 센서를 부착시켜 사람의 이동을 감지하고 무선 네트워크를 통해 컴퓨터와 연결된 전기전자 기기들이 자동적으로 작동되는 소위 u-home 또는 u-office가 등장하고 있다. 휴대폰 또는 라이프 재킷(Life Jacket) 등을 통해 상시적으로 환자의 건강 및 의료 정보를 측정, 점검하는 의료서비스가 선을 보이면서 u-health 시스템 또한 등장하고 있다.

이러한 유비쿼터스 사회가 도래하면서 개인들의 삶에도 많은 변화가 찾아왔다. 특히 새로운 기술을 선호하는 젊은 세대들의 삶의 변화는 더욱 두드러진다. 이동통신과 인터넷망 그리고 소형 정보기기를 사용하여 언제 어디서든 타인과 접속하고 소통을 할 수 있는 '떠돌이 문화'가 확산되고 있는 것이다. 미디어 학자들은 이들을 '디지털 노마드(Digital Nomad)'라고 부른다. 유비쿼터스 기술을 적극적으로 활용하는 디지털 노마드는 생활에 필요한 정보를 찾고 제공하는 쌍방향 커뮤니케이션을 통해 개인생활을 하고 사회생활을 한다. 즉, 휴대전화, PDA, 무선 인터넷을 이용하여 언제 어디서나 유비쿼터스 네트워크에 접속을 하고 이를 통해 시간과 공간의 제약을 뛰어넘는다. 이들은 MP3 플레이어를 귀에 꽂고 스포츠를 즐기며, 수시로 e-메일을 확인하고, 좋아하는 풍경이나 장면을 포착하면 휴대폰에 달려 있는 디지털 카메라로 사진을 찍어대는 세대이다.

유비쿼터스 기술은 디지털 노마드에 국한된 것이 아니다. 좋든 싫든 현대 기술사회에 사는 모든 개인들은 이 새로운 기술에 노출되어 있으며 이로부터 직접 또는 간접적으로 영향을 받는다. 요즘 새로 지은 아파트들은 부분적으로 유비쿼터스 기술을 활용하고 있다. 입주자들이 안전하고 편리하게 살 수 있도록 배려를 한 것이다. 이 기술을 잘 활용할 수 있는 사람들은 인건비를 절약하면서 안전하게 그리고 여러모로 편리한 생활을 즐길 수 있다.

그러나 새로운 기술에 익숙하지 않은 사람은 어떤가? 이러한 아파트를 방문하여 들어가려면 입구에서부터 계산기 자판처럼 생긴 버튼을 몇 개 눌러야 되고 그러면 스피커에서 소리가 들린다. 얼굴을 카메라에 잘 조준하지 못하고 대답을 제때 못하면 문을 열고 들어갈 수도 없다. 지난 10년간 오지에 살다 왔거나 이 사회와 격리된 생활을 한 사람이 이러한 아파트를 방문했을 때 얼마나 당혹스럽겠는가? 앞으로 머지않아 유비쿼터스 기술로 무장된 마트에서 물건을 사려 해도 이러한 기술에 익숙하지 않은 사람들은 역시 고생을 겪게 될 것이다.

우리 곁에 다가와 점차 확산되고 있는 유비쿼터스 기술은 우리에게 몇 가지 철학적인 문제들을 던지고 있다.

유비쿼터스 기술의 핵심은 네트워크이다. 컴퓨터, 통신 시스템, 센서들이 거대한 네트워크로 묶이게 된 것이다. 기계적인 연결망에 인간이 주체로서 또는 객체로서 접속되는 것이다. 수많은 철학자들이 인간을 접속 관계에서 해석하려는 시도가 있었다. 주로 인간과 인간 또는 인간과 자연 사이에 얽힌 접속 관계를 통하여 우리의 생각 및 행위를 설명하는 것이다. 유비쿼터스 기술의 등장으로 필요하면 인간이 거대한 기계적 네트워크를 통하여 연결될 수 있게 되었다. 이러한 기계적인 연결이 인간과 인간 사이의 연결을 강화시키고 또한 인간과 인간 사이의 관계를 개선시킬 것인가?

유비쿼터스 기술이 농경사회, 산업사회, 정보화 사회에 이어 유비쿼터스 사회라는 새로운 사회를 가져올 것이라고 말하거나 제2의 정보화 혁명을 가져올 것이라고 말하는 사회학자 또는 미래학자들이 많이 있다. 유비쿼터스 기술은 과연 칸트가 말하는 '코페르니쿠스적 전회(Copernican Turn)' 즉 천동설에서 지동설로 전환되면서 사람들에게 가져온 것 같은 사고의 획기적인 전환을 가져올 것인가?

위에서 던진 문제와 비슷한 질문이지만 인간과 기술 사이의 관계에서 유비쿼터스 기술을 도구적 기술로 볼 것인가, 아니면 하이데거가 말하는 존재론적 기술로 볼 것인가? 다시 말해 유비쿼터스 기술은 인간의 통제 아래 기능할 수 있는 기술인가, 아니면 인간을 오히려 도구화시키는 기술인가?

유비쿼터스 기술은 필연적으로 그것을 적극적으로 활용할 수 있는 가진 자(haves)와 못 가진 자(have-nots) 계층을 만들어내게 될 것이다. 적어도 초기 단계에는 그러한 현상이 두드러질 것이 분명하다. 새로운 기술이 가져오는 소외 계층, 즉 이러한 기술이 만들어낸 기술사회에서 타자의 위치에 머물게 되는 사람들을 어떻게 할 것인가? 마치 향수 냄새나 담배 연기에 노출되어 신선한 공기를 마실 권리를 잃은 사람들처럼 유비쿼터스 기술이 가져올 존재의 폭력을 어떻게 해결할 것인가?

이어지는 글에서 먼저 유비쿼터스 기술의 중요한 요소 기술을 정의하고 각각의 요소 기술이 지금까지 어떻게 발전되어 왔으며, 앞으로 어떻게 발전되어 나갈 것인가를 살펴보려 한다. 또한 유비쿼터스 기술의 응용이 예측되는 분야들, 유비쿼터스가 몰고 온 사회적 · 개인적 삶의 변화, 유비쿼터스 기술이 던져주는 철학적 문제들 살펴볼 것이다.

유비쿼터스 기술 현황과 예측

유비쿼터스 요소 기술은 컴퓨팅, 정보통신 및 센싱 기술로 나뉠 수 있다. 컴퓨팅 기술에는 정보의 생성, 저장, 디스플레이, 보호가 포함되며, 정보통신 기술에는 유, 무선 통신, 네트워킹이 포함된다. 센싱 기술에는 초음파센서, 광센서, 비콘(Beacon), 트랜스폰더(Transponder) 등과 같은 물체 인식 센서, 카메라, 적외선 센서 등과 같은 영상 인식 센서, RFID와 같은 무선 인식 센서, 위성항법 장치인 GPS(Global Positioning System), 관성항법 장치인 INS(Inertial Navigation System) 등과 같은 위치 인식 센서, 그리고 센서에서 얻어진 신호를 처리하는 신호처리 기술이 포함된다.

컴퓨터 기술 발전의 역사적 묘사는 여러 문헌에서 찾을 수 있으며 (홍성욱, 2001; Campbell-Kelly & Aspray, 1996), 여기서는 유비쿼터스와 밀접한 관련이 있는 개인용 컴퓨터(PC)의 기술 발전에 대하여 간단히 살펴보도록 한다.

1970년대 후반부터 불기 시작한 PC의 열풍은 소프트웨어 엔지니어링의 엄청난 양적 팽창과 질적 변화를 가져왔다. PC를 사무용으로 쓰기 위한 다양한 소프트웨어(스프레드시트, 워드프로세서 등)가 1980년대 초반부터 출시되기 시작했으며, 이용자 친화적인 그래픽 유저 인터페이스(graphic-user interface, GUI)◆가 선을 보였다.(Glass, 1999) 알테어를 위한 베이직을 만들었던 빌 게이츠의 마이크로소프트 사(社)는 훗날 MS-DOS로 유명하게 될 운영 체제를 IBM PC에 독점적으로 공급하게 되면서 부상하기 시작했다. 도스(DOS) 운영 체계는 이후 윈도우즈로 대체되었

◆ 유저 인터페이스는 컴퓨터 이용자가 컴퓨터에 데이터를 입력하거나 동작을 제어할 때 사용하는 명령어 내지 기법을 말한다.

고, Windows 95 이후 윈도우즈는 전 세계 개인용 컴퓨터 운영 체계의 90 퍼센트 이상을 점유하고 있다.

1990년대 들어 PC가 모뎀을 통해 인터넷에 연결되면서 인터넷 혁명이 시작되었으며, 1994년 넷스케이프(Netscape)가 대중화되었고, 1995년 마이크로소프트는 인터넷 사업에 뛰어들었다. 결국 유비쿼터스 기술의 핵심이랄 수 있는 컴퓨팅기술은 1) 반도체 기술(메모리, 마이크로프로세서)의 발달, 2) PC 하드웨어와 소프트웨어의 발달과 보급, 3) 인터넷을 포함한 컴퓨터 네트워크 기술 발달이라는 세 가지 기술적 요인이 결합해서 가능하게 된 것으로 파악될 수 있다.(이장규 외, 2002)

또 다른 유비쿼터스 핵심 요소 기술은 정보통신 기술이다. 정보통신 기술은 유선 통신, 무선 통신, 아르파넷(ARPANET)의 등장으로 시작된 컴퓨터 네트워킹, 그리고 요즘 발전되고 있는 방송과 통신이 융합된 디지털 컨버전스로 나누어 살펴볼 수 있다.

전신은 영국의 쿡W. F. Cooke과 휘트스톤C. Wheatstone에 의해 1837년 발명되었으며, 1843년 그레이트 웨스턴 철도를 따라 패딩턴과 슬로우 사이에 최초의 전신 선로를 부설했다. 초기의 이용은 저조했으나, 1845년 슬로우에서 런던으로 전문을 보내 살인범 존 토웰을 체포하는 사건을 통해 그 유용성이 널리 알려지게 되면서(조용철, 2001), 전신은 곧 국제적인 것이 되었고, 국제화를 촉진시켰다. 무엇보다 1865년 서로 다른 나라들 사이에 전신을 통한 메시지 송수신의 절차, 표준, 공동 요금 등을 결정하기 위해 국제전신연합(International Telegraph Union, ITU)이 만들어지면서 전신은 빠른 속도로 확산되었다.

19세기 말엽에 등장한 무선 전신은 1901년 마르코니G. Marconi의 대서양 횡단 무선 전신 성공 이후 본격적인 상업적 통신 수단으로 부각되었다.

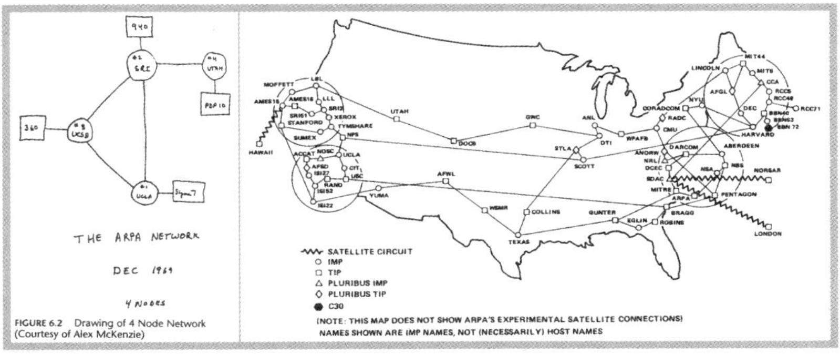

FIGURE 6.2 Drawing of 4 Node Network
(Courtesy of Alex McKenzie)

오늘날 일상화된 인터넷은 1960년대 말 아르파넷(ARPANET)이 등장하면서부터 시작됐다. 초기의 아르파넷은 일부 지역만을 연결했지만, 얼마 지나지 않아 미국 전역을 연결했으며, 이후 세계적인 네트워크 인터넷으로 발전했다.

1920년대에 무선 전신은 라디오 방송으로 진화했는데, 1926년부터 미국 무선 전신을 독점하던 RCA 사(社)가 최초의 라디오 방송 네트워크인 NBC를 설립했다. TV 방송은 1936년 영국의 BBC가 실험 방송을 내보낸 것이 최초였다. 1939년 처음으로 TV 정규 방송이 시작되었으나 오늘날과 같은 대중매체로 자리 잡게 된 것은 제2차 세계대전 이후였다.

컴퓨터 네트워킹은 1960년대 말 아르파넷(ARPANET)의 등장과 함께 이루어졌다. 이후 1970년대 초엽에 이미 존재하는 국지적 네트워과 아르파넷을 연결하는 네트, 즉 'inter-net'을 위해 TCP(Transmission Control Protocol)라는 새로운 프로토콜이 만들어졌고, 곧이어 전송을 통제하는 IP(Internet Protocol)가 따로 독립해 TCP/IP라는 프로토콜을 구성하게 되었다. 이 TCP/IP 프로토콜로 연결된 네트워크의 총체가 나중에 인터넷(Internet)으로 알려졌다. 이는 지금도 인터넷을 정의하는 가장 널리 알려진 방법이다.

이상에서 본 바와 같이 서로 분리된 채 독특한 발전 경로를 걸어오던 여러 기술들은 20세기 후반에 점차 통합되어 유비쿼터스 기술의 기반이 되는 정보통신 기술 네트워크를 구성했다. 최근에는 음성, 데이터, 영상과 같은 정보들이 융합되는 '정보 융합', 방송, 통신, 인터넷과 같은 네트워크가 융합되는 '네트워크 융합', 그리고 컴퓨터, TV, 유무선 전화, 정보가전과 같은 기기들이 융합되는 '기기 융합'이 이루어지는 디지털 컨버전스가 빠른 속도로 진행되고 있다. 디지털 컨버전스는 디지털 기술 기반의 제품과 서비스가 융합되어 새로운 형태의 제품과 서비스를 창출하는 것을 의미한다. 자동차에서 위치 정보를 제공하고 길 안내를 해주며, TV 시청이 가능하도록 하고, e-mail 송수신, 정보 검색, 전화 통화를 가능하게 하는 텔레매틱스가 디지털 컨버전스의 좋은 예이다.

유비쿼터스 기술이 효과적으로 활용되기 위해서는 정보통신 기술 네트워크에 연결된 인간과 기계들의 상황을 제대로 인식하는 것이 중요하다. 여기서 말하는 상황은 '실세계(Real World)에 존재하는 실체(Entity)의 상태가 가지고 있는 특징을 추출하여 정보화시킨 것'이라고 정의할 수 있으며, 실체란 '인간과 장소, 인간과 기계, 또는 인간과 서비스 간의 상호작용에 필요한 모든 물체 및 환경'을 의미한다.(김윤진 · 권혁태, 2006) 상황을 인식하기 위해서는 우선적으로 실체를 감지하여 정보화시킬 수 있는 센서 또는 센서 시스템이 필요하다. 현재 활용되고 있는 센서로는 물체의 존재 유무를 알려 주는 광센서, 물체의 존재 유무뿐 아니라 거리 정보까지 제공해주는 초음파 센서, 트랜스폰더와 비콘, 영상 정보를 제공해주는 카메라 및 적외선 센서, 물체를 식별하여 정보를 주고받는 RFID 등이 있다. 최근에는 MEMS(Micro Electro Mechanical System), 나노(Nano), 또는 바이오 센서 기술이 발전되면서 유비쿼터스 환경 조성에 박차를 가하고 있다. 이중에서 RFID에 대하여 좀 더 알아보기로 한다.

RFID란 반도체 칩과 안테나, 리더(Reader)기, 그리고 태그(Tag)로 구성된 무선 센서 시스템으로 리더기가 태그로 전파를 송신하면 태그가 수신된 전파로부터 에너지를 얻어 활성화된다. 활성화된 태그는 자신의 정보를 리더기로 송신한다. RFID는 기존 센서와 달리 태그에 정보를 담고 있으며 자체 안테나를 갖추어 리더기로 하여금 이 정보를 읽고 정보통신망과 연계하여 정보 시스템과 통합하여 사용되는 센서 시스템이다. RFID는 제품에 부착된 태그의 정보를 주파수를 이용해 읽고 쓸 수 있는 무선 주파수 인식으로 사람, 상품, 차량 등을 접촉하지 않고도 인식하는 기술로 각 제품의 정보를 수집, 가공해 개체 간 정보교환, 측위, 원격처리, 관리 등의 서비스를 제공하는 것이다. RFID는 이미 교통카드, 사원증 등 스마트카드에 활용되고 있다. 앞으로 RFID 태그는 기존 바코드를 대체하고 유비쿼터스 환경을 구축하는 핵심 센서로 등장할 것이며 상품의 저장, 전송, 추적 등 유통, 물류분야, 전자도서관, 전자 지불, 보안 등 다방면에 광범위하게 적용될 것으로 예상된다.

마지막으로 유비쿼터스 컴퓨팅은 어떻게 응용되고 있으며 앞으로 그 응용 분야가 어떻게 확산될 것인지 알아보자. 이미 설명한 바와 같이 디지털 기술 기반의 제품과 서비스가 융합되어 새로운 형태의 제품과 서비스를 창출하는 하나의 유비쿼터스 응용 분야로 디지털 컨버전스가 활발히 진행되고 있다. 이러한 컨버전스는 기기, 기능간 융합에서 인간, 사물, 공간의 컨버전스로 확대되고 있다. 예를 들면 개개인마다 다르게 가진 생체정보(지문, 얼굴, 홍채, 각막, 손모양, 손등 정맥, 음성 등)를 추출하여 판별이 가능하도록 하는 생체인식 기능과 결합된 디지털 기기가 확산되고 있다. 인천공항에서는 이미 생체인식 출입통제기를 설치하여 운용하고 있다.

물리 공간과 이동성의 컨버전스도 이루어지고 있다. 이동통신망을 기반으로 이동성이 보장된 기기를 통해 사람이나 사물의 위치를 파악, 활용하는 위치기반 서비스 즉 LBS(Location Based Service)도 유비쿼터스 기술의 중요한 응용 분야이다. LBS의 한 가지 예로는, GPS와 보조 항법장치가 내장된 PDA 또는 휴대폰을 가지고 있는 개인이 위급 상황을 만났을 때, 개인의 위치 정보는 이동통신망을 통하여 119 구조대에 전송되고, 구조대 통신망은 이를 감지하여 가장 가까운 구조대에서 즉시 출동하여 구조할 수 있는 응급 구조 시스템이 있다. 개인이 건물 내부나 지하 공간에 있는 경우 위치 추적이 아직은 어렵지만, 이런 문제는 항법 기술이 발전됨에 따라 머지않아 해결될 수 있을 것으로 전망된다.

유비쿼터스 기술로 인한 사회적 변화

유비쿼터스 사회의 미래 모습을 몇 가지 그려보자. 이중 어떤 것은 상당 부분 실현되고 있는 것들이며 어떤 것들은 난해한 기술이 해결되기까지 가까운 미래에 실현되기 어려운 것들이지만 여기에 그려진 예들을 통하여 유비쿼터스 기술이 가져올 사회의 변화된 모습을 부분적으로나마 살펴볼 수 있을 것이다.(한국전산원, 2006)

(1) 개인용 단말기와 화상회의 기기를 통해 언제 어디서나 자유롭게, 중간에 중단하지 않고 회의를 진행할 수 있는 사회가 된다. 택시 안에서는 택시에 설치되어 있는 텔레매틱스 디스플레이를 통해 회의장과 연결되며, 길거리에서는 스마트폰과 같은 개인용 단말기를 통해 회의장과 연결되고, 카페에서는 테이블을 디스플레이로 이용하여 회의장과 연결된다. 즉 장소와 단말의 변경에도 불구하고 끊김 없는 데이터 및 영상 전송이 이뤄질 수 있는 것이다.

(2) 홍채, 지문, 칩 등을 통한 개인인증 정보를 활용하여 출입관리, 상거래, 병력 관리를 간편하게 처리할 수 있는 사회가 된다. 칩이 내재된

언제 어디서나 네트워크에 접속할 수 있는 유비쿼터스 기술을 디지털 혁명이라고 할 정도의 생활 변화를 불러일으키고 있다. 새로운 공간과 미래를 여는 유비쿼터스 기술은 일면 장밋빛 청사진을 제시하면서도, 정보의 부익부 빈익빈, 감당할 수 없을 정도의 정보 폭주 등 새로운 문젯거리를 던진다.

카드를 이용하여 콘서트나 이벤트 장에서의 출입이 편리해지고, 지문인식을 이용한 개인인증을 통해 전자상거래의 신뢰성을 높일 수 있다. 홍채인식을 이용한 개인인증을 통해 보석 등 고가품의 결재가 쉽게 이루어질 수도 있다. 또한 DNA 인식을 이용한 개인인증을 통해 위급한 상황에서도 환자의 병력 등을 관리하고 신속하게 대응할 수 있게 된다.

(3) 번잡한 가사 노동은 로봇이 대신하고 거주자의 편의를 위해 가정 내 다양한 기기들이 지능적인 서비스를 제공하는 사회가 된다. 부재중인 시간을 이용하여 가정용 로봇이 청소를 해놓고, 귀가 시간에 맞춰 목욕물이 자동으로 데워지며, 취사가 자동으로 이루어진다. 실내 온도를 인식하고 귀가 시간에 맞춰 쾌적한 실내 환경을 유지하고, 지능형 냉장고가 보유하고 있는 식품의 정보를 전송받아 귀가 길에 마트에서 무엇을 구매할 것인가 결정할 수 있다.

(4) 개인 전용 단말기를 휴대하지 않아도 무엇이든 나의 단말기로 활용할 수 있는 사회가 된다. 개인인증을 총괄하는 유비쿼터스 ID 카드를

이용하여 전 세계 어디서나 각종 다양한 단말기를 자신의 단말기처럼 이용할 수 있는 환경이 구현된다. 노트북, PDA, 네비게이션, 전자종이, 윈도우 디스플레이 등 다양한 기기들 간에 상호 컨텐츠 연동이 가능해져 유비쿼터스 ID 카드 한 장만 있으면 간편한 비즈니스 여행을 다녀올 수 있다.

(5) 시각 장애인도 조력자나 안내견 없이 편안하게 외출할 수 있는 사회가 된다. RFID 리더기가 장착된 휴대 단말을 이용하여 도로나 각종 시설물 등에 부착된 태그로부터 지리 정보를 수집하여 시각 장애인이 목적지까지 안전하게 길안내를 받으며 이동할 수 있게 된다. 각종 도로 안내는 물론 쇼핑 정보 및 문화 정보를 함께 설명해줌으로써 시각 장애인에게도 외출은 즐거운 일상이 될 것이다.

유비쿼터스 사회를 그린 위의 예들에서 공통적으로 내포되어 있는 기술적인 용어는 이동성(Mobility)과 연결성(Connectivity)이지만 이중 더욱 중요한 요소는 연결성이다. 정보 사회를 분석하면서 카스텔[M. Castells]은 네트워크 사회가 도래했음을 강조했으며 이러한 특성은 유비쿼터스 사회로 발전되면서 더욱 두드러지고 있다.(Castells, 2000a; Castells, et al., 2007)

지구촌이 위성통신으로 연결되어 지구의 이쪽 끝에서 저쪽 끝으로 통화가 가능해졌으며 방송이 동시에 방영되어 한 지역의 뉴스가 순식간에 전 세계로 퍼져나가고 있다. 거대한 인터넷으로 연결된 지구촌은 어떤 의미에서 하나의 촌락과도 같은 형태를 띠기도 한다. 맥루한이 일찍이 1967년에 주창한 지구촌(Global Village)이라는 개념이 구체화되어가고 있는 것이다.(Symes, 1995) 유비쿼터스 사회가 펼쳐지면서 사람과 사람 사이의 연결뿐 아니라 사람과 기계, 사람과 센서, 그리고 기계와 기계까지 연결되는 거대한 네트워크 사회를 만들어내었다. 이러한 사회가 우리의 삶에 미치고 있는 영향은 뒤에서 자세히 다루기로 하겠다.

네트워크 사회 또는 유비쿼터스 사회가 되면서 가장 민감한 반응을 보이는 것이 경제 활동의 변화이다. 카스텔은 이를 신경제(New Economy)라고 칭하고(Castells, 2000b), 그것은 아래와 같은 세 가지 특징을 갖는다고 설명한다.

(1) 신경제는 정보중심적(informational)이다. 지식을 만들어내고 정보를 처리하는 능력이 기업의 생산성과 경쟁력을 결정한다.

(2) 신경제는 범지구적이다. 금융시장, 과학기술, 상품과 서비스의 국제교역, 생산과 그 보조 네트워크, 통신 미디어, 고숙련 노동력은 이제 범지구적 규모로 존재하게 되었다.

(3) 신경제는 네트워크화되어 있다. 신경제의 핵심에는 네트워크 기업이 존재한다. 큰 회사들은 내부 네트워크가 구성되어 있고, 작은 회사들은 이러한 네트워크에 연결되어 있다.

유비쿼터스 네트워크를 통한 소비의 글로벌화로 공간적 제약이 해소되고 9시에서 5시까지의 8시간 근무에서 24시간 영업 체제로 전환되고 있다. 실례로 AOL의 전자 쇼핑을 살펴보면 전체 구매의 40퍼센트가 일반 상점이 폐쇄된 오후 10시부터 이튿날 오전 10시 사이에 이루어지고 있다.(삼성경제연구원, 2000) 이러한 소비 시간의 확장과 더불어 소비자가 생산자와 동등한 정보를 공유하고 선호 표출 등의 방식으로 생산 과정에 직접 참여하는 프로슈머가 등장하면서 소비자 중심의 시대가 열리고 있다.(정균승, 2004) 생산자가 홈페이지를 통해 제품에 대한 다양한 정보를 제공하고 검색 사이트와 비교 사이트들이 제품의 평가를 도와줌으로써 유통업체들은 가격할인 압력에 직면하고 있다.

또한 인터넷 경매 및 역경매 방식의 확산으로 개별 소비자가 제품가격 결정에 직접적으로 참여할 수 있게 되었다. 즉 가격 차별(price discrimination)의 불가능성과 역경매 시장(reverse market)의 탄생으로 고객이 공급자보다 상대적으로 많은 정보를 보유하게 됨으로써, 판매자의 가격 결정권이 무력해지고 있다. 즉, 소비자에게로 파워가 전환되는 시장으로써 고객이 판매상을 찾아내고 판매상으로부터 가치를 추출하는 시장이다. 역경매 시장에서는 소비자는 쉽게 자신의 조건에 맞는 판매자를 선택할 수 있다. 소비자들은 특정한 판매자에 대한 더 많은 정보를 얻을 수 있게 되었으며, 소비자를 괴롭히는 도덕적 해이나 소비자-판매자 사이의 정보 비대칭을 극복할 수 있는 데이터를 가지고, 적절한 판매상을 선별할 수 있는 능력을 갖추게 된다.

이러한 수요 조건의 변화에 따른 새로운 사업으로 '인포 미디어리'가 등장하였다.(Hagel & Singer, 1999) 인포 미디어리란 소비자와 판매자의 정보를 정확하게 파악하여 각각이 필요로 하는 상품이나 서비스를 연결시켜주는 새로운 사업을 말한다. 그 배경에는 정보혁명, 정보수집의 용이성, 정보의 폭발적 증가, 정보탐색의 어려움을 들 수 있다. 소비자는 판매자와의 최고의 거래(좋은 제품, 저렴한 가격 등)를 위해서 제품 또는 서비스에 대한 최상의 협상을 위해서 신뢰할 만한 제3자가 필요하게 되었다. 생산자나 고객은 인포 미디어리가 축적한 정보를 이용하여 거래하고 대가를 지불한다. 따라서 인포 미디어리는 정보가 최고의 자산이 되는 정보 지향적 사업이다. 인포 미디어리는 상품이나 고객에 대한 정보만을 제공하며 상품의 유통에는 직접 관여하지 않는다.

인터넷의 확산과 함께 도래한 정보 사회에서 시작되어 유비쿼터스 사회가 되면서 심화되고 있는 사회적 현상의 하나가 '디지털 격차(Digital Divide)'이다. 레쉬W. Wresch는 『Disconnected: Haves and Have-Nots in the Information Age』의 첫머리를 아프리카 나미비아에 사는 두 사람에 대한 충격적인 비교로 시작한다. 한 사람은 전자우편, 국제전화, 해외여행을 통해 컴퓨터 사업을 하면서 BMW를 타고 다니는 '정보 부자(information-rich)'이고 다른 사람은 아무리 노력을 해도 막노동 작업조차 발견하기 힘든 '정보 빈자(information-poor)'의 모습이다. 이 둘은 같은 도시에 살고 있다.(Wresch, 1996)

디지털 격차를 상세히 다룬 레쉬의 『Disconnected : Haves and Have-Nots in the Information Age』.

모든 사회적 변화가 그렇듯이 유비쿼터스 사회가 제공하는 기회와 위험이 누구에게나 균등한 것은 아니다. 기회와 위험은 글로벌 네트워크에 얼마나 접근할 수 있는가에 따라 (앞의 사례에서 보듯이) 무척 불균등하다. 즉, 국제적으로 봐도 전통적인 '서양 대 나머지 모두(West versus the Rest)'라는 불평등의 역사적 패턴을 반복하는 것이 아니라, 훨씬 복잡하고 모순적인 승자와 패자의 간극이 나타난다. 정보화 시대의 승자와 패자의 간극은 (고급) 정보에 얼마나 자유롭게 접할 수 있는가에 따라 상당 부분 결정된다. 이렇게 인터넷 접근을 자유롭게 할 수 있는 정보 부자와 그렇지 않은 정보 빈자 사이의 간극을 '디지털 격차'라고 한다.

디지털 격차는 나라와 나라 사이에 뚜렷하게 나타난다. UN에서 2001년에 발간한 보고서에 따르면 2000년을 기준으로 미국은 54.3퍼센트의 국민이 인터넷에 접속하고 있으며 미국을 제외한 OECD 국가 중 부유한 나라에서는 28.2퍼센트의 국민들이 인터넷에 접속하고 있다. 반면에 아프리카와 OECD에 들지 않은 아시아 나라들에서는 0.4퍼센트의 국민들만이 인터넷을 이용하는 것으로 드러났다.

디지털 격차는 국가와 국가 사이에서만 드러나는 것이 아니라 한 나라 안에서도 심하게 나타나고 있다. 중국의 경우 상해와 북경에 거주하는 2,700만 명 중에 500만 명(18.5퍼센트)이 인터넷을 사용하고 있으나 인터넷이 가장 적게 보급된 15개 성에 사는 6억 명 중에 인터넷을 사용하는 사람들은 400만 명(0.6퍼센트)에 불과하다.

또한 디지털 격차는 도시와 농촌, 교육 정도, 빈부 격차, 나이, 성별에 따라서도 나타나는 것으로 밝히고 있다. 태국에서 인터넷을 이용하는 사람들의 90퍼센트는 도시에 살고 있으며, 불가리아의 경우 빈부층 65퍼센트의 국민이 인터넷 사용자에서 차지하는 비율은 29퍼센트에 불과하였다. 호주에서 18세에서 24세 사이 사람들 중 인터넷을 사용하는 비율은 55세 이상인 사람들과 비교했을 때 5배가 높았다. 성별에 따른 차이로는 중국의 경우 인터넷 사용자의 70퍼센트가 남자였다. 이러한 디지털 격차는 국가마다 약간의 차이는 있으나 대체로 비슷하게 나타나고 있는 현상이라고 결론짓고 있다.(UNDP, 2001)

인터넷과 정보 사회로부터 시작된 디지털 격차는 유비쿼터스 사회가 되면서 심화될 것이 분명하다. 재정, 학력, 나이에 따라 유비쿼터스 네트워크 접속에 제한을 받게 되는 소외 계층은 유비쿼터스 사회에서 타자가 된다. 이 문제를 해결하지 않고는 건강한 유비쿼터스 사회를 건설할 수 없을 것이다.

개인적 삶의 변화

유비쿼터스 사회와 함께 등장한 삶의 패턴 중에 하나가 '디지털 노마드'이다. 이것은 이동통신과 인터넷망 그리고 소형 정보 기기를 사용하여 언제 어디서든지 타인과 접속하고 소통을 할 수 있는 신유목민의 등장을 말하는 것이며, 미디어 학자들은 이들을 디지털 노마드라고 부른다.

20세기 미디어 이론가인 맥루한은 30년 전 "사람들은 빠르게 움직이면서 전자제품을 이용하는 유목민이 될 것이며 세계 각지를 돌아다니지만 어디에도 집이 없을 것이다"라고 예견하였다.(Symes, 1995)

노마드라는 문화현상을 구체적으로 체계화한 사람은 프랑스의 사회학자 아탈리J. Attali였다. 그는 미래의 도시 유목민을 극빈 유목민과 가상 유목민, 디지털 유목민의 세 종류로 분류하였다. 극빈 유목민이란 멀리 가지 않고 모든 것을 포기하면서 단순히 먹을 것을 위해 이동을 하며, 가상 유목민은 계층 피라미드에서 중간에 위치하면서 다른 사람의 유목을 관망하는 것으로 만족하는 계층이라고 하였다. 그리고 가장 상층에 위치한 디지털 유목민은 디지털 장비로 무장하고 모든 종류의 소통과 창조 수단에 접근할 수 있는 신엘리트라고 정의하였다.(Jeon, 2007)

유비쿼터스 사회에서 최첨단 정보 기술을 이용하여 누구보다도 가장 잘 적응하면서 살아가는 이들 신엘리트들은 생활에 필요한 정보를 찾고 또 제공하기도 하는 쌍방향 커뮤니케이션을 통해 개인생활을 하고 사회생활을 한다. 이들 사회에서는 정보의 소비자가 곧 정보 생산자가 되며 프로슈머들이다. 이러한 계층은 젊은이 세대들이 주를 이루며 유비쿼터스 기술에 익숙해진 젊은이들은 나이를 먹으면서도 유비쿼터스 문화를 만들어나가고 이 사회에서 새로운 문화의 선도 주자로 활약해나가게 될 것이다.

유비쿼터스 사회가 가져올 개인적인 삶의 또 다른 변화는 자율성(Autonomy)과 개인주의(Individualism)의 증진이다. 얼핏 생각하면 거대한 네트워크에 연결된 삶은 네트워크의 구속이 크고 타율적이 될 것이라고 생각할 수 있다. 그러나 제한된 공간에서도 개인이 거대한 유비쿼터스 네트워크에 연결됨으로써 자기의 활동 영역을 넓힐 수 있으므로 오히려 자유로워질 수 있게 되었다. 접속을 자유롭게 컨트롤하면서 자기가 원하는 방향으로 업무나 시간을 재단할 수 있는 기회가 많아지는 것이다. 육체적으로는 가족과 멀리 떨어져 있지만 유비쿼터스 네트워크를 통하여 연결을 계속 유지하면서 자기의 독자적인 일을 할 수 있게 되었다. 항시 움직여야 되는 전문직 종사자도 움직이면서 자기 업무를 볼 수 있고 외부에서 업무를 보는 중에도 회사와 연결되어 있을 뿐 아니라 동료들과 연결을 유지하고 있다. 카스텔 등은 이를 안전한 자율성(Safe Autonomy)이라고 이름 붙였다.(Castells, et al., 2007)

정체성(identity)은 우리의 의미와 경험의 근원이다. 사람들은 주변의 문화로부터 자신의 정체성을 형성한다. 디지털 노마드의 확산, 자율성, 개인주의의 확산에서 볼 수 있듯이 유비쿼터스 사회가 전개되면서 새로운 정체성이 형성되고 있다. 유비쿼터스 사회에서는 정보의 빠른 유통과 지식의 빠른 순환으로 전통적인 종교 또는 과학과 같은 중심적 권위가 빠른 속도로 희석되고 있으며, 대신 개개인의 삶의 질, 선택, 자기표현 등이 중심적인 가치관으로 부상되고 있다. 사람들은 다른 사람들과 상징적으로 동일시하는 과정을 겪기 때문에 개인의 정체성이라고 하는 것도 본질적으로 집단적인 것이다. 유비쿼터스 사회의 확산과 더불어 나타나는 정체성의 변화를 세분해서 살펴보기로 하자.(Giddens, 1991 ; Beck, 2000)

(1) 여성 정체성의 부상 : 1960년대 이후 여성해방과 남녀평등은 범지구적 현상이며, 막을 수 없는 대세라는 것이 일반적인 생각이다. 이는 사무직, 서비스직 노동의 증가, 피임약과 같은 의학의 발전으로 인한 출산조절, 자녀수의 감소, 다양한 복지정책의 도입, 미디어의 영향 등의 복합적인 원인 때문이지만, 그 확산의 결정적 요인은 범지구적 통신망(global communication)이었다. 한국은 여성의 권리와 참여에 대해서는 '후진국'

마누엘 카스텔은 근대사회를 유지하던 정치 경제 원리가 총체적으로 무너지고, 인터넷에 기반을 둔 네트워크가 모든 것을 지배하는 사회로 현대사회가 진화할 것이라고 주장했다. 왼쪽은 카스텔의 『The Rise of the Network Society』.

이라 할 수 있을 정도지만, 여권의 신장과 여성의 경제, 사회 활동 증가는 앞으로 무시할 수 없는 사회적 현상으로 부상될 것이다.

(2) 급진적 개인주의의 부상 : 유비쿼터스 사회의 도래로 자율성과 개인주의가 확산되면서 성공과 실패가 모두 개인의 책임이 되고, 경쟁에서 이기는 것, 자신의 라이프 스타일을 만드는 것, 자신의 삶을 조종하는 사람이 되는 것, 실패를 개개인이 책임지는 것 등이 중요해지고 있다.

(3) 위험하고 조각난 삶 : 대졸자가 정년퇴임 때까지 열두 번 직장을 바꾼다는 미국과 영국의 통계가 보여주듯, 우리의 삶은 위험하고, 순간적이고, 실험적이고, 조각나고, 떠돌아다니는 것이 되고 있다. 개인의 선택과 준비가 중요해지고, 삶을 산다는 것은 예상치 않은 실직과 같은 불행을 각자가 예측하고 이에 대한 책임을 지는 것을 포함하게 되었다.

(4) 다중적 정체성(Multiple Identity) : 현대를 사는 사람이 서로 다른 역할, 즉 납세자, 운전자, 자매, 보행자, 소비자, 학생, 투표자, 환자, 생산자, 아버지, 어머니와 같은 다중의 역할을 동시에 하게 된 것은 오래된 현상이다. 하지만, 지금 우리가 사는 유비쿼터스 사회는 이런 다양한 역할

을 하는 개인을 하나의 통합된 정체성으로조차 보지 않고, 서로 다른 기능적 세상을 돌아다니면서 순간순간 각각의 세상에 관여하는 사람으로 간주하고 있다. 터클S. Turkle은 이런 다중의 삶은 사이버스페이스에서의 삶이 서로 다른 가상적 세상을 순환 관통(cycling through)하며 각각의 세상에서 서로 다른 정체성을 갖는다고 분석하였다.(Turkle, 1995)

(5) 만드는 정체성 : 우리의 정체성은 고정된 것이 아니라 매 순간마다 만들어야 하는 것이 되고 있다. 그렇기 때문에 우리는 유연하고 바꿀 수 있는 정체성을 가질 것을 요구 받는다. 전통이라는 것도 우리에게 주어지는 것이 아니라 끊임없이 만들어야 하는 것으로 바뀌며, 이는 다시 잡종문화와 잡종적인 정체성을 낳는 힘이 된다.

(6) 무기력 : 범지구적으로 상호 연관된 사회는 우리 개개인의 통제 밖에 존재하는 세상이다. 서울 사람들이 황사에 대해 무슨 대책이 있을 수 없듯이, 깨끗한 공기를 숨 쉬고 신선한 물을 마시는 것조차 우리는 우리 마음대로 할 수 없는 세상에 살고 있다. 변화하는 외부 세상에 대해 공포나 두려움만 가지고 있다면, 이런 사람들은 종교나 인종적인 원리주의의 울타리에 속해서 안정을 찾기 쉽다.

(7) 성찰적(Reflexive) 정체성 : 유비쿼터스 사회에서는 상충되는 요구가 많고 범지구적으로 불확실한 공간 속에서 모순되는 것처럼 보이는 정보를 처리하는 능력이 점차 중요해지고 있다. 개개인은 이를 위해 대화, 타협, 협상 등 성찰적인 과정을 자신의 것으로 만들어야 한다. 스스로 생각하고 지식을 갖는 것이 중요해지며, 과학 연구나 학자들이 쓰던 세상에 대한 '의심'의 방법이 일상생활에도 적용된다.

(8) 협력적이고 이타적인 개인주의 : 성찰의 과정은 상호의존의 사회적 의미를 이해하는 과정이다. 근대 개인주의가 국가나 공동체와 같은

집단의 부당한 압력에 대해 개개인의 독립성을 강조했다면, 상호의존적인 탈근대 사회의 급진적 민주주의는 나와 연관되어 있는 다른 사람도 잘되어야 나도 잘될 수 있다는 새로운 'We orientation'의 중요성을 부각한다. 이는 과거처럼 개인을 공동체에 종속시키는 것이 아니라, 새로운 협동적 개인주의, 이타적 개인주의를 만드는 것이다. 개인의 삶은 어디까지나 개인의 프로젝트지만, 이타적 개인주의는 개인의 고립화와 원자화를 강요하는 강력한 시장 시스템은 물론 개인 사이의 균질성을 강요하는 집단주의 모두를 배제한다.

유비쿼터스 사회의 철학적 문제들

유비쿼터스 기술은 인간관계에 커다란 영향을 미치고 있음을 앞에서 강조하였다. 북미의 경우 정당, 교회, 자치단체, 학부모-교사연합(Parent-Teacher Association, PTA), 자원봉사, 이웃과의 만남과 같은 '전통적인' 사회적 조직과 모임에의 참여율은 지난 20~30년간 두드러진 감소 추세를 보이고 있다. 이 현상을 연구한 퍼트남R. Putnam은 이를 미국 사회의 '사회적 자본(social capital)'의 감소로 보고 있다.(Putnam, 1995) 사회적 자본에는 네트워크 자본(network capital : 친구, 이웃, 친척 등과 정보 · 감정 교환), 참여 자본(participatory capital : 정치와 자원봉사 단체에 참여), 공동체 자본(community commitment : 커뮤니티에 참여) 등이 있으며, 이들은 사람들이 서로를 신뢰하고, 사회와 공동체를 위해 다소의 손해를 감수하는 등, 민주주의를 위한 기본적인 환경을 조성하는 데에 필수적이다.

사회적 자본 감소의 원인은 이혼의 증가 및 독신의 증가로 대변되는 핵가족의 붕괴, 이웃과 만날 수 있는 공간이 점차 사라지는 사회 공간의 변화, TV나 비디오처럼 집에서 혼자 즐기는 레저 시간의 증가 등 사람들이 시민사회의 다양한 사회 · 정치 공동체로부터 멀어진 데에서 찾을 수 있다.

인터넷과 가상 공동체가 이러한 사회적 자본의 감소와 어떤 영향이 있는가? 미국의 경우 이에 대해서는 현재까지 몇 가지 상반된 연구 결과가 존재한다. 미국 전역의 인터넷 사용자를 대상으로 한 연구에서는(Katz & Apsden, 1997) 인터넷 사용자들과 인터넷을 사용하지 않는 사람들이 종교, 레저, 공동체 모임의 멤버십이나 가족, 친구와 보내는 시간에 아무 차이가 없음을 보여주었다. 즉, 인터넷 사용은 사회적 자본의 감소와 무관하다는 것이었다.

그렇지만 1998년에는 이와 정반대의 연구 결과가 발표되었다. 카네기멜론대학교의 연구팀은 주요 컴퓨터 회사에서 연구비를 지원받아 169명의 인터넷 사용자를 1~2년 관찰한 결과, 인터넷을 더 많이 사용하는 사람들일수록 가족과 접촉하는 빈도와 사회적으로 관여하는 그룹의 규모가 모두 줄었고, 동시에 우울증과 소외감이 증가했음을 보여주었다. 조사 대상이 된 사람들은 인터넷을 주로 다른 사람과의 '소통'을 위해 사용했는데, 그 결과는 오히려 사람들의 고립을 촉진했다는 것이었다.

'인터넷 패러독스'라고 이름 붙인 이러한 현상의 원인으로 이들은 1) 인터넷을 사용하는 시간이 실제로 사람과 접촉할 시간을 앗아가고, 2) 인터넷을 통해 만드는 '약한 연줄(weak tie)'의 인간 관계가 실제 세상의 '강한 연줄(strong tie)'의 인간관계를 대체하기 때문이라고 설명했다.(Kraut et al., 1998)

유비쿼터스 기술이 인간관계에 변화를 가져오고 있음을 부인할 수 없다. 전통적인 가족과 지역 중심의 인간관계에서 유비쿼터스 네트워크를 통한 새로운 관계를 형성해가고 있는 것이다. 이러한 변화는 유비쿼터스 기술이 확산되면서 더욱 가속될 것이라고 예측해볼 수 있다.

앞에서 우리는 유비쿼터스 기술이 가져온 인간과 인간관계 변화에 대하여 이야기하였다. 이제 유비쿼터스 기술과 인간 사이에 생겨난 철학적 문제에 대하여 살펴보도록 하자. 유비쿼터스 사회의 도래는 우리들로 하여금 시간과 공간에 대한 개념에 커다란 변화를 몰고왔다. 유비쿼터스 사회의 특징인 네트워크, 연결, 정보통신 네트워크에 의한 정보의 유통뿐 아니라 항공기, 고속철도, 도로망으로 연결된 교통 네트워크는 뉴욕도 이웃이 될 수 있다는 느낌을 준다. 뉴욕은 시간과 재정만 허락된다면 하루 만에 가 볼 수 있는 곳이 되었으며, 뉴욕 메트로폴리탄에 있는 그림을 내 컴퓨터 화면에서 감상할 수도 있다. 그러면 유비쿼터스 기술로 인한 물리적 연결성과 접근성은 우리의 시간과 공간에 대한 개념과 사고 체계에 변화를 줄만큼 커다란 영향력을 가진 것인가?

이 질문에 대한 두 가지 상반된 견해를 이 글에서는 소개하고자 한다. 미국의 기술사학자 토머스 휴즈T. Hughes가 제시한 기술 시스템과 관성 이론에서 주창하는 것과 같이 유비쿼터스 기술은 탄생, 성장, 확장, 경쟁 단계를 거치면서 거대한 사회기술 시스템이 되었고 관성이 붙기 시작하여 핵전쟁과 같은 어마어마한 힘이 아니고서는 그것을 막거나 그 코스를 돌릴 수가 없게 되었다.(Hughes, 1983) 전기, 자동차, 컴퓨터, 인터넷과 같은 사회기술 시스템의 예로 보건대 이미 관성이 붙은 대형 사회기술 시스템은 쉽게 발전 방향을 되돌리거나 제거할 수 없다. 유비쿼터스 기술도 이제 인간의 통제를 벗어난 기술 시스템이라고 볼 수 있다. 그렇다면 유비쿼터스 기술은 칸트가 말하는 코페르니쿠스적 전회를 불러올 것인가?

이 질문에 대한 한 가지 답변은 기술이 인간의 통제를 벗어났다고 곧 우리가 기술의 지배를 받으면서 살아야 되는 것은 아니라는 것이다. 기술은 어디까지나 도구적인 힘을 갖고 있는 것이지 이 사회가 추구하는 목적이나 이상이 될 수는 없기 때문이다.(이장규, 2006) 유비쿼터스 기술이 우리의 사고방식에 부분적으로 영향은 줄지 모르지만 인간의 삶을 보는 근본적인 사고의 틀에 영향을 미치지는 않을 것이다.

이제 컴퓨터와 인터넷이 몰고온 정보 기술과 유비쿼터스 기술이 어떤 차이가 있는지 살펴보자. 그것은 연결성에서 차이가 있다. 두 가지 기술이 모두 네트워크 중심 기술이라는 점은 같으나 정보 기술의 경우 사용자가 의도적으로 연결을 시도할 때 그 네트워크에 연결되는 것이지만 유비쿼터스 기술의 경우 사용자의 의도와 무관하게 네트워크에 연결된다는 것이다. 와이저가 정의한 것처럼 유비쿼터스 기술은 있는 듯 없는 듯 네트워크가 만들어져 있기 때문에 모든 사람들이 그 기술에 노출되어 있는 것이다. 마치 사방에 향수를 뿌려놓은 화장실에 들어가면 향수 냄새를 맡을 수밖에 없는 것과 같다.

이런 점으로 비추어 보면 유비쿼터스 기술은 하이데거가 말하는 존재적 실체가 된 것이다.(손화철, 2006) 즉 유비쿼터스 기술은 인간을 오히려 대상화시키고 도구화시키고 있는 것이다. 인간이 유비쿼터스 기술을 도구화시킬 수 있는 것인가, 아니면 그 기술이 인간을 도구화시키고 있는 것인가 심각하게 고민해보아야 될 것이다.

앞에서 유비쿼터스 기술이 우리 사회에 가져온 디지털 격차에 대하여 소개한 바 있다. 이러한 디지털 격차는 유비쿼터스 기술에 편승하지 못한 다수의 대중을 소외시키고 타자화시킬 염려가 있다. 특히 유비쿼터스 기술에서 소외되는 사람들은 이 사회에서 덜 배운 사람, 덜 가진 사람들이 되기가 쉽다. 그렇다면 유비쿼터스 기술은 정보를 가진 사람이 더 많이 갖게 되고 갖지 못한 사람은 더욱 빈곤해지는 정보의 부익부 빈익빈을 가져오게 될 것이다. 이러한 상황이 지속된다면 정보 빈자만의 불행이 아니다. 정보

부자도 비릴리오가 묘사한 것과 같은 마비 상태가 올 수 있다.(고현범, 2007)

비릴리오에 의하면 과다한 정보는 지속적으로 정보 히스테리를 증가시키며, 정보 홍수 속에 빠지게 만든다. 수용자는 폭주하는 정보를 스스로 해석하고 판단할 수 있는 시간과 여유가 없으므로 정보를 무비판적으로 수용하게 된다. 나아가 새로운 기술은 인간이 더 이상 감당할 수 없는 속도로 움직인다. 이 기술들은 자신의 속도를 수용하고 그에 따라 반응할 수 있는 다른 기계를 요구하고, 인간을 점점 기계의 지배에 복속시켜 저항할 능력을 앗아가는 폭정을 가한다.

또 한 가지는 속도의 역설이다. 이전보다 빠른 기계들이 필요하고 나아가 정보 고속도로에서 정보들이 폭주하면 할수록 사람들은 점점 더 마비 상태에 놓인다. 이것이 바로 속도가 과잉되면 정지 상태로 돌변한다는 속도의 역설이다. 임의의 지점에서 매우 짧은 시간에 어디든지 갈 수 있다면, 그것은 모든 지점이 항상 어디에나 존재하는 것과 같다. 이것이 시간과 장소, 컴퓨터나 네트워크 여건에 구애받지 않고 자유롭게 네트워크에 접속할 수 있는 유비쿼터스 기술이 지향하는 것 아닌가. 비릴리오는 이러한 상태가 되면 인간을 혼수 상태에 빠뜨릴 것이라고 경고한다.

정보 빈자는 새로이 전개되는 유비쿼터스 사회에서 타자화됨으로써 고립되고, 정보 부자는 마비 상태에 빠져 고립되고 마는 역설에 빠지는 것이다. 디지털 격차 해소는 기술을 개발하는 사람이나 그것을 활용하는 사람이나 함께 해결해야 할 과제가 아닐 수 없다.

이장규 1946년 생. 서울대학교 전기공학과를 졸업하고 미국 피츠버그대학교에서 전기공학으로 박사 학위를 받았다. 서울대학교 전기공학부 교수로 재직하다가 정년 퇴임했으며, 2011년 에티오피아 아마다국립대학교 총장으로 취임했다. 과학기술학(STS)에도 관심이 있어 1998년에 1년 동안 버지니아 공과대학(VPI&SU) STS 프로그램의 연구교수로 다녀왔으며, 1999년부터 서울대학교 공과대학에서 공학기술과 사회 과목을 개설하여 가르쳤다. 공저로 『글로벌 정보사회의 전개와 대응』 『공학기술과 사회-21세기 엔지니어를 위한 기술사회론 입문』이 있다.

장대익 | 서울대학교 자유전공학부 교수

뇌 탓이오?

신경과학의 철학적 쟁점들

첩보 영화는 거의 언제나 배신자에 대한 응징으로 끝난다. 그런데도 우리가 손에 땀을 쥐면서 눈을 떼지 못하는 이유는 끝날 때까지 누가 범인인지 가르쳐주지 않기 때문이다. 영화 속 인물들 중 적어도 한 명은 거짓말을 하고 있을 테지만 〈원초적 본능〉의 샤론 스톤처럼 자신의 땀샘까지 통제해 거짓말 탐지기마저 무용지물로 만드는 경우들도 없지 않다. 그렇다면 그들의 땀샘이나 심장 대신 뇌의 반응을 찍어보면 어떨까? 샤론 스톤은 자신의 뇌마저도 거짓말을 하게 만들 수 있을까?

왜 신경윤리학인가?

신경과학(neuroscience)의 연구 성과들이 최근에 봇물처럼 터져나오면서 인간의 마음과 행동을 뇌 활동으로 이해하고 설명하려는 시도들이 점점 늘어가고 있다. 인간을 유전자로 환원해 설명하려는 노력들이 여전히 맹위를 떨치고 있기 때문인지, 인간을 뉴런(신경 세포)으로 환원해 설명하려는 시도들은 그리 낯설지는 않다. 이런 흐름들은 크게 보면 인간을 결국 '자연의 일부'로 보는 지적 전통의 현대적 변주라 할 수 있다. 그렇다면 이런 변주는 기존의 인문학적 관점에서는 얼마나 도발적일까?

사실 현대의 과학기술에 대한 기존의 인문학적 논의들 중 가장 많은 부분을 차지했던 주제는 유전공학과 관련된 것이었다. 특히 복제양 돌리(Dolly) 이후로 유전공학은 윤리학자들의 단골 메뉴가 되었을 정도이다. 반면 최근 십여 년 동안의 신경과학의 눈부신 발전에 비하면 이에 대한 윤리학적 쟁점과 함의에 대해서는 상대적으로 논의가 미약한 상황이다. 예컨대, 뇌 영상(brain imaging) 기술과 정신약물학(psychopharmacology)의 비약적 발전과 그에 근거한 진단과 치료가 점점 더 정교해지고 일상화되어 가는 현실에서 신경과학에 관한 반성적 토론은 유전학에 대한 성찰만큼이나 중요하고 시급한 과제일 것이다. 또한 인간의 마음과 행동에 대한 인지신경학적 연구는 인간의 도덕적 · 법적 책임에 대한 기존 철학적 논의들에 중대한 도전을 던지고 있다. 선진 외국에서는 최근 몇 년 사이에 '신경윤리학(neuroethics)'라는 이름으로 이에 대한 토론이 본격화될 조짐을 보이고 있지만(Farah, 2005; Farah et al., 2004; Gazzaniga, 2005; Illes & Bird, 2006; Mobbes et al., 2007; Moreno, 2003; Roskies, 2006), 아쉽게도 국내에서는 관련 논의가 전무한 상태이다.

나는 여기서 신경과학의 철학적 함의와 쟁점들을 발굴하고 분류해 봄으로써 생명의료윤리의 지평을 넓히는 한편, 미래의 신경사회(neuro-society, 신경과학이 보편화된 사회)에 대한 철학적 대비의 필요성을 주장할 것이다. 이는 지금 비약적인 발전을 거듭하고 있는 신경과학의 창을 통해 뇌와 나, 그리고 뇌와 사회의 관계를 재조명해보려는 하나의 시도이다.

신경윤리학의 주제들

신경윤리학에는 여러 가지 논의 주제들이 있지만 크게는 셋으로 분류될 수 있다. 첫째는 뇌 영상 기술의 발전으로 인해 발생할 수 있는 윤리적 문제가 그것이다. 현재의 뇌 영상 기술은 양전자방출단층촬영(PET), 기능적 자기공명영상(fMRI), 사건관련전위법(ERP), 그리고 자기뇌도측정법(MEG) 등이 포함된다. 이런 방법들은 침습성과 휴대성 측면에서 모두 다르며 측정 목표에 따라서도 다르지만 개인의 내밀한 정보를 얻는다는 측면에서는 동일하다. 신경학자들은 이 기법을 통해 개인의 심리 상태와 형질을 알아낼 수 있다고 믿으며 실제로 그런 연구들이 속속 발표되고 있다.(Canli & Amin, 2002) 가령, 자신이 마시는 콜라가 어떤 회사의 것인지를 인지하고 있는 피험자들에게 펩시 로고와 코카콜라 로고를 보여주었을

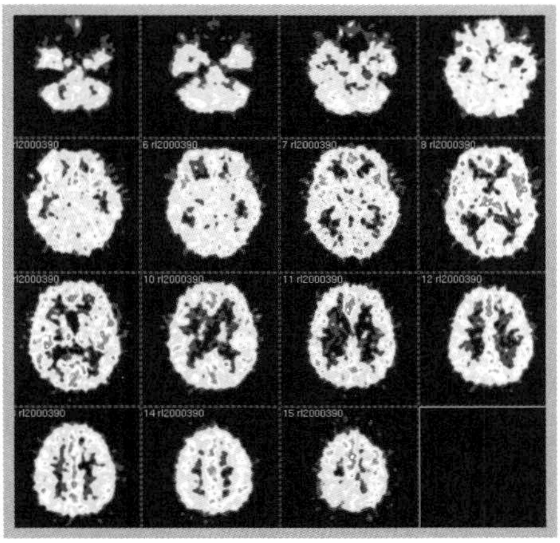

뇌 영상 기술로 파악된 개인의 심리 상태와 형질은 어디까지 신뢰할 수 있을까? 최근 비약적으로 발전하고 있는 신경과학은 자유의지와 결정론 등 새로운 철학적 쟁점들을 제기하고 있다.

때, 상이한 뇌 활동 반응이 일어난다는 보고도 있었다.(McClure et al., 2004) 최근에 마케팅 전문가들은 '신경 마케팅(neuromarketing)'이라는 분야에서 뇌 영상 연구를 통해 상품 구매의 무의식적 욕구를 더 정확히 알아내려고 시도하고 있다. 또한 뇌 영상 기술(특히, ERP)은 거짓말 탐지기로도 활용될 가능성을 보이고 있다. 특정 뇌 영상이 특정 형질에 대응된다는 식의 생각은 오늘날 신경과학 영역에서 널리 받아들여지고 있는 견해이다.

앞으로 이런 뇌 영상 기술의 적용 범위는 점점 더 넓어질 전망이다. 따라서 이에 대한 성찰 또한 절실한데, 여기서는 뇌 프라이버시(brain privacy) 문제와 기술의 부정확성 문제를 중심으로 논의를 할 것이다. 전자는 기본 구조에 있어서 유전정보 프라이버시 문제와 동일하다. 즉, 그것은 뇌 정보가 타인에게 알려졌을 때 발생할 수 있는 윤리적 문제를 다룬다. 반면 후자는 뇌 영상 기술 자체에 대한 반성이다. 흔히 대중들은 뇌 스캔을 통해 얻은 정보를 지나치게 신뢰하는 경향이 있다.(Dumit, 2004) 이런 태도는 뇌 기능과 뇌 영상 간의 관계에서 복잡한 신호처리와 통계기법이 사용되고 있다는 사실을 잘 알지 못해서 나오는 것이다. 따라서 이 대목에서는 각종 뇌 영상 기술이 어떤 특장점과 한계를 지니는지를 정확히 이해하는 작업이 필요할 것이다.

두 번째 주제는 정신약물 기술에 의한 뇌 향상(brain enhancement) 프로그램과 관련되어 있다. 뇌 향상은 유전적 향상(genetic enhancement)에 비해 근본적이거나 반영구적이지는 않지만 효과는 더 빠르고 직접적이다.(Farah et al., 2004; 성영신 외, 2004) 여기서는 정신 약물들을 통해 기분(mood), 자율신경 기능(수면, 식욕, 성욕), 그리고 인지 장애들(주의력 결핍)을 치료하고 그 기능들을 향상시키는 행위에 대해 철학적으로 고찰해볼 것이다. 그중 하나는 뇌 향상 프로그램이 일반화될 때 생길 수 있는 (뇌 향상을 하지 않은 사람들에 대한) 차별 문제이며, 다른 하나는 리탈린(Ritalin, 주의력 결핍 장애 약물) 등의 약물치료를 받은 사람의 성과물과 프로작(Prozac, 항우울제) 등으로 치료받은 사람의 '사람됨(personhood)'을 평가하는 문제다.

세 번째 주제는 인지신경학(cognitive neuroscience)이 기존 인문학(특히 윤리학과 법학)에 던지는 함의에 관한 연구이다. 뇌의 특정 부위에 손상을 입은 환자들이 그 이전과는 달리 반사회적 행동을 하는 경우들이 속속 보고되면서 도덕 및 법적 행동에 대한 인지신경학적 성과들이 점점 더 법적 · 윤리적 논의에 스며들고 있다.(Gazzaniga, 2004) 이와 관련하여, 폭발 사고로 뇌의 전두엽 부분에 쇠파이프가 관통된 피니어스 게이지P. Gage라는 사람의 사례는 매우 유명하다.(Damasio, 1994) 여기서는 인간의 마음과 행동에 대한 인지신경학적 기초가 기존의 철학적 문제들—가령, 자유의지와 결정론의 문제—에 구체적으로 어떤 쟁점과 함의를 던져주는지를 검토할 것이다.

물론 이들은 기존의 거짓말 탐지기를 모두 통과한 피험자들이었다. 하지만 법정에서 DNA 지문이 매우 중요한 증거로 사용되는 것과는 달리 뇌 지문은 아직 법정 증거로 채택되고 있지는 않다. 왜냐하면 P300 기법이 특정 연구자에 의해 주로 발전되었을 뿐 아니라 관련 분야의 과학자 공동체도 그 기법의 신빙성을 확신하지 못하기 때문이다.(Feder, 2001)

뇌 영상 기법이 뇌 손상이나 뇌 이상을 넘어 널리 응용되는 분야는 거짓말 탐지 쪽만은 아니다. 오히려 연구자들은 뇌 영상으로 피험자의 지능, 성격, 성(性), 그리고 감정 상태 등을 알아낼 수 있는 방법을 개발하고 있다. 가령 외향성, 끈기, 소심함, 공감 등의 신경 연관물(neural correlates)에 관한 연구들이 쏟아져나오고 있다. 피험자의 뇌가 기분 좋은 자극들(강아지, 아이스크림, 석양, 행복한 얼굴 등)에 어떻게 반응하는지를 보니 외향성인 피험자의 경우에는 편도체(amygdala)가 활성화되는 양상을 보였다.(Canli et al., 2002) 이런 연관은 비록 대략적인 것이기는 하지만 원리적으로는 피험자의 성격 등을 파악하는 데 중요한 정보를 제공한다.(Gazzaniga, 2004)

〈에피소드 #2〉 한 부부가 이혼 법정에 서서 서로 논쟁을 하고 있다. 부인은 더 이상 남편을 사랑하지 않기 때문에 갈라서자고 말하지만, 남편은 부인에게 "아직도 나를 사랑하고 있으면서 왜 그러느냐?" 고 호소한다. 결말이 날 것 같지 않자, 판사가 부인을 조용히 부르더니 간단한 장치를 부인의 머리 가까이에 대고 위에서 아래로 스캐닝을 하고 있다. 그리고 모니터의 영상을 살피더니 판결을 내린다. "fMRI 스캔 결과 내측 도, 전측 대상피질, 미상핵, 피각 등의 활동이 증가하지 않기 때문에 부인의 사랑이 식었다는 것이 입증되었으므로 남편은 부인의 요구를 들어줄 의무가 있습니다."

우리가 사랑에 빠지면 뇌에서는 몇 가지 변화가 일어난다. 영국 유니버시티 칼리지 런던의 인지신경학과 연구자들은 깊은 사랑에 빠져 있는 사람들이 애인의 사진을 볼 때 뇌의 활동이 어떠한가를 fMRI로 찍었다. 이 연구에서는 열일곱 명의 참가자들에게 각자 애인의 사진과 동성 친구의 사진을 보여주고 사랑의 감정이 얼마나 일어났는지를 9점 척도 상으로 평정하게 했다. 그 결과 애인에 대한 사랑의 감정은 평균 7.46점, 친구의 경우는 3.2점이 기록되었다. 그리고 fMRI 스캔 결과, 사랑의 감정을 느낄 때에는 내측 도, 전측 대상피질, 미상핵, 그리고 피각 등의 활동이 증가했다. 반면 우반구의 후측 대상피질과 편도체, 그리고 전전두피질 일부의 활동은 오히려 감소했다.(Bartels & Jeki, 2000) 따라서 위의 에피소드는 다소 작위적이기는 하지만, 뇌 영상이 과연 사랑과 같은 내밀한 프라이버시까지 제공할 수 있는지를 논의해보기 위한 사례로 충분히 사용될 수 있을 것이다.

위의 에피소드들에서 볼 수 있듯이 뇌 영상 기술이 제기하는 윤리적 쟁점 하나는 바로 뇌 프라이버시(brain privacy)에 관한 것이다. 사실 이 문제는 유전정보에서의 프라이버시 문제와 몇 가지 면에서 비교될 만하다. 우선, 뇌 정보는 유전정보에 비해 더 구체적인 정보이다. 유전정보는 상호작용하는 환경 정보가 특정화되지 않는 한 그 최종 산물을 정확하게 예측하기가 상대적으로 어려운 데 반해, 뇌 정보는 이미 그 유전자가 몇 차례 발현된 후의 정보이기 때문에 상대적으로 더 좁은 범위의 행동을 예측할 수 있다. 유전자 → 뇌 → 행동으로 이어지는 인과연쇄를 생각하면 이런 차이는 좀 더 분명해진다. 가령, 유전정보는 "네가 우울증에 걸릴 개연성이 80퍼센트"라는 식으로 말하지만, 뇌 정보는 "너는 지금 우울한 상태"라고 말한다.

그렇다면 신뢰도는 어떤 정보가 더 높을까? 사람들은 "DNA는 정직하다"고도 말하지만, "뇌는 거짓을 말하지 않는다"라고 말하기도 한다. 이런 말은 상위 수준보다 하위 수준의 정보가 더 정직하다는 직관이 담긴 표현일 것이다. 강간범이 아니라고 아무리 우겨도 피해자의 몸에 묻은 정액을 조사해보면 다 나오고, 테러범이 아니라고 아무리 우겨도 용의자의 뇌를 몇 번만 스캔해보면 다 나온다는 논리일 것이다. 하지만 현재의 유전공학은 뇌 영상 기술에 비해 더 높은 기술력을 보유하고 있기 때문에 정보의 신빙성 면에서는 뇌 정보가 상대적으로 더 낮은 것 같다. 특히 뇌 이상이나 뇌 손상에 대한 정보보다 제대로 기능하고 있는 뇌의 정보를 얻는 것은 상대적으로 더 어렵다.(Gazzaniga, 2004; 성영신 외, 2004)

뇌 영상 기술의 신뢰도가 유전공학의 그것처럼 올라가게 되면, 직장이나 보험회사에서 유전 프로필(gene profile)뿐만 아니라 뇌 프로필(brian profile)까지도 입수하려고 들 것이다. 틀림없이 두 프로필을 동시에 요구하는 곳들이 늘어날 것이다. 그러면 특정 부위가 남들보다 더 잘 활성화된다는 이유만으로 학업, 취업, 그리고 일상생활에서 차별받는 상황이 벌어질 수 있다. 이런 측면에서 뇌 차별(brain discrimination) 문제는 유전적 차별(genetic discrimination)과 본질적으로는 같은 프라이버시의 문제이다.

하지만 다른 점도 있는 것 같다. 유전적 차별을 받지 않기 위해 유전적 조성을 바꾸려는 사람들이 있지 않는가? 맞춤아기가 그 대표적인 예일 것이다. 그러면 뇌 차별을 받지 않기 위해 뇌 조성도 바꿀 수 있다는 말인가?

〈에피소드 #3〉 정주는 S대학교 의대 본과 2학년 학생이다. 정신약물학기말시험이 하루 앞으로 다가오자 일명 '똘똘한 약(smart pill)'으로 불리는 프로비길(provigil) II를 복용하기 시작했다. 이 약은 원래 집중력 장애가 있는 사람들을 돕기 위한 약으로 처방전이 필요한 경우인데, 이제는 시험을 앞둔 수험생들에게도 암암리에 거래되고 있다. 정주는 아버지가 의사인 친구와 몰래 이번 학기말을 대비하기 위해 그 약을 몇 개 챙겨놓았다. 졸음을 쫓고 집중력을 높이기 위해 카페인 커피를 마시는 시대는 이제 갔다. 그렇다면 똘똘한 약을 복용한 정주와 그 약 없이 시험을 본 친구는 공정한 게임을 한 것일까?

항우울제인 프로작과 SSRIs(선택적 세로토닌 재흡수 억제제)는 우울증 환자들에게는 매우 일반적으로 처방되는 약으로 이제는 일반인들도 그런 약에 대한 거부감이 별로 없다. 하지만 이런 정신약물들은 약간은 비정상인 사람을 정상적인 상태로 돌려주는 기능을 할 뿐 인간의 정신능력을 적극적 의미에서 향상시키는 기능을 하지는 않았다. 이런 '소극적 정신약물학(negative psychopharmacology)'은 우울증 외에도 수면 장애, 식욕 장애, 성 기능 장애 등을 '치료'하기 위한 목적으로 활발히 연구되고 있다.(Furlan et al., 2004)

반면 인간의 인지능력을 향상시킬 목적으로 연구되는 '적극적 정신약물학'도 있다. 가령, 기억능력, 학습능력, 집중능력 등을 향상시키는 정신자극제들이 속속 연구되고 있다. 그중 가장 많이 연구되고 사용된 약이 집중력을 높여주는 리탈린(Ritalin)과 아데럴(Adderall)인데, 원래 이 약들은 ADHD(주의력 결핍 과잉 행동 장애)를 겪는 아이들을 치료하기 위해 개발된 것이었다. 하지만 현재 이 약들은 일반인의 집중력 향상을 위해서도 사용되고 있다. 실제로 미국의 경우 고등학생 10퍼센트, 대학생 20퍼센트가 이미 리탈린을 불법으로 구입해서 복용한 경험이 있으며, 전 세계적으로는 리탈린의 판매가 지난 10년 사이에 계속 증가하고 있는 추세이다. 따라서 위의 에피소드는 지금 벌어지고 있는 현실이다.(Farah et al., 2004; Mehta et al., 2000)

또한 기억능력을 향상시키는 약물에 대한 연구도 활발히 진행 중이다. 짐작할 수 있듯이 원래 이 연구도 치매와 같은 기억 장애 환자들을 돕기 위한 연구로 시작했다. 하지만 최근에는 엠파킨(ampakine) 같은 약물이 정상인의 기억능력을 향상시킨다는 연구 결과가 나와 비상한 관심을 끌고 있다.(Hall, 2003; Lynch, 2002)

이런 뇌 향상 약물들은 유전적 향상(genetic enhancement) 프로그램과 비교할 때 몇 가지 다른 점이 있다. 우선, 후자는 다음 세대로 대물림되는 변화를 꾀하는 경우이지만 전자는 그렇지 않다. 둘째, 후자는 변화의 원천(유전자)을 조작하는 것이라면 전자는 변화의 매개자(뇌)를 조작하는 것이다. 셋째, 약물 복용에는 늘 중독의 위험이 도사리고 있다. 하지만 비슷한 점도 있다. 그것은 양자의 변화가 모두 부작용, 혹은 예상치 못한 결과들을 가져올 수 있다는 점이다. 물론, 이런 문제들을 정상으로 되돌릴 수 있는 가능성 측면에서는 뇌 향상 프로그램이 유전적 향상 프로그램보다 원리적으로 더 높다.

〈에피소드 #4〉 상철이는 약간의 ADHD 증세가 있는 초등학교 3학년 어린이다. 그는 리탈린 등과 같은 약물을 복용해본 적이 없다. 그런데 학교에서는 다른 학생들의 수업에 방해가 된다고 해서 상철이가 리탈린을 정기적으로 복용해줄 것을 요청했다. 부모는 약물에 대한 부작용이 두려워 이러지도 저러지도 못하고 있다. 학교의 요구는 정당한가?

실제로 미국에서는 위와 같은 사건이 보고된 적이 있다. 또한 군대에서도 전투력 향상을 위해 집중력 강화 약물이 심심치 않게 사용되는 것으로 알려져 있다. 이런 경우에 부모와 군인에게는 어떤 선택권이 있는가? 학부모(혹은 학교)의 눈치와 상부의 명령 때문에 복용할 수밖에 없다면 이는 개인의 자유를 억압하는 경우가 아닌가? 비록 FDA의 승인을 얻은 약물이라도 말이다. 정신능력을 치료하거나 향상시키는(또는 시킬 수 있다고 주장되는) 약물이 개발되면 될수록 복용을 거부하는 사람들에 대한 억압과 차별은 사회 내에서 자연스럽게 생겨날 것이다.

뇌와 사회 : 신경 사회에서 자유의지의 문제

〈에피소드 #5〉 성민이는 원래 다정다감하고 친구들이 많은 대학생이었다. 여학생들에게도 매너 좋은 남학생으로 인기가 많았다. 하지만 어느 날 큰 교통사고로 머리를 다치고 나서는 이상하게 변했다. 친구들하고 말다툼을 자주 하기도 하고 가끔씩 폭력을 행사하기도 했다. 게다가 얼마 전에는 사고 전에 친하게 지낸 여학생에게 성폭행을 시도하다 구속된 적도 있다. 이 문제로 재판을 받고 있는데 정신과 의사인 성민이 아버지가 증인으로 나와 다음과 같이 주장하고 있다. "성민이에게는 죄가 없어요. 죄가 있다면 교통사고로 손상된 그의 뇌입니다."

실제로 위와 동일한 사건은 아직 보고된 바 없다. 하지만 뇌 손상으로 인한 성격 변화는 유명한 게이지의 사례를 통해 세상에 이미 잘 알려졌다. 피니어스 게이지 씨는 1848년에 미국 버몬트 주에서 철도 공사 감독으

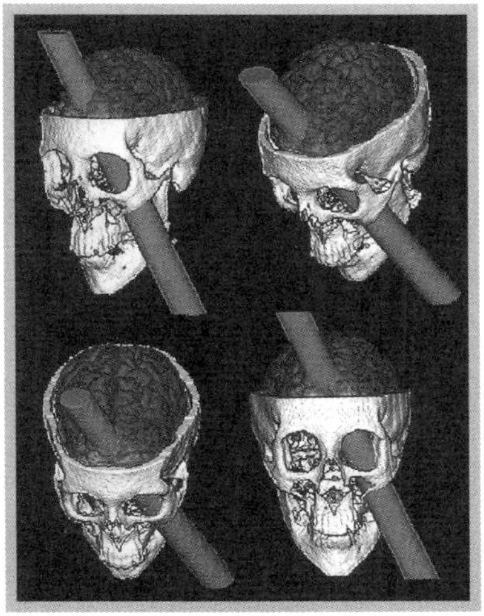

피니어스 게이지 씨의 머리를 관통한 쇠막대의 컴퓨터 합성 사진. 게이지 씨의 사례는 뇌 손상으로 인한 성격 변화를 설명할 때 빠지지 않고 등장하는 사례 중 하나이다.

로 일하다 폭약이 든 쇠파이프를 실수로 바위에 떨어뜨리는 바람에 그 폭약이 터지는 끔찍한 사고를 당했다. 이 폭발로 쇠파이프(길이 90센티미터, 직경 2.5센티미터)가 게이지의 왼쪽 볼에서 뇌의 전두엽 부분을 관통했는데, 다행히도 그는 죽지 않았고 의식도 살아 있었다. 심지어 부축을 받으며 걸어가면서 의사에게 농담을 건넸을 정도였다. 2주 동안의 치료를 통해 몽롱한 정신 상태가 건강한 상태로 돌아왔는데 문제는 그 다음부터였다. 그는 이전의 게이지가 아니었기 때문이다. 즉, 전에는 온순하고 사회성도 좋았고 관대한 사람이었는데, 사고 이후에는 화도 잘 내고 무례하며 욕도 잘하고 마치 어린아이처럼 떼를 쓰곤 했다.(성영신 외, 2004) 여기서 알 수 있듯이 뇌 손상이 사회 행동을 변화시킨 실제 사례가 있기 때문에 '뇌 손상을 당한 사람에게 도덕적 책임을 물을 수 있는가?' 하는 물음은 공상적인 질문은 아니다.

신경과학이 발달하면 할수록 인간의 행동과 생각이 여러 복잡한 신경 메커니즘에 의해 조절된다는 사실이 밝혀지고 있다. 이러다 보니 우리 행동의 원인이 우리의 자유의지(free will)에 있는 것이 아니라 뇌의 작용에 있다는 생각이 점점 더 팽배해지고 있다. 위의 에피소드를 통해서도 알 수 있듯이 신경과학의 발전으로 인해 다시 한 번 불거진, 자유의지와 결정론(determinism)과의 관계는 매우 어렵고도 중요한 주제이다. 신경과학적 성과를 받아들이면서도 자유의지, 책임 등 윤리학의 전통적 개념들을 모두 받아들일 수 있을까?

철학사를 보면, 자유의지의 존재와 행위의 책임 귀속 문제는 결정론과의 관계 속에서 늘 논의되어 왔다. 가령, 종교가 모든 삶을 지배하던 시대에는 전지전능한 신과 인간의 자유가 양립가능한가가 쟁점이었고, 그 이후에 본격적으로 과학이 등장하기 시작한 시대부터는 자연과학의 결정론적 세계관—우주는 결국 입자들의 운동이며 이는 자연법칙과 주변 조건들로 설명된다는 견해—이 전통적인 자유의지 개념과 과연 한 배를 탈 수 있는지가 고민거리였다.

자유의지와 결정론의 관계에 대해서는 그동안 크게 두 가지 상반된 입장들이 전개되어 왔다. 하나는 '양립불능론(incompatibilism)'이고 다른 하나는 '양립론(compatibilism)'이다. 다시, 양립불능론자는 결정론을 믿는 '강성 결정론자(hard determinists)'와 비결정론을 믿는 '자유의지론자(libertarians)'로 나뉜다. 강성 결정론자는 자유의지는 한낱 착각(illusion)일 뿐이라고 주장하고, 자유의지론자는 이 세계가 비결정론적이기 때문에 우리는 자유롭게 선택이 가능하다고 믿는다. 반면 양립론자들은 '연성 결정론(soft determinists)'들이다.(Dennett, 2003; Gazzaniga, 2005) 많은 철학자, 인문주의자, 종교 사상가들은 자유의지론자들이라 볼 수 있고, 강성 결정론자의 대부분은 과학자들이다.

그렇다면, 신경과학의 성과들은 어느 편에 선다고 할 수 있을까? 이

진화론의 입장에서 인간의 의식을 탐구하는 인지철학자 대니얼 데닛. 그는 뇌가 신경 결정론과 자유의지가 양립할 수 있다고 주장하는 양립론자이자, 연성 결정론자이다.

질문에 대답하기 위해서는 신경과학이 결정론과 어떤 관계에 있는지부터 살펴보면 좋을 것이다. 신경과학은 결정론을 지지하는가? 이에 대한 대답도 크게 두 가지로 나뉜다. 하나는 뇌도 물리법칙의 완벽한 지배를 받기 때문에 결정론적으로 행동한다는 결정론(Dennett, 2003), 다른 하나는 뉴런의 행동들은 미시적으로 보면 무작위적이거나 확률적으로 일어난다는 비결정론적 입장(Kane, 1996)이다. 어떤 학자들은 신경과학이 결정론에 대해 어떠한 제안도 하지 않는다는 제3의 견해를 주장(Roskies, 2006)하기도 한다.

비결정론적 입장은 양자역학이 말하는 미시세계 자체의 비결정론적 특성을 강조하지만, 이런 해석은 양자역학에 대한 오해에서 비롯된 경우이기 때문에 그동안 자유의지와 양자역학의 관계를 논해온 이들에게 많은 공격을 받았다. 이런 맥락에서 우리가 여기서 천착해야 하는 것은 '신경 결정론과 자유의지가 과연 양립가능한가?'라는 물음으로 압축될 수 있을 것이다.

인지철학자 데닛D. Dennett은 신경 결정론과 자유의지의 양립 가능성을 주장하는 대표적인 양립론자이다. 그는 자신의 연성 결정론은 '피할 수 없음(inevitability)'과 '피할 수 있음(evitability)'에 대한 올바른 해석으로부터 나온다고 주장한다. 그에 따르면 어떤 것이 불가피하다는 것은 절대적 의미에서라기보다는 언제나 행위자(agent)에 따라 상대적인 의미로 읽혀야 한다.

가령 바둑 프로그램을 생각해보자. 프로그래머는 컴퓨터가 어떤 수를 어떤 방식으로 둘지를 결정론적으로 설계한다. 즉, 100퍼센트 결정론적 메커니즘으로 작동하는 시스템을 설계하는 것이다. 모든 수는, 이전 수들과 프로그램에 대한 지식에 기반을 두어, 정확하게 예측될 수 있다. 만약 철수가 이 결정론적 시스템과 대결하여 내리 세 판을 이겼다고 해보자. 그 시스템의 패배는 '피할 수 없었던' 것인가? 이 물음을 그 시스템에 하지 않고 그 시스템을 설계한 엔지니어에게 해보면 대답은 달라진다. 엔지니어는 그 프로그램의 설계(design)에 대해 무언가를 알고 싶어 하는 사람이다. 그는 다음에 패배하지 않도록 프로그램을 재설계하는 것에 관심이 있다. 즉, 엔지니어는 자신의 시스템을 완벽하게 예측 가능하도록 설계하면서도 동시에 그 시스템의 특정 행동(실패 행동)은 피할 수 있도록 설계하고 싶어 한다.

이런 엔지니어의 관심은 결정론이 '피할 수 없음'을 함축하지 않는다는 것을 의미한다. 이렇게 "피할 수 있는가 없는가"라는 물음은 시스템(혹은 행위자)의 수준에 따라 대답되어야 한다. 따라서 위의 사례는, 프로그램의 수준에서는 결정론적이지만 엔지니어의 수준에서는 '피할 수 있는(evitable)' 경우이다. 데닛에 따르면, 자유의지와 결정론의 양립 가능성에 대해 부인하는 이들은 이런 맥락에서 범주 오류(categorical mistake)를 범하고 있다.(Dennett, 2003) 데닛의 용어로 표현하자면, 양립불능론자들은 '설계적 태도(design stance)'로 설명해야 할 것을 '물리적 태도(physical

데닛은 저서 『Freedom Evolves』(왼쪽)에서 결정론과 자유의지의 행복한 동거를 주장한다.
오른쪽은 데닛의 『The Intentional Stance』이다. 데닛은 행동을 설명할 때 취할 수 있는 태도를 지향적 태도, 설계적 태도, 물리적 태도 등으로 구분해 설명했다. 여기서의 '지향적 태도'는 행위자가 어떤 믿음과 욕구를 가지고 그에 따라 행동한다고 보는 태도를 말한다.

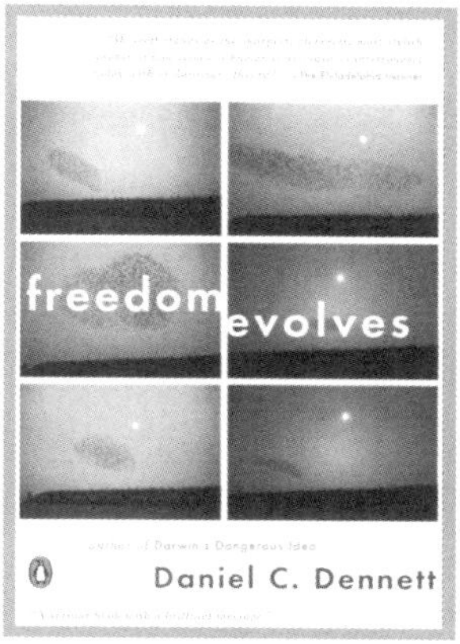

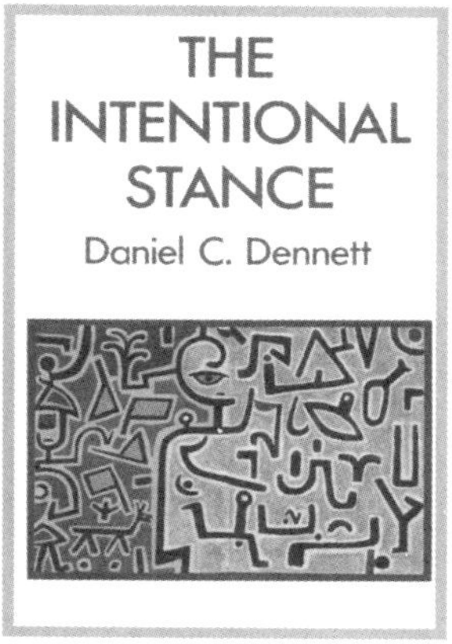

stance)'로 설명하는 오류를 범하고 있는 것이다.

데닛은 시스템의 행동을 설명할 때 취할 수 있는 태도를 지향적 태도, 설계적 태도, 물리적 태도 등 세 가지로 구분한다. 우선, 지향적 태도란 무엇인가? 박찬호가 메이저리그에서 공을 던진다고 해보자. 그가 던진 공의 움직임을 이해하기 위해 그 공이 마치 믿음과 욕구를 가진 양 생각할 이유는 전혀 없다. 물리법칙만 잘 알고 있으면 된다('물리적 태도'). 또한, 매일 아침에 울려대는 알람 시계의 작동을 이해하기 위해 시계의 마음을 읽으려 할 필요가 없다. 어떻게 설계되었는지를 알면 그만이다('설계적 태도'). 하지만 우리 집 강아지가 갑자기 껑충껑충 뛰는 행동, 옆집 아기가 자지러지게 우는 행동을 이해하기 위해서는 다른 태도가 필요해보인다. 물리법칙 혹은 설계원리만을 들이댄다고 해서 이해되는 행동이 아니기 때문이다. 데닛은 바로 이 대목에서 '지향적 태도'가 필요하다고 주장한다.(Dennett, 1987)

그렇다면 엔지니어가 자신이 설계한 시스템이 특정 행동을 피할 수 있을지를 궁금해할 때 그의 관심사는 무엇일까? 그것은 시스템의 행동을 결정하는 물리적 인과사슬이라기보다는 그 시스템의 설계일 것이다. 가령, 시스템이 (엔지니어의 입장에서) 원치 않는 행동을 했을 때, 그 시스템이 특정 환경에서 그렇게 행동하도록 결정되어 있기 때문에 그런 행동은 불가피했다고 말한다면, 그것은 엔지니어의 관심과는 거리가 먼 얘기이다.

그러면 데닛의 이런 주장들은 본 주제에 어떤 통찰을 줄 수 있는가? 우선, 대다수의 과학자들이 받아들이고 있듯이 신경과학의 최근 성과들이 뉴런 행동에 대한 결정론적 해석을 지지한다고 하더라도, 신경 시스템의 상위 수준들에서는 특정 행동을 '피할 수 있다(evitable)'고 주장할 수 있다. 다시 말해, 본 주제에 관해 양립가능론을 주장할 수 있다.

사실, 피할 수 있는 능력(capacity to avoid)은 수십 억 년에 걸친 진화의 산물이다. 자연계에는 여러 방식들로 이런 능력을 발휘하고 있는 수많은 동식물로 가득 차 있다. 그런데 인간의 피할 수 있는 능력은 좀 더 대단하다. 가령, 인간의 경우에는 "상황 Z에서는 A를 하라"라는 식의 행위 규칙만을 탑재한 것이 아니라, 가능한 여러 선택지(options)를 비교하여 행동할 수 있는 메커니즘을 진화시켰다. 인공지능학자인 드레처[G. Drescher]는 전자를 '상황-행위 기계(situation-action machine)'로, 후자를 '선택 기계(choice machine)'로 부르고 이 둘을 구분했다.(Drescher, 1991) 여기서 선택 기계가 상대적으로 더 많은 자유를 갖고 있다는 것은 자명하다. 자연계의 생명체 중에서 인간은 가장 고도로 발달한 선택 기계라고 할 수 있다.

이런 진화론적 관점은 데닛의 양립론과 결합하여 자유의지의 진화(evolution of free will)에 관한 새로운 통찰을 제공한다. 그것은 다음과 같이 요약될 수 있을 것이다. 신경과학을 비롯한 제반 과학의 성과들이 축적되면 될수록, 그리고 그로 인해 자연과 인간의 모든 행동들이 결정론적 세계관 속으로 더 잘 편입되면 될수록, 오히려 인간의 자유의지의 존재와 의미는 더욱 살아날 것이고 인간의 도덕 행동에 관한 책임 귀속 문제는 더욱 명확해질 것이다.

이런 결론은 결정론과 자유의지에 관한 일반 상식을 완전히 뒤엎는 도발적인 주장일 수 있다. 왜냐하면 상식적 견해에 따르면 결정론은 자유의지와 길항적이기 때문이다. 또한 이런 결론은 결정론이 입증되면 될수록 자유의지는 착각(illusion)으로 판명날 것이라는 강한 결정론자들의 결론과도 완전히 배치된다. 이런 결론은 결정론과 자유의지의 양립 가능성만 아니라 그 둘의 비례적 관계까지를 주장하기 때문에 더욱 도발적이다. 이런 관점에 따르면, 뇌의 결정론적 작용을 핑계로 그 행위자의 도덕적 책임을 물을 수 없다는 주장은 성립할 수 없다. 이것은 적어도 정상적인 뇌를 가진 사람의 경우에는 참이다.

그렇다면, 이런 도덕적 책임을 손상된 뇌를 가진 어른과 미숙한 뇌를 가진 아이 등의 경우에도 똑같은 정도로 물을 수 있을까? 〈에피소드 #5〉의 성민이의 예는 손상된 뇌의 경우이다. 필자는 이 경우에는 도덕적 책임을 물을 수 없다고 생각한다. 그런데 그 이유는 모든 행동이 뉴런의 작동으로 결정된다는 믿음을 적용—다시 한 번 강조하자면, 정상적인 인간의 경우에도 뉴런 결정론은 똑같이 적용된다—해서가 아니라, 성민이의 사례는 뇌 손상으로 인해 그의 선택 기계가 정상적으로 작동되지 않는 경우이기 때문이다. 물론 여기서 주의할 것은, 정상적인 뇌의 경우에도 그 속에 탑재된 선택 기계는 '결정론적으로' 작동하는 점이다.

이런 논리는 미숙한 뇌를 가진 아이들에게도 동일하게 적용될 수 있다. 아직 도덕 행동에 대한 입력들—정상적인 뇌로 성장하기 위해 필요한—을 채 받지 못한 어린이의 두뇌는 올바른 도덕적 선택을 할 수 없는 상태에 있다. 따라서 어린 아이의 잘못된 행동에 책임을 귀속시키지 않는 우리의 현 관행(법적, 제도적)은 신경과학의 발전과 충분히 양립가능하다. 오히려, 도덕 행동에 대한 신경학적 기초가 더 많이 밝혀져서 '책임을 물을 수 있는 뇌(responsible brain)'의 정체가 좀 더 명확해질 수 있다면, 처벌의 대상이 되는 행위자를 가리는 작업은 더 객관적이 될 수 있을 것이다. 이것은 신경과학이 미래 윤리학에 기여할 수 있는 것들 중 하나일 수 있다. 현재의 법적 관행에 따르면, 정신이상자의 비도덕적 행위는 정상인의 똑같은 행위에 비해 도덕적, 법적 책임을 경감받는다. 하지만 이런 분류 작업은 현재 정신과 의사의 정신 감정을 통해 이뤄지고 있다. 만일 '책임을 물을 수 있는 뇌'를 (매우 안정적으로) 가릴 수 있는 정도로 신경과학이 진보한다면, 거짓으로 비정상적 정신 상태를 흉내 내는 일들은 사라질지도 모른다.

신경윤리학의 의의

앞에서 대략적으로 검토했듯이, 신경과학의 윤리학적 쟁점을 다루는 신경윤리학(neuroethics)은 유전학 중심의 생명윤리학 논의를 확장하고 보완하며 기존의 과학윤리 분야에 새로운 문제들을 던져준다. 이러한 신경윤리학적 연구들은 과학기술이 충분히 발전된 미래 사회를 대비하기 위해서 꼭 필요하다. 왜냐하면 미래에는 복제된 인간만이 돌아다니는 게 아니라 복제된 뇌, 향상된 뇌들도 거리를 활보할 수 있기 때문이다. 뇌 기술에 관한 인문사회학적 성찰이 거의 전무한 국내 상황에서 이런 신경윤리학 논의는 기존 학계와 사회에 새로운 생각거리를 던져줄 수 있을 것이다. 여기서는 신경윤리학적 쟁점과 함의를 포괄적으로 다루는 데 그쳤지만, 세부 주제에 대한 더 자세한 후속 연구들을 위한 발판이 될 수 있을 것이다.

이 글은 다음과 같이 활용될 수 있을 것이다. 첫째, 응용윤리학자들에게 새로운 문젯거리를 던져줄 수 있다. 둘째, 신경과학의 발전이 인간과 사회에 어떤 영향을 줄 수 있는지에 대한 구체적 토론 자료로 가공될 수 있다. 사실, 청소년들이 읽는 기존의 과학기술학 서적들은 대개 정보 과학기술과 유전학 중심으로 짜여 있고 내용상으로도 대동소이하다. 이런 상황에서 이 글은 미래의 신경 사회를 살아갈 지금의 청소년들에게 꼭 필요한 읽기 자료와 생각 자료를 제공해줄 수 있을 것이다. 마지막으로 뇌 영상과 정신약물학의 윤리 문제를 다룬 이 글은 뇌 영상 전문가들(의사, 뇌 과학기술자 등)과 약리학 전문가들(약학자, 약사 등)이 자신의 직업에 대해 철학적 성찰을 하는 데에 기초 자료로 사용될 수 있을 것이다.

장대익 1971년 생. 한국과학기술원에서 기계공학을 전공했으며, 서울대학교 대학원 과학사 및 과학철학 협동과정에서 생물철학으로 석·박사학위를 받았다. 영국 런던정경대학교 과학철학센터와 일본 교토대학교 영장류연구소에서 방문학생으로 공부하기도 했다. 미국 터프츠대학교 인지연구소 연구원, 서울대학교 과학문화연구센터 연구교수, 동덕여자대학교 교양교직학부 교수를 거쳐 현재 서울대학교 자유전공학부 교수로 재직 중이다. 진화생물학의 개념적 쟁점들을 연구하고 있으며 최근에는 신경윤리학 연구도 수행 중이다. 저서로는 『다윈의 식탁』 『과학에는 뭔가 특별한 것이 있다』 『다윈&페일리』 『종교 전쟁』(공저) 등이 있으며, 역서로는 『통섭』(공역) 등이 있다.

책을 읽기 위해 알아둘 현대 기술철학의 흐름_기술철학의 새로운 담론을 위하여

Bacon, F. (1620), *New Organon I.*

Bijiker, W. and J. Law(1992), *Shaping Technology/ Building Society.*

Borgmann, A.(1984), *Technology and the Character of Contemporary Life : A Philosophical Inquiry*, Chicago.

Carpenter, S.(1980), *A Guide Book for Technology Assessment and Impact analysis.*

__________(1990), *Technology and Lifeworld : From garden to Earth.*

__________(1993), *Philosophy of Technology : Introduction*, New York.

Gendron, B. (1980), "The Viability of Environmental Ethics", in E. Katz eds., *Research in Philosophy and Technology.*

Heidegger, M.(1927), *Being and Time*, English Version trans. J. Macquarrie and E. Robinson(1962), New York.

__________(1954), "The Question concerning Technology", English Version trans. W. Lovitt(1977), *The Question concerning Technology and Other Essays*, San Francisco.

Hughes, T.(1983), *Networks of Power: Electrification in Western Society 1880-1930.*

Hughes, T., W. Bijker and T. Pinch eds.(1987), *The Social Construction of Technological System.*

Ihde, D.(1979), *Technics and Praxis : A Philosophy of Technology*, Boston.

_______(1983), *Existential Technics.*

_______(1986), *Consequences of Phenomenology.*

Kroes, P. A., A. W. M. Meijers, M. P. M. Fraassen, W. N. Houkes and P. E. Vermaas(1999), *Dual Nature of Technical Artifacts*, Netherlands Organization for Scientific

Research, The Hague.
Latour, B. and S. Woolgar(1979), *Laboratory Life: The Social Construction of Scientific Facts*, Sage.
Merton, R.(1973), *The Sociology of Science*, The University of Chicago Press.
Mitcham, C.(1973), *Bibliography of the Philosophy of Technology.*
__________(1980), "Philosophy of Technology", in P. T. Durbin ed., *A Guide to the Culture of Science, Technology and Medicine*, New York.
__________(1994), *Thinking through the Technology : The Path between Engineering and Philosophy.*
Rousseau, J. J.(1750), *Discourse on the Arts and Sciences.*
Shrader-Frechette, K. S.(1980), *Nuclear Power and Public Policy: The Social and Ethical Problems of Fission Technology*, Boston.
Wigner, L.(1977), "Techne and Politeia : The Technical Constitution of Society", *Autonomous Technology : Technics-out-of-Control as a theme in Political Thought.*

제1부 '기술'에 질문을 던지다

기술에 어떤 철학적 문제들이 있나_다양한 철학적 쟁점 분석

베이컨(2001), 『신기관』, 진석용 옮김, 한길사.
아리스텔레스(2006), 『니코마코스 윤리학』, 이창우 외 옮김, 이제이북스.
플라톤(1997), 『프로타고라스』, 최호연 옮김, 두로.
플라톤(2003), 『대화』, 박종현 옮김, 서광사.
플라톤(2005), 『국가』, 박종현 옮김, 서광사 .
Aristotle(1999), *Physics*, Oxford U. K.
Bergson, H.(1907), *Creative Evolution*, English Version trans. A. Mitchell(1911), New York.
Bijiker, W. and J. Law(1992), *Shaping Technology/Building Society.*
Borgmann, A.(1984), *Technology and the Character of Contemporary Life : A*

Philosophical Inquiry, Chicago.

Bunge, M.(1967), *The Search for Truth, in Scientific Research, vol 2,* New York.

Carpenter, S.(1980), *A Guide Book for Technology Assessment and Impact analysis.*

__________ (1993), "When are Technologies sustainable?", in L. Hickman and E. Porter eds., *Technology and Ecology.*

Dessauer, F.(1927), *Philosophie der Technik:Das Problem der Realisierung* (Philosophy of Technology : The Problem of its Realization), Bonn.

Ellul, J.(1954), *La Technique, ou L'Enjeu de siecle* (Technology or the Bet of the Century), Paris, English Version trans. J. Wilkison(1964), *Technological Society,* New York.

______(1975), *The Meaning of the City,* English Version trans. D. Pardee(1970), Grand Rapids.

______(1977), *The Technological System,* English Version trans. J. Neugroschel(1980), New York.

Feibleman, J.(1983), "Pure Science, Applied Science, and Technology : An Attempt at Definitions", *Technology and Culture 2,* no. 4(fall).

Gille, B.(1986), *History of Techniques,* english version, NY.

Goffi, J-Y.(1988), *La Philosophie de la technique* (Philosophy of Technology), Paris.

Heidegger, M.(1927), *Being and Time,* English Version trans. J. Macquarrie and E. Robinson(1962), New York.

___________(1954), "The Question concerning Technology", English Version trans. W. Lovitt(1977), *The Question concerning Technology and Other Essays,* San Francisco.

Hughes, T.(1983), *Networks of Power: Electrification in Western Society 1880-1930.*

Hughes, T., W. Bijker and T. Pinch eds.(1987), *The Social Construction of Technological System.*

Ihde, D.(1979), *Technics and Praxis : A Philosophy of Technology,* Boston.

______(1983), *Existential Technics.*

______(1986), *Consequences of Phenomenology.*

______(1990), *Technology and Lifeworld : From garden to Earth.*

Ihde, D.(1993), *Philosophy of Technology : Introduction*, New York.

Kapp, E.(1877), *Grundlinien einer Philosophie der Technik : Zur Entstehungsgeschichte der Cultur aus neuen Gesichtspunkten* (Fundamentals of a philosophy of Technology : the Genesis of Culture from a new perspective), Westermann.

Katz, E. eds.(1992), *Research in Philosophy and Technology.*

Kroes, P. A., A. W. M. Meijers, M. P. M. Fraassen, W. N. Houkes and P. E. Vermaas(1999), *Dual Nature of Technical Artifacts*, Netherlands Organization for Scientific Research, The Hague.

Lafitte, J.(1932), *Reflections on the science of machines*, English Version trans. L. Grant, J. Hart and J. LeMoyne(1933), London.

Latour, B. and S. Woolgar(1979), *Laboratory Life : The Social Construction of Scientific Facts*, Sage.

McLuhan, M.(1964), *Understanding Media : The extensions of Man*, New York.

Merton, R.(1973), *The Sociology of Science*, The University of Chicago Press.

Mitcham, C.(1973), *Bibliography of the Philosophy of Technology.*

__________(1980), "Philosophy of Technology", in P. T. Durbin eds., *A Guide to the Culture of Science, Technology and Medicine*, New York.

__________(1994), *Thinking through the Technology : The Path between Engineering and Philosophy.*

Mumford, L.(1952), *Art and Technics*, New York.

__________(1964), "Authoritarian and Democratic Technics", *Technology and Culture* 5, no.1(winter).

Mumford, L.(1967), *The Myth of the Machine*, New York.

Reuleaux, F.(1875), *The Kinematics of Machinery: Outlines of a Theory of Machines*, trans. and eds. Alex B. W. Kennedy(1876), London.

Rousseau, J. J.(1750), *Discourse on the Arts and Science.*

Shrader-Frechette, K. S.(1980), *Nuclear Power and Public Policy : The Social and Ethical Problems of Fission Technology*, Boston.

____________________(1985), *Risk Analysis and Scientific Method*, Boston.

Simon, H.(1981), *The Sciences of the Artificial*, 2nd ed. MIT press.

Simondon, G.(1958), *Du Mode d'existence des objets techniques* (On the Mode of the Existence of Technical Objects), Paris.

Skolimowski, H.(1968), "On the Concept of Truth in Science and in Technology", *Proceddings of the XIV International Congress of Philosophy, 2*, Vienna.

Spengler, O.(1931), *Man and Technics : A Contribution to the a Philosophy of Life*, English Version trans. C. F. Atkinson(1932), New York.

Staudenmaier, J. M.(1985), *Technology's Storytellers : Reweaving the Human Fabric*, Cambridge.

Vincenti, W.(1990), *What engineers know and how they know it*, Johns Hopkins Univ. Press.

Winner, L.(1977), "Techne and Politeia : The Technical Constitution of Society", *Autonomous Technology : Technics-out-of-Control as a theme in Political Thought*.

Wiener, N.(1948), *Cybernetics, or Control and Communication in the Animal and the Machine*, Cambridge.

현대기술에 대한 비판, 왜 유효한가_하이데거와 엘륄의 기술철학

박찬국(2004),『들길의 사상가, 하이데거』, 동녘.

손화철(2006),『현대기술의 빛과 그림자 : 토플러 & 엘륄』, 김영사.

______(2006),「기술철학에서의 경험으로의 전환: 그 의의와 한계」,『철학』 제87집, pp. 137~164.

______(2008),「기술이 철학을 만났을 때」,『과학기술의 철학적 이해』제4판(인문사회계), pp. 132~153.

Achterhius, H.(ed.)(1999; 2001), *American Philosophy of Technology : The Empirical Turn*, trans. by P. Crease, Bloomington : Indiana U.P..

Borgmann, A.(1984), *Technology and the Character of Contemporary Life: Philosophical Inquiry*, Chicago : Chicago U. P..

Ellul, J.(1954; 1964), *The Technological Society*. Vintage.

______ (1988; 1990), *The Technological Bluff*, Eerdman.

Feenberg, A.(1999), *Questioning Technology*, London : Routledge.

Heidegger, M.(1962), *Technik un Kehre*, (국역) 이기상 옮김(1993),『기술과 전향』, 서광사.

Ihde, D.(1979), *Technics and Praxis : A Philosophy of Technology*, (국역) 김성동 옮김 (1998),『기술철학 : 돈 아이디의 기술과 실천』, 철학과 현실사.

Jonas, H.(1979), *The Imperative of Responsibility*, trans. by H. Jonas and D. Herr, Chicago : Chicago U. P.. (국역) 이진우 옮김(1984),『책임의 원칙 : 기술 시대의 생태학적 윤리』, 서광사.

Mitcham, C.(1994), *Thinking Through Technology : The Path Between Engineering and Philosophy*, Chicago : Chicago U.P..

Mumford, L.(1934), *Tecnics and Civilization*, New York : Harcourt Brace & Company.

Pitt, J. C.(2000), *Thinking About Technology : Foundations of the Philosophy of Technology*, New York : Seven Bridges.

Vanderburg, W. H.(2004), *Perspectives on Our Age : Jacques Ellul Speaks on His Life and Work*, Revised Edition. Toronto : Ananci.

Winner, L.(1977), *Autonomous technology*, (국역) 강정인 옮김(2000),『자율적 테크놀로지와 정치철학』 대우학술총서 469, 아카넷.

________ (1986), *The Whale and the Reactor : A Search for Limits in an Age of High Technology*, Chicago : Chicago U. P..

기술과 사회의 암흑상자 열기_기술결정론과 사회구성주의의 기술철학

김환석(1991),「과학기술의 이데올로기와 한국사회」, 한국산업사회연구회 편,『한국사회와 지배 이데올로기: 지식사회학적 이해』, 녹두, pp. 291~323.

손화철(2003),「사회구성주의와 기술민주화에 대한 비판적 고찰」,『철학』 제76집, pp. 263~288.

송성수 엮음(1995),『우리에게 기술이란 무엇인가: 기술론 입문』, 녹두.

송성수 엮음(1999),『과학기술은 사회적으로 어떻게 구성되는가』, 새물결.

송성수(2002),「사회구성주의의 재검토: 기술사와의 논쟁을 중심으로」,『과학기술학연구』 제2권 2호, pp. 55~89.

이영희(2000),『과학기술의 사회학: 과학기술과 현대사회에 대한 성찰』, 한울. pp. 163~194.

이장규 · 홍성욱(2006),『공학기술과 사회: 21세기 엔지니어를 위한 기술사회론 입문』, 지호,

pp. 79~80.

이정택(1991), 「신기술 도입과 노동조합의 대응: 구미 여러 나라의 경험사례와 한국에서의 미래 전망」, 『경제와 사회』 1991년 봄호, pp. 129~154.

이호창(1991), 「과학기술혁명론의 전개와 사회주의관의 변화: 소련에서의 논의를 중심으로」, 서울사회과학연구소, 『사회주의의 이론 · 역사 · 현실』, 민맥, pp. 105~138.

카를 마르크스(1989), 김수행 옮김, 『자본론 Ⅰ (下)』, 비봉출판사. p. 560.

홍성욱(2002), 『파놉티콘: 정보 사회 정보감옥』, 책세상.

Academies of Science of Czechoslovakia and the USSR(1973), *Man-Science-Technology: A Marxist Analysis of Scientific–Technological Revolution*, Moscow and Prague.

Basalla, G.(1988), *Evolution of Technology*, Cambridge: Cambridge University Press (국역) 김동광 옮김(1996), 『기술의 진화』, 까치.

Bell, D.(1979), "The Social Framework of the Information Society", in M. L. Dertoozos and J. Moses, eds., *The Computer Age: A Twenty-Year View*, Cambridge, MA: MIT Press, pp. 500~549. (국역) 이동만 옮김(1984), 『정보화 사회의 사회적 구조』, 한울.

Bijker, W. E. and J. Law, eds.(1992), *Shaping Technology/Building Society: Studies in Sociotechnical Change*, Cambridge, MA: MIT Press.

Bijker, W. E.(1987), "The Social Construction of Bakelite: Toward a Theory of Invention", in Bijker, Hughes, and Pinch, eds., *The Social Construction of Technological Systems*, pp. 139~187.

Bijker, W. E., T. P. Hughes, and T. J. Pinch, eds.(1987), *The Social Construction of Technological Systems: New Directions in the Sociology and History of Technology*, Cambridge, MA: MIT Press.

Callon, M.(1987), "Society in the Making: The Study of Technology as a Tool for Sociological Analysis", in Bijker, Hughes, and Pinch, eds., *The Social Construction of Technological Systems*, pp. 83~103 (국역) 송성수 엮음(1999), 「전기 자동차와 만들어지고 있는 사회」, pp. 213~241.

Cooley, M.(1987), "Drawing up the Corporate Plan at Lucas Aerospace", *Architect or Bee?: The Human Price of Technology*, new and extended ed., London:

Hogarth Press, pp. 114~138 (국역) 송성수 엮음(1995), 「루카스항공에서의 협동계획」, pp. 285~315.

Cowan, R. S.(1983), *More Work for Mother: The Ironies of Household Technology from the Open Hearth to the Microwave*, New York: Basic Books (국역) 김성희 외 옮김(1997), 『과학기술과 가사노동』, 학지사.

Latour, B.(1987), *Science in Action: How to Follow Scientists and Engineers through Society*, Cambridge, MA: Harvard University Press.

Law, J. and M. Callon(1992), "The Life and Death of an Artifact: A Network Analysis of Technical Change", in Bijker and Law, eds., *Shaping Technology/Building Society*, pp. 21~52 (국역) 송성수 엮음(1999), 「어떤 항공기 프로젝트의 출생과 죽음」, pp. 242~283.

Lyon, D.(1994), *The Electronic Eye: The Rise of Surveillance Society*, Minneapolis, MN: University of Minnesota Press.

MacKenzie, D.(1984), "Marx and Machine", *Technology and Culture*, Vol. 25, No. 3, pp. 473-502 (국역) 송성수 엮음(1995), 「마르크스와 기계」, pp. 68~104.

MacKenzie, D. and J. Wajcman, eds.(1999), *The Social Shaping of Technology*, 2nd ed., Buckingham and Philadelphia: Open University Press.

Martin, B.(1998), "Technology in Different Worlds", *Bulletin of Science, Technology & Society*, Vol. 18, No. 5, pp. 333~339 (국역) 장여경 · 김명진 옮김(1999), 「다른 사회에서의 기술」, 참여연대 과학기술 민주화를 위한 모임, 『진보의 패러독스: 과학기술의 민주화를 위하여』, 당대, pp. 124~143.

Noble, D. F.(1979), "Social Choice in Machine Design: The Case of Automatically Controlled Machine Tools", in A. Zimbalist, ed., *Case Studies on the Labor Process*, London and New York: Monthly Review Press, pp. 18~50 (국역) 송성수 엮음(1995), 「기계 설계에 있어서 사회적 선택: 수치제어 공작기계의 경우」, pp. 199~236.

Pinch, T. J. and W. E. Bijker(1987), "The Social Construction of Facts and Artefacts: Or How the Sociology of Science and the Sociology of Technology Might Benefit Each Other", in Bijker, Hughes, and Pinch, eds., *The Social Construction of Technological Systems*, pp. 17~50 (국역) 송성수 엮음(1999), 「자전거의 변천과정

에 대한 사회구성주의적 해석」, pp. 39~80.

Rip, A., T. J. Misa and J. W. Schot, eds.(1995), *Managing Technology in Society: The Approach of Constructive Technology Assessment*, London: Pinter Publishers.

Sorge, A., W. Warner and I. Nicholas(1983), *Microelectronics and Manpower in Manufacturing: Applications of CNC in Great Britain and West Germany*, Aldershot: Gower.

Toffler, A.(1980), *The Third Wave*, London: Collins (국역) 이규행 감역(1989), 『제3물결』, 한국경제신문사.

Winner, L.(1980), "Do Artifacts Have Politics?", *Daedalus*, Vol. 109, pp. 121~136. (국역) 송성수 엮음(1995), 「기술은 정치를 가지는가」, pp. 51~67.

기술은 인간처럼 행동한다_라투어의 새로운 기술철학

Bloor, D.(1999), "Anti-Latour", *Studies in History and Philosophy of Science 30*, pp. 81~112.

Callon, M.(1980), "Struggles and Negotiations to Define What is Problematic and What is Not: The Socio-logic of Translation", in Karin D. Knorr, Roger Krohn and Richard Whitley eds., *The Social Process of Scientific Investigation; Sociology of Science Yearbook 4*, pp. 197~209.

Callon, M.(1986a), "Some Elements of a Sociology of Translation: Domestication of the Scallops and the Fishermen of Saint Brieuc Bay", in John Law ed., *Power, Action and Belief: A New Sociology of Knowledge?*, London. Routledge. pp. 196~233.

__________(1986b), "The Sociology of an Actor-Network: The Case of the Electric Vehicle", in Michel Callon, John Law and Arie Rip eds., *Mapping the Dynamics of Science and Technology*, London. Macmillan Press, pp. 19~34.

Callon, M. and B. Latour(1981), "Unscrewing the Big Leviathan: How Actors Macro-structure Reality and How Sociologists Help Them to Do So", in K. Knorr-Cetina and A. V. Cicourel eds., *Advances in Social Theory and Methodology: Toward an Integration of Micro and Macro-sociologies*, London. Routledge, pp. 277~303.

__________(1992), "Don't Throw the Baby Out with the Bath School! A Reply to Collins and Yearley", in Andrew Pickering ed., *Science as Practice and Culture*, Chicago and London: University of Chicago Press, pp. 343~368.

Collins, H. and S. Yearley(1992), "Epistemological Chicken", in Andrew Pickering ed., *Science as Practice and Culture*, Chicago and London: University of Chicago Press, pp. 301~326.

Hong, Sungook(2004), "Man and Machine in the 1960s", *Techne: Journal of the Society for the Philosophy of Technology* 7 (3), pp. 49~77.

Khong, L.(2003), "Actacts and Enframing: Heidegger and Latour on Technology", in *Studies in History and Philosophy of Science* 34, pp. 693~704.

Latour, B.(1981), "Insiders & Outsiders in the Sociology of Science; or, How Can We Foster Agnosticism?", *Knowledge and Society* 3, pp. 199~216.

__________(1983), "Give me a Laboratory, and I Will Raise the World", in K. D. Knorr-Cetina and M. Mulkay eds., *Science Observed*, London. Sage, pp. 141~170.

__________(1986), "The Power of Association", in John Law ed., *Power, Action, and Belief: A New Sociology of Knowledge?*, London. Routledge, pp. 264~280.

__________(1987), *Science in Action: How to Follow Scientists and Engineers through Society*, Cambridge, Mass. Harvard University Press.

__________(1988a), *The Pasteurization of France*. Cambridge, Mass. Harvard University Press.

Latour, B.(1988b), "Mixing Humans and Nonhumans Together: The Sociology of a Door Closer", *Social Problems* 35, pp. 298~310.

__________(1988c), "The Prince for Machines as well as for Machinations", in Brian Elliott ed., *Technology and Social Process*, Edinburgh. Edinburgh University Press, pp. 20~43.

__________(1993a), *We Have Never Been Modern*. Cambridge, Mass. Harvard University Press.

__________(1993b), "Ethnography of a 'High-Tech' Case: About Aramis", in P. Lemonnier ed., *Technological Choices: Transformations in Material Cultures since the Neolithic*, London and New York. Routledge, pp. 372~398.

Latour, B.(1994), "Pragmatogonies: A Mythical Account of How Humans and Nonhumans Swap Properties", *American Behavioral Scientist* 37, pp. 791～808.

________(1995), "A Door Must Be Either Open or Shut: A Little Philosophy of Techniques", in Andrew Feenberg and Alastair Hannay eds., *Technology and the Politics of Knowledge*, Bloomington. Indiana University Press, pp. 272～281.

________(1996), *Aramis, or the Love of Technology*, Cambridge, Mass. Harvard University Press.

________(1997), "On Actor-network Theory: A few clarifications"(on the Internet).

________(1998), "To Modernize or to ecologize? That's the Question", in N. Castree and B. Willems-Braun eds., *Remaking Reality: Nature at the Millenium*, London and New York. Routledge, pp. 221-242.

________(1999a). *Pandora's Hope. Essays on the Reality of Science Studies.* Cambridge, Mass. Harvard University Press.

________(1999b), "For David Bloor... and Beyond: A Reply to David Bloor's 'Anti-Latour'", *Studies in History and Philosophy of Science* 30, pp. 113～129.

________(2002), "Morality and Technology: The End of the Means", *Theory, Culture & Society* 19, pp. 247～260.

________(2004), *Politics of Nature: How to Bring the Sciences into Democracy*, Cambridge, Mass. Harvard University Press.

Latour, B. and P. Weibel eds.(2005), *Making Things Public: Atmospheres of Democracy*, Cambridge, Mass. MIT Press.

Latour, B. and S. Woolgar(1979), *Laboratory Life: the Social Construction of Scientific Facts*, Los Angeles and London. Sage. (2d. ed. published in 1986 as Laboratory Life: the Construction of Scientific Facts).

Pinch, T. and W. Bijker(1987), "The Social Construction of Facts and Artifacts", in W. Bijker, T. Hughes, and T. Pinch eds., *The Social Construction of Technological Systems: New Directions in the Sociology and History of Technology*, pp. 17～50. Cambridge, Mass. MIT Press.

건축이여, 자연과 소통할지어다_건축 기술에서의 지속가능성 개념

신문기(2004), 『테크놀러지와 건축미학』, 발언.

에드워드 렐프(2005), 『장소와 장소 상실』, 논형.

이종건(1999), 『해체주의 건축의 해체』, 발언.

장 보드리야르(2003), 『건축과 철학』, 배영달 옮김, 동문선.

정인하(2006), 『현대건축과 비표상』, 아카넷.

크리스티안 슐츠(1996), 『장소의 혼』, 민경호 외 옮김, 태림문화사.

크리스티안 슐츠(1997), 『실존 공간 건축』, 김광현 옮김, 태림문화사.

Alexander, C.(1977), *A Pattern Language: Towns, Buildings, Construction* (Center for Environmental Structure Series), Oxford University Press, (국역) 한근배 옮김(1990), 『건축 도시 형태론』, 태림문화사.

Derrida, J., *Introduction de l'Origine de la Géométrie*, Paris : PUF, 1962

Eisenman, P.(1999), *Diagram Diaries*, New York: Universe.

Foucault, M.(1966), *Les mots et les choses*, Paris: Gallimard.

Husserl, E.(1974), *L'Origine de la géométrie*, traduction et introduction par Jacques Derrida, Paris: Presses Universitaires de France.

Koolhaas, R.(1995), *S M L XL*, New York: Monacelli Press.

Rogers, R.(1998), *Cities for a Small Planet*, Westview Press, (국역) 이병연 옮김(2005), 『도시 르네상스』, 이후.

Rowe, C. and F. Koetter (1978), *Collage City: Contemporary theories of urban planning and design*. Cambridge: MIT Press.

Tschumi, B.(1996), *Architecture and Disjunction*, Cambridge: MIT Press.

한국판 전자-파놉티콘 : 감시 카메라 기술의 문화적 의미

미셸 푸코(1991), 『감시와 처벌: 감옥의 탄생』, 박홍규 옮김, 강원대학교출판부.

미셸 푸코(1999), 『주체의 해석학-1981~1982, 콜레주 드 프랑스에서의 강의』, 심세광 옮김, 동문선.

벤 리치(1998), 『스컹크 웍스』, 한승.

홍성욱(2002), 『파놉티콘-정보 사회 정보감옥』, 책세상.

Clive N., M. McCahill and D. Wood eds.(2004), "The Growth of CCTV: A Global Perspective on the International Diffusion of Video Surveillance in Publicly Accessible Space", *Surveillance & Society*, Vol.2 : Issue 2/3. pp.11~135. [on line] Available at www.surveillance-and-society.org/articles2(2)/editorial.pdf

Foucault, M.(1980), *Power/Knowledge*, New York: Pantheon Books.

Lacan, J.(1977), *Ecrits: A Selection*, English version trans. A. Sheridan, New York: W. W. Norton.

Sean H., and J. Greenberg eds.(2007), *The Surveillance Studies Reader*, London: Open University Press.

www.eecg.toronto.edu/~mann

www.stelarc.va.com.au

www.surveillance-and-society.org

아주 작은 것의 위험에 대해 생각하기_나노 기술의 윤리적 쟁점들

그렉 이건(2003), 『쿼런틴』, 행복한책읽기. (원서) Eagan, Greg(1992), *Quarantine*, Ios.

참여연대시민과학센터 엮음(2002), 『기술, 환경, 시민참여』, 한울아카데미.

한국기술기획평가원(2003), 『2003년도 기술영향평가 보고서: 나노-바이오 융합기술』, 과학기술부.

한국기술기획평가원(2005), 『2005년도 나노 기술영향평가 보고서』, 과학기술부.

네트워크에 갇힌 인간_유비쿼터스 기술의 철학적 문제들

고현범(2007), 『휴대전화, 철학과 통화하다』, 책세상.

김윤진 · 권혁태(2006), 『유비쿼터스개론』, 문운당.

삼성경제연구원(2000), 「디지털의 충격과 한국경제의 선택」, 디지털 심포지움.

손화철(2006), 「하이데거의 기술철학」, 한겨레, 2006. 4. 20.

이장규 · 홍성욱 · 조벽 · 이종희 · 신철호 · 최항순 · 김명진(2002), 『글로벌 정보 사회의 전개와 대응』, 나남출판.

이장규(2006), 「기술의 사회적 책임」, 한겨레, 2006. 11. 23.

정균승(2004), 『유비쿼터스 혁명과 프로슈머 마케팅』, 엔타임.

조용철(2001), 『19세기 인터넷 텔레그래프 이야기』, 한울, (원서) Standage, T.(1996), *The Victorian Internet*, New York : Walker and Co.

한국전산원(2006), 『유비쿼터스 사회 새로운 희망과 도전』, 진한 M&B.

홍성욱(2001), 「인터넷은 열린 세상을 만들어낼 것인가?」, 홍성욱 · 백욱인 편, 『2001년 싸이버스페이스 오디쎄이』, 창작과비평사.

Beck, U.(2000), "Living Your Own Life in a Runaway World", in Giddens and Hutton eds., *On the Edge*.

Campbell-Kelly, M. and W. Aspray(1996), *Computer: A History of the Information Machine*, New York : Basic Books.

Castells, M.(2000a), *The Rise of the Network Society*, 2nd ed., New York : Blackwell.

Castells, M.(2000b), "Materials for an Exploratory Theory of the Netork Society", *British Journal of Sociology* 51.

Castells, M., M. Fernandez-Ardevol, J. L. Qiu and A. Sey(2007), *Mobile Communication and Society A Global Perspective*, The MIT Press.

Galloway, A.(2004), "Intimations of Everyday Life : Ubiquitous Computing and the City", *Cultural Studies*, vol. 18, no. 2/3, pp. 384~408.

Giddens, A.(1991), *Modernity and Self-Identity*, Stanford : Stanford University Press. (국역) 권기돈 옮김(1997), 『현대성과 자아정체성』, 새물결.

Glass, R. L.(1999), "Foundations of Software Engineering : An Early History of Software Engineering", 〔on line〕 Available at http://www.cs.colorado.edu/~kena/classes/5828/s99/comments/srinivasan/01-29-1999.html

Hagel, J. and M. Singer(1999), *Net Worth*, Harvard Business School Press.

Hughes, T. P.(1983), *Networks of Power: Electrification in Western Society, 1880-1930*, Baltimore : Johns Hoptins University Press.

Jeon, M.(2007), "Discovery of an Unnoticed Value : Nomadism", *The Yonsei Annals*, 〔on line〕 Available at http://annals.yonsei.ac.kr/news/articleView.html?idxno=365.

Katz, J. E. and P. Apsden(1997), "A Nation of Strangers?", *Communications of the ACM* 40, pp. 81~86.

Kraut, R. et al.(1998), "Internet Paradox : A Social Technology That Reduces Social

Involvement and Psychological Well-Being?", *American Psychologist* 53, pp. 1017~1031.

NTIA (National Telecommunication and Information Administration)(1999, 2000), *Falling Through the Net.*

Putnam, R.(1995), "Bowling Alone: American's Declining Social Capital", *Journal of Democracy* 6, pp. 65~78.

Symes, B.(1995), "Marshall McLuhan's 'Global Village'", [on line] Available at http://www.aber.ac.uk/media/Students/bas9401.html.

Tapscott, D., D. Ticoll, and A. Lowy(2000), *Digital Capital,* Havard Business School Press.

Turkle, S.(1995), *Life on the Screen.* New York. Simon and Schuster.

UNDP (United Nations Development Programme)(2001), *Human Development Report,* Oxford University Press [on line] Available at http://hdr.undp.org/en/media/completenew1.pdf

Weiser, M.(1991), "The Computer for the Tweity-First Century", *Scientific American,* vol. 265, no. 3, pp. 94~104, [on line] Available at http://www.ubiq.com/hypertext/weiser/SciAmDraft3.html.

__________(1993), "The World Is Not a Desktop", *ACM Interactions,* January 1994, pp. 7~8, [on line] Available at http://www.ubiq.com/hypertext/weiser/ACMInteractions2.html.

Weiser, M.(1996), "Ubiquitous Computing", [on line] Available at http://sandbox.xerox.com/ubicomp.

Weiser, M. and J. S. Brown(1996), "The Coming Age of Calm Technology", [on line] Available at http://www.ubiq.com/hypertext/weiser/acmfuture2endnote.htm.

Wresch, W.(1996), *Disconnected: Haves and Have-Nots in the Information Age,* New Jersey: Rutgers University Press.

뇌 탓이오?_신경과학의 철학적 쟁점들

성영신 외 지음(2004), 『뇌를 움직이는 마음, 마음을 움직이는 뇌』, 해나무.

Bartels, A. and S. Zeki(2000), "The neural basis of romantic love", *NeuroReport,* 17(11), pp. 3829~3834.

Canli et al.(2001), "Amygdala response to happy faces as a function of extraversion", *Science* 296, p. 2191.

Canli, T. and Z. Amin(2002), "Neuroimaging of emotion and personality: Scientific evidence and ethical considerations", *Brain and Cognition* 50, pp. 414~431.

Damasio, H. et al.(1994), "The return of Phineas Gage: clues about the brain from the skull of a famous patient", *Science* 264, pp. 1102~1105.

Dennett, D.(1987), *The Intentional Stance*, MIT Press.

__________(2003), *Freedom Evolves*, Viking.

Drescher, G.(1991), *Made-Up Minds: A Constructive Approach to Artificial Intelligence*, MIT Press.

Dumit, J.(2003), *Picturing Personhood: Brain Scans and Biomedical Identity*, Princeton University Press.

Farah, M. J. et al.(2004), "Neurocognitive enhancement: What can we do? What should we do?", *Nature Reviews Neurosciences* 5, pp. 421~425.

Farah, M. J., J. Illes, R. Cook-Deegan, H. Gardner, E. Kandel, P. King, E. Parens, B. J. Sahakian and P. R. Wolpe(2004), "Neurocognitive enhancement: What can we do? What should we do?", *Nature Reviews Neuroscience* 5, pp. 421~425.

Farah, M. J.(2005), "Neuroethics: the practical and the philosophical", *Trends in Cognitive Science* 9 (1), pp. 34~40.

Feder, B.(2001), "Truth and Justice", *New York Times*, 9 Oct. 2001.

Furlan, P. M. et al.(2004), "SSRIs do not cause affective blunting in healthy elderly volunteers", *American Journal of Geriatric Psychiatry* 12, pp. 323~330.

Gazzaniga, M. (Ed.)(2004), *The Cognitive Neurosciences III*. MIT Press.

Gazzaniga, M.(2005), *The Ethical Brain*, Dana Press.

Hall, S. S.(2003), "The quest for a smart pill", *Scientific American*, 289, pp. 54~57, pp. 60~65.

Illes, J. and S. J. Bird(2006), "Neuroethics: a modern context for ethics in neuroscience", *Trends in Neurosciences*, 29(9), pp. 511~517.

Kane, R.(1996), *The Significance of Free Will*, Oxford University Press.

Lynch, G.(2002), "Memory enhancement: the search for mechanism-based drugs", *Nature Neurosciences*, 5, pp. 1035～1038.

McClure, S. M. et al.(2004), "Neural correlates of behavioral preference for culturally familiar drinks", *Neuron* 44, pp. 379～387.

Mehta M. A. et al.(2000), "Methylphenidate enhances working memory by modulating discrete frontal and parietal lobe regions in the human brain", *Journal of Neuroscice*, 20, RC65.

Mobbes D. et al.(2007), "Law, Responsibility, and the Brain", *PLoS Biology* 5(4), e103, pp. 693～700.

Moreno J. D.(2003), "Neuroethics: an agenda for neuroscience and society", *Nature Reviews Neuroscience*, 4(2), pp. 149～153.

Roskies, A.(2006), "Neuroscientific challenges to free will and responsibility", *Trends in Cognitive Sciences*, 10(9), pp. 419～423.

찾아보기

필로테크놀로지를 말하다

1판 1쇄 2008년 11월 28일
1판 2쇄 2012년 3월 20일

지은이 이중원 손화철 송성수 홍성욱 이지훈 이영준 이상욱 이장규 장대익
펴낸이 김정순
책임편집 허영수 한아름
펴낸곳 (주)북하우스
출판등록 1997년 9월 23일 제406-2003-055호

주소 121-840 서울시 마포구 서교동 395-4 선진빌딩 6층
전자메일 henamu@hotmail.com
홈페이지 www.bookhouse.co.kr
전화번호 02-3144-3123
팩스 02-3144-3121

ISBN 978-89-5605-311-0 03400

이 도서의 국립중앙도서관 출판도서목록(CIP)은 e-CIP 홈페이지(http://www.nl.go.kr/cip.php)에서
이용하실 수 있습니다. (CIP제어번호 : CIP2008003524)